新编绵羊实用养殖技术知识问答

石国庆 主编

中国农业出版社

本书编写人员

主　　编：石国庆（研究员，新疆农垦科学院）

副 主 编：万鹏程（研究员，新疆农垦科学院畜牧兽医所）
代　蓉（研究员，新疆农垦科学院畜牧兽医所）

其他参编人员：杨　华（研究员，新疆农垦科学院畜牧兽医所）
张云生（副研究员，新疆农垦科学院畜牧兽医所）
刘长彬（副研究员，新疆农垦科学院畜牧兽医所）
张　宾（副研究员，新疆农垦科学院畜牧兽医所）

前言

羊是人类驯养最早的家畜，也是数量多、分布广，和人类生存与发展联系最密切的畜种之一。有人烟的地方就有羊的分布，甚至人类无法生存的地方也有羊的存在。我国养羊历史悠久，全国各地都有养羊习惯。21世纪以来，农业部在30个省、自治区建立了养羊基地，中央农村工作会议再次强调要大力发展羊肉生产，突出发展细毛羊业。可以说，发展养羊业，与国家建设和人民生活密切相关。绵羊毛是重要的纺织原料，羊毛织品具有纤维强度大、保暖性好、吸湿性强、光泽柔和、穿着舒适等优点。羊肉营养丰富，蛋白质含量高、胆固醇含量低，肉质细嫩，易于消化，别具风味，是广大农牧民的重要肉食来源。羊皮制品，价格低廉，经久耐穿，保暖隔热，效果极好。另外，羊毛、羊皮、羊绒、羊肠衣等产品在我国对外贸易上也占有重要地位。地毯毛、湖羊羔皮、滩羊二毛皮等是我国传统出口商品，深受国际市场欢迎。

随着社会经济的发展，我国农业面临巨大挑战，主要表现：人多地少，人们生活水平不断提高，我国毛纺工业年需原料毛25万～30万吨，但国毛产量仅能提供所需的1/3，大量进口是长久以来的事实。特别是我国加入WTO以后，这种矛盾更加突出，尤其是无公害羊肉、绿色羊肉、有机羊肉的出现，更给我们提出了更高的要求，为了全面振兴和突出发展中国养羊业，加快畜牧业的产业结构调整，促进毛纺工业的产品质量优化，显著增加农牧民收入，繁荣地区经济，维护社会稳定，增进民族团结，我国养羊业的主要任务应是提高精纺原料毛的品质和数量，提高国毛市场占有率，从而增加养羊业饲养区的农牧民收入，促进我国养羊业的持续性发展，2008年国家绒毛用羊产业技术体系与国家肉用羊产业技术体系建设的启动，极大地促进了我国养羊业的发展。

养羊关键技术是养羊业一个重要环节，本书从品种介绍、饲养技术、繁殖技术、疫病防治、日常管理几个方面，以问答的形式逐一解析，简洁明了，实用性强。

本图书受到国家重点研发计划“畜禽繁殖调控新技术研发”［项目编号：2017YFD0501904（2017－09—2020－12）］、农业部国家绒毛用羊产业技术体系［项目编号：CARS－39－07（2017—2020年）］，以及新疆兵团科技攻关“细毛羊新品系选育与高效养殖创建示范”［项目编号：2016AC207（2016—2020年）］的支持。另外，在编写过程中，本书也得到了新疆农垦科学院畜牧兽医所同志们的极大关怀和无私援助，在此一并表示衷心的感谢！

由于作者水平有限，书中难免存在不足之处，恳请读者和同行专家指正。

编　者

2017年4月于新疆石河子

目 录

第一章

绵羊品种

据不完全统计，全世界现有绵羊品种 1 314 个，我国现有绵羊品种 98 个，包括地方品种 44 个、培育品种 21 个、引入国外品种 33 个。

虽然我国绵羊品种资源具有独特的生产性能和适应能力，但是有些地方品种群体数量出现下降、濒危，甚至灭绝。

第一节　绵羊品种分类

1. 绵羊按动物学如何分类？ 此分类方法首先由德国自然科学家帕尔拉斯所提出，后经德国学者纳徒兹乌斯，俄国学者契尔文斯基、库列硕夫及伊万诺夫等修改和补充。其分类根据是以绵羊尾的形状和大小为基础。尾的形状是由脂肪沿尾椎沉积的程度及沉积的外形来决定；尾的大小则是根据其长度，也就是根据尾尖是否到达飞节或飞节以下的部位来计算。

根据上述原则，将绵羊品种分为以下五类：

(1) 短瘦尾羊 尾短，尾尖达不到飞节；尾瘦，沿尾椎脂肪沉积少，如西藏羊、罗曼诺夫羊等。

(2) 长瘦尾羊 尾的长度达到或超过飞节；尾瘦，沿尾椎脂肪沉积少，如中国美利奴羊、无角陶赛特羊等。

(3) 短脂尾羊 尾短，尾尖达不到飞节；尾椎上有脂肪沉积，如蒙古羊、湖羊等。

(4) 长脂尾羊 尾长，其长度达到或超过飞节；尾沿整个尾椎脂肪沉积良好，并可能形成不同形状的脂肪枕，如大尾寒羊、同羊等。

(5) 肥臀羊 在尾根部脂肪沉积呈大而明显的脂肪枕，并顺着飞节方向下垂，尾不明显，尾椎短，并隐藏与尾脂中，如阿勒泰羊、吉萨尔羊等。

2. 绵羊按所产羊毛类型如何分类？ 此分类方法是由 M. E. Ensminger 提出，目前在西方国家被广泛采用。根据绵羊所产羊毛类型的不同，将绵羊品种分为六大类：

(1) 细毛型品种 如澳洲美利奴羊、中国美利奴羊等。

(2) 中毛型品种 这一类型品种主要用于产肉，羊毛品质居于长毛型和细毛型之间，如南丘羊、萨福克羊等。它们一般都产自英国南部的丘陵地带，故又有丘陵品种之称。

(3) 长毛型品种　原产于英国，体格大，羊毛粗长，主要用于产肉，如林肯羊、边区莱斯特羊等。

(4) 杂交型品种　指长毛型品种与细毛型品种杂交所形成的品种，如考力代羊、波尔华斯羊等。

(5) 肉毛兼用种　如德拉斯代羊等。

(6) 羔皮用型品种　如卡拉库尔羊等。

3. 绵羊按生产方向如何分类？　此分类方法是根据绵羊主要的生产方向来进行的。它把同一生产方向的绵羊品种归纳在一起，便于介绍、选择和利用。但是这一方法亦有缺点，对于多种用途的绵羊，如毛肉乳兼用的绵羊，在不同的国家往往由于使用的重点不同，归类亦不同。这种分类方法，目前在中国、俄罗斯等国普遍采用。主要分为以下几类：

(1) 细毛羊

① 毛用细毛羊　如澳洲美利奴羊等。

② 毛肉兼用细毛羊　如新疆细毛羊、高加索细毛羊等。

③ 肉毛兼用细毛羊　如德国美利奴羊、阿勒泰肉用细毛羊等。

(2) 半细毛羊

① 毛肉兼用半细毛羊　如茨盖羊等。

② 肉毛兼用半细毛羊　如边区莱斯特羊、考力代羊等。

(3) 粗毛羊　如西藏羊、蒙古羊、哈萨克羊等。

(4) 肉脂兼用羊　如阿勒泰羊等。

(5) 裘皮羊　如滩羊、罗曼诺夫羊等。

(6) 羔皮羊　如湖羊、卡拉库尔羊等。

(7) 乳用羊　如东佛里生羊等。

4. 现代绵羊品种如何分类？　现代绵羊品种概念及分类是由赵有璋教授提出的。现代绵羊品种，是指除具有农畜品种在体貌特征、血统、生产力水平、遗传稳定性、种群数量和品种结构外，还必须具备：主要产品专门化突出，产量和品质高，同时品种种群数量大、群体整齐度高、适应性广、抗病力强、适宜集约化生产、易管理、市场经济效益显著。当前，在全世界众多的绵羊品种中，真正符合现代品种概念的并不多。根据此概念，将绵羊品种分为四类：

(1) 肉用方向品种　如无角陶赛特羊、萨福克羊、杜泊羊、夏洛莱羊等。

(2) 肉毛兼用方向品种　如罗姆尼羊、特克赛尔羊、南非美利奴羊、德国美利奴羊、考力代羊、边区莱斯特羊等。

(3) 毛用方向品种　如澳洲美利奴羊、波尔华斯羊等。

(4) 乳用方向品种　如东佛里生羊等。

第二节　中国地方绵羊品种

一、蒙古羊

1. 蒙古羊是如何培育的？ 蒙古羊（Mongolian sheep）是我国三大粗毛羊品种之一，原产于蒙古高原，且在我国数量最多、分布最广，具有生存能力强、适于游牧、耐寒、耐旱等特点，并有较好的产肉、产脂性能。蒙古羊是我国宝贵的畜禽遗传资源之一。

自古以来，我国北方各游牧民族经营牧业和狩猎，历代民族之间的接触及民族的迁移与杂居，为蒙古羊广泛繁殖创造了政治与社会经济条件。因此，蒙古羊目前除了分布在内蒙古自治区以外，东北、华北、西北各地也有不同数量的分布。

2. 蒙古羊有哪些品种特征？ 蒙古羊体型外貌由于所处自然生态条件、饲养管理水平不同而有较大区别。一般表现为体质结实，骨骼健壮，头形略显狭长，鼻梁隆起，耳大下垂。公羊多有角，母羊多无角或有小角。颈长短适中，胸深，肋骨不够开张，背腰平直，体躯稍长，四肢细长而强健。短脂尾，尾长一般大于尾宽，尾尖卷曲呈“S”形。体躯被毛多为白色，头、颈与四肢多有黑色或褐色斑块。农区饲养的蒙古羊，全身毛被白色，公母羊均无角。

总体来说，蒙古羊从东北向西南体型由大变小。分布在内蒙古中部地区的成年蒙古羊平均体重：公羊69.7千克，母羊54.2千克；分布在农区的蒙古羊平均体重：公羊49千克，母羊38.0千克；分布在西部地区的蒙古羊平均体重：公羊47.0千克，母羊32.0千克。蒙古羊的被毛属异质毛，主要为白色，也可见到花色者。一般年剪毛2次。成年羊剪毛量：公羊1.5～2.2千克，母羊1.0～1.8千克。春毛毛丛长度6.5～7.5厘米，羊毛具有绝对强度和伸度。产肉性能较好，质量高，成年羊满膘时屠宰率可达47%～52%。5～7月龄羔羊酮体重可达13～18千克，屠宰率在40.0%以上。母羊一般年产一胎，一胎一羔，产双羔者占3%～5%。

3. 蒙古羊如何利用？ 蒙古羊作为母本品种，曾参与新疆细毛羊、内蒙古细毛羊和东北细毛羊等品种的育成。

二、西藏羊

西藏羊（Tibetan sheep）又称藏羊、藏系羊，是中国三大粗毛绵羊品种之一。原产于西藏高原和青海，四川、甘肃、云南和贵州等地与青藏高原毗邻地区也有分布。可分为草地型和山谷型，对高寒地区恶劣气候环境和粗放的饲养管理条件具有良好的适应能力，是产区重要畜种之一。

由于分布地区各种地形、海拔高度、水热条件差异大，因此西藏羊在长期的自然选择和人工选择下形成了一些各具特点的自然类群。1942年，我国著名养羊学家张松荫教授在大量实地考察的基础上，根据西藏羊繁育地区的自然生态环境、社会经济条件及羊的外形特征和生产性能等差异，将西藏羊分成两种类型，即牧区的“草地型”和农区的“山谷型”。近年来，随着社会经济的发展，各省、自治区结合本地的实际，又将藏羊分列出一些中间或独具特点的类型。例如，西藏将藏羊分为雅鲁藏布型藏羊、三江型藏羊；甘肃省将草地型藏羊分成甘加型、欧拉型、乔科型三个型；云南省分出一个特冲型；四川省又分出一个山地型藏羊。

西藏羊中的草地型藏羊分别于2000年和2006年先后两次被农业部列入《国家级畜禽品种资源保护名录》。

（一）草地型（高原型）藏羊

1. 草地型（高原型）藏羊是如何育成的？　草地型（高原型）藏羊是藏羊的主体，数量多。据薄吾成（1986）考证，“今天的藏羊是古羌人驯化、培育的羌羊流传下来的。其原产地应随古羌人的发祥地而为陕西西部和甘肃大部，中心产区在青藏高原。”草地型（高原型）藏羊在西藏境内主要分布于冈底斯山、念青唐古拉山以北的藏北高原和雅鲁藏布江地带；青海境内主要分布在海北、海西、黄南、玉树、果洛六州的广阔高寒牧区；甘肃境内80%的羊分布在甘南藏族自治州的各县；四川境内分布在甘孜、阿坝藏族自治州北部牧区。产地海拔2 500～5 000米，多数地区年平均气温－1.6～6℃，年降水量300～800毫米，相对湿度40%～70%。草场类型有高原草原草场、高原荒漠草场、亚高山草甸草场、半干旱草场等。

根据各地区藏羊类群分布数量统计，近15～20年来，藏羊数量基本恢复或略有增长，品种均无明显变化，多数品种不处于濒危状态。但是，大多没有开展过系统的品种选育，无品种标准及产品商标情况。

2. 草地型（高原型）藏羊有哪些品种特征？　草地型（高原型）藏羊体质结实，体格高大，四肢较长。公母羊均有角，公羊角长而粗壮，呈螺旋状向左右平伸；母羊角细而短，多数呈螺旋状向外上方斜伸。鼻梁隆起，耳大。前胸开阔，背腰平直，十字部稍高。扁锥形小尾。体躯被毛以白色为主，被毛异质，毛纤维长，两型毛含量高，光泽和弹性好，强度大；两型毛和有髓毛较粗，绒毛比例适中，因此由它织成的产品有良好的回弹力和耐磨性，是织造地毯、提花毛毯等的上等原料。这一类型藏羊所产羊毛，即为著名的“西宁毛”。

草地型（高原型）藏羊成年公羊平均体高、体长、胸围和体重，成年公羊分别为：68.3 厘米、74.8 厘米、90.2 厘米、51 千克；成年母羊分别为：65.5 厘米、70.6 厘米、84.9 厘米、43.6 千克。屠宰率平均为 48.7%。平均剪毛量：成年公羊为 0.6 千克，成年母羊为 0.5 千克。净毛率平均为 79.03%，羊毛含脂率平均为 4.17%。毛被质量差，普遍有干死毛。草地型（高原型）藏羊繁殖力不高，母羊每年产羔一胎，每胎产一羔，双羔率极少。屠宰率 43.0%～47.5%。藏羊的小羔皮、二毛皮和大毛皮为制裘的良好原料。

（二）山谷型（河谷型）藏羊

1. 山谷型（河谷型）藏羊是如何培育的？ 山谷型（河谷型）藏羊主要分布在青海省南部的班玛、昂欠两县的部分地区，四川省阿坝州南部牧区，云南的邵通市、曲靖市、丽江市及保山市腾冲县等。产区海拔 1 800～4 000 米，主要是高山峡谷地带，气候垂直变化明显。年平均气温－13～2.4 ℃，年降水量 500～800 毫米。草场以草甸草场和灌丛草场为主。

2. 山谷型（河谷型）藏羊有哪些品种特征？ 山谷型（河谷型）藏羊体格较小，结构紧凑，体躯呈圆桶状，颈稍长，背腰平直。头呈三角形。公羊多有角，短小，向后上方弯曲；母羊多无角，四肢矫健有力，善于登山远牧。被毛主要有白色、黑色和花色，多呈毛丛结构，被毛品质各地差异明显。

剪毛量一般 0.8～1.5 千克。成年体重：公羊 40.65 千克，母羊 31.66 千克。屠宰率约为 48%。青海省班玛、囊谦的山谷型藏羊干死毛含量高，羊毛品质差；云南省昭通地区的山谷型藏羊，成年母羊的肩部无髓毛（按重量百分比计）占 66.3%，两型毛占 33.2%，死毛占 0.77%；臀部上述各纤维类型分别为 59.75%，39.87%和 0.38%。

3. 山谷型（河谷型）藏羊如何利用？ 西藏羊作为母系品种，曾参与了青海细毛羊、青海高原毛肉兼用半细毛羊、凉山半细毛羊、云南半细毛羊和澎波半细毛羊等新品种的育成。20 世纪 60 年代初，西北畜牧兽医研究所（即现在的兰州畜牧与兽药研究所）的邓诗品等，曾引入德国美利奴品种公羊改良甘肃的欧拉型藏羊，杂种一代生长发育快，体格大，肉用性能好，并且生存能力强，抗逆性好。

2006 年在西藏阿旺地区，建立了阿旺绵羊资源保种场，应用现代分子遗传测定方法开展选种选育工作。今后在利用上，应以本品种选育为主，有计划地开展选种选配工作，避免近交。同时，在可能的条件下，积极改善饲养管理条件，不断提高羊只体重，改善羊肉和羊毛品质。特别是草地型藏羊，应尽可能降低被毛中的干死毛含量，不断提高羊毛品质，确保“西宁毛”在国内外地毯毛品牌原料中的地位。

三、哈萨克羊

1. 哈萨克羊是如何育成的？ 哈萨克羊（Kazakh sheep）为中国三大粗毛绵羊品种之一，属肉脂兼用型粗毛羊品种。主要分布在新疆天上北麓、阿尔泰山南麓和塔城等地，甘肃、青海、新疆三省（区）交界处亦有少量分布。产区气候变化剧烈，夏热冬寒，1月份平均气温－15～－10℃，7月份平均气温22～26℃。年降水量200～600毫米，在阿尔泰山和天山山区冬季积雪占全年降水量的35%，积雪期约5个月，积雪厚度超30厘米。年蒸发量1 500～2 300厘米，无霜期102～185天。草场条件因地区、季节不同而差异极大，一般夏季草场条件较好，春、秋草场较差。哈萨克羊饲养管理极为粗放，四季轮换放牧，羊只随季节变化转场，最长距离达上千千米，草场积雪后必须扒雪采食牧草。由于长时间在这样艰苦的生态条件下生存，因此形成了哈萨克羊适应性强、体格结实、四肢高、善于行走爬山、夏秋季迅速积聚脂肪等特点。

2. 哈萨克羊有哪些品种特征？ 公羊大多具有粗大的螺旋形角，母羊半数有小角。头大小适中，鼻梁明显隆起，耳大下垂。背腰平直、四肢高、粗壮结实，肢势端正。被毛异质，头、肢生有短刺毛，腹毛稀短。毛色以全身棕红色为主，头肢杂色个体也占有相当数量，纯白或全黑的个体为数不多。尾宽大，外附短毛，内面光滑无毛，呈方圆形，多半在正中下缘处由一浅纵沟对半分为两瓣，少数尾无中浅沟，呈完整的半圆球。由于脂肪沉积于尾根而形成肥大的椭圆形脂臀，因此而得名“肥臀羊”。

平均初生重：单胎公羔4.16千克，单胎母羔3.85千克；双胎公羔3.21千克，双胎母羔2.75千克。平均断奶重：公羔32.26千克，母羔31.55千克。春季体重：周岁公羊42.95千克，周岁母羊35.8千克；成年公羊60.34千克，成年母羊44.90千克。成年羊剪毛量：公羊2.03千克，母羊1.88千克。净毛率：公羊57.8%，母羊68.9%。哈萨克羊肌肉发达，后躯发育良好，屠宰率45.5%。母羊一般年产一胎，一胎一羔，平均产羔率为101.95%。

3. 哈萨克羊利用情况如何？ 作为母系品种，哈萨克羊曾参与新疆细毛羊、军垦细毛羊等品种的育成。

四、小尾寒羊

1. 小尾寒羊是如何育成的？ 小尾寒羊（Small－tail han sheep）原产于山东省西南部、河南省东部和东北部，以及河北省南部、皖北和苏北一带。中心产区主要分布在梁山、郓城、鄄城、巨野、嘉祥、东平、汶上等县及苏北、皖北、河南的部分地区。据考证，小尾寒羊起源于宋朝中期。当时，我国北方少数民族迁移中原时，把蒙古羊带到黄河流域。由于气候环境的改变以及饲草饲料、饲养方式改变，蒙古羊也发生了变化。在产区优越的生态经济条件和饲养者的精心选育下，形成了具有生长发育快、体格高大、繁殖力强、适宜分散饲养、舍饲为主的农区优良绵羊品种。

该品种 2006 年被农业部列入《国家级畜禽遗传资源保护名录》中。

小尾寒羊的主要产区——鲁西南，地处黄淮冲积平原比较发达的农业区。该地区海拔低（50 米左右），土质肥沃，气候温和。年平均气温 13～15 ℃，1 月份－14～1 ℃，7 月份 24～29 ℃。年降水量 500～900 毫米。无霜期 160～240 天。产区是我国小麦、杂粮和经济作物的主要产区之一，农作物可一年两熟或两年三熟，农副产品和饲草饲料资源丰富，饲养条件比较优越。

2. 小尾寒羊有哪些品种特征？ 小尾寒羊体型结构匀称，侧视略成正方形。鼻梁隆起，耳大下垂。短脂尾呈圆形，尾尖上翻，尾长不超过飞节。胸部宽深、肋骨开张，背腰平直。体躯长，呈圆筒状。四肢高，健壮端正。公羊头大颈粗，有发达的螺旋形大角，角根粗硬；前躯发达，四肢粗壮，有悍威、善抵斗的特性。母羊头小颈长，大都有角，形状不一，有镰刀状、鹿角状、姜芽状等，极少数无角。全身被毛白色、异质、有少量干死毛，少数个体头部有色斑。按照被毛类型可分为裘毛型、细毛型和粗毛型三类，裘毛型毛股清晰、花弯适中、美观。

小尾寒羊生长发育快。3 月龄断奶体重：公羔（27.07±0.71）千克，母羔（23.62±0.56）千克；周岁体重：公羊（63.92±1.65）千克，母羊（50.10±0.96）千克；成年体重：公羊（80.50±2.18）千克，母羊（57.30±2.09）千克。在小尾寒羊中，分布在山东省菏泽市的体重最大。

剪毛量：周岁公羊（1.29±0.47）千克，周岁母羊（1.40±0.10）千克；成年公羊（2.84±0.10）千克，成年母羊（1.94±0.55）千克。成年羊净毛率：公羊 68.40%，母羊 61.00%。小尾寒羊被毛异质。根据谭成立等（1992）的研究资料，周岁羊体测羊毛纤维类型按重量百分比，无髓毛占 52.25%，两型毛占 8.90%，有髓毛占 36.40%，干死毛占 2.45%；成年羊，上述纤维类型所占百分比相应为 67.88%、9.40%、16.03%和 6.99%。

据测定，6 月龄小尾寒羊鲜皮面积为 8 411.6 厘米^2，重量（3.25±0.09）千克，皮厚（2.07±0.09）毫米；12 月龄上述指标分别为 10 499.7 厘米^2、（5.10±0.13）千克和（2.49±0.13）毫米。羔羊皮板轻薄，花穗明显，花案美观，适于制裘；板质质地坚韧，弹性好，适于制革。根据严逊河等（2006）的研究，小尾寒羊羔皮中以大毛羔皮（30～60 日龄）的品质最好。该羔皮毛股紧实，长 5.04 厘米，粗 7.79 毫米，毛股弯曲数 3.2 个，羔皮总面积

(2 806.0±279.5) 厘米^2，其中有花面积占98.61%。

小尾寒羊育肥性能比较理想，但受多种因素制约。李玉阁（1994）对经过育肥的6月龄小尾寒羊羔羊肉品质进行的研究指出，羔羊腿短，躯干宽深，肌肉丰满，皮下脂肪薄且均匀分布在酮体整个表面；肌肉间脂肪可见，呈明显大理石纹状结构；肉色浅红，有的肉块呈鲜红色；肌肉紧凑，可切成鲜嫩的肉片。胴体重（17.07±2.66）千克，屠宰率49.32%，胴体长（74.75±3.25）厘米，眼肌面积（17.24±3.37）厘米^2；经胴体分割，腰肉和后腿肉占胴体的38.55%。羔羊肉的化学组成：水分占72.13%，粗蛋白占17.06%，粗脂肪占7.91%，粗灰分占0.96%。

小尾寒羊性成熟早。初情期母羊为186～255天，性成熟期差异较大，主要原因是性成熟受出生季节、胎产羔数、初生重及生长发育影响。6月龄母羊体重为周岁羊体重的60%，但其子宫重达周岁子宫重的76%以上。由此可见，繁殖器官的早熟是高繁殖力品种的重要种质特性。小尾寒羊公羊成熟为5月龄。小公羊在4月龄已有性欲，有爬跨行为，5月龄有阴茎激起现象。5月龄公羊的输精管内可有85%的成熟精子，6月龄可见100%的成熟精子。此时原精液中精子密度为30亿个/毫升，基本达到输精标准。

小尾寒羊繁殖率高，属早熟、多胎、多羔品种。小尾寒羊6月龄即可配种受胎，年产2胎，胎产2～6只，有时高达8只；平均产羔率每胎达266%以上，每年产羔率达500 %以上。

小尾寒羊母羊全年都能发情配种，但在春、秋季节比较集中，受胎率也比较高。根据研究，母羊产羔后到第一次发情，需要（48.9±15.67）天，产后到配种妊娠一般（67.20±20.71）天。小尾寒羊的发情持续时间为（30.23±4.84）小时，发情周期为（16.54±1.32）天，妊娠期为（148±2.06）天。

3. 小尾寒羊如何利用？ 小尾寒羊是我国著名的地方优良绵羊品种之一。1988年12月，山东菏泽地区“小尾寒羊选育和提高”项目进行验收鉴定时，专家鉴定委员会主任赵有璋教授当时评价小尾寒羊是中国的国宝，是“世界超级绵羊品种”，其生长发育和繁殖率不亚于世界著名的兰德瑞斯羊和罗曼诺夫羊。今天看来，这个评价并不言过其实。

但尽管小尾寒羊繁殖率高、生长发育快、体格大，目前还不是“天下第一”，而且繁殖力高、生长发育快、体格大的小尾寒羊分布仅局限在山东省的鲁西南地区；同时，从体型外貌来看，小尾寒羊四肢较高，前胸不发达，体躯狭窄，肋骨开张不够，后躯不丰满，肉用体型欠佳；羊肉颜色偏白，口感和风味也不理想；另外，在品种内、个体间及不同的分布地区之间，小尾寒羊体格大小、生长发育、繁殖率、毛皮品质等都有程度不同的差异，有的甚至差别很大。因此，应当客观、全面认识和宣传小尾寒羊，用其所长，克服其短，才能充分发挥其在发展我国现代养羊业中的积极作用。

五、大尾寒羊

1. 大尾寒羊是如何育成的？ 大尾寒羊（Large－tail han sheep）分布在我国黄淮海平原冀、鲁、豫等省。根据单乃铨（1983）考证，我国中原内地的大尾寒羊是原产于中亚、近东和阿拉伯一代的脂尾羊。经由宋、元时代伊斯兰教徒大量东下移入中国的同时，脂尾羊被带进中国。由于寒羊和蒙古羊的分布地区长期地理上的接壤交错，以及历代社会变革和民族的迁徙活动，因此出现了不同血缘成分的相当数量的寒蒙混血种及地区性变异的个体。10世纪前后，经过元、明、清三代的持续发展，加上当地群众对公、母羊有意识的选择，终于形成今天的大尾寒羊。

但对于大尾寒羊的来源也存在争议，有些学者认为起源于蒙古羊。

大尾寒羊主要分布在河北省南部的邯郸市、邢台市和沧州市，山东省聊城市、临清市、冠县、高唐及河南省的郏县等地。产区为华北平原腹地，海拔30～70米，气候温暖，年平均降水量600～700毫米，无霜期210天左右。水资源丰富，是比较发达的农业区。农副产品丰富，除可为畜牧业提供大量的秸秆、秧蔓及饼粕类饲料外，还可利用小片休闲地、路旁、河堤及草滩和荒地作放牧地。

自20世纪60年代开展绵羊杂交改良工作以来，大尾寒羊的分布地区和数量开始逐渐缩小和减少，2006年该品种被列入农业部《国家级畜禽遗传资源保护名录》。

2. 大尾寒羊有哪些品种特征？ 大尾寒羊头稍长，鼻梁隆起，耳大下垂，公、母羊均无角。体躯矮小，颈细长，胸窄，前躯发育差，后肢发育良好，尻部倾斜，乳房发育良好。尾大肥厚，超过飞节，有的接近或拖及地面。被毛白色，少数羊头部、四肢及体躯有色斑。

早熟，肉用性能好。平均体重：周岁公羊41.6千克，周岁母羊29.2千克；成年公羊72.0千克，成年母羊52.0千克。一般成年母羊尾重10千克左右，种公羊最重者达35千克。6～8月龄公羊胴体重20.62千克，屠宰率为52.23%；1～1.5岁公羊胴体重26.64千克，屠宰率为54%。肉质鲜嫩、多汁、味美。成年羊平均剪毛量、毛长：公羊分别为3.30千克、约10.40厘米，母羊分别为2.70千克、10.20厘米。净毛率45.0%～63.0%。大尾寒羊所产羔皮和二毛皮，毛色洁白，毛股一般有6～8个弯曲。花穗清晰美观，弹性、光泽良好，既轻便又保暖。

大尾寒羊成年羊平均体高、体长、胸围和体重：成年公羊分别为73.6厘米、74.1厘米、91.0厘米、72.0千克，成年母羊分别为64.05厘米、68.47厘米、87.26厘米、52.0千克。产区一年剪毛两次或三次。平均剪毛量：公羊3.30千克，母羊2.70千克。毛皮加工后质地柔软，美观轻便，毛股不易松散。以周岁内羔皮质量最好，颇受群众欢迎。大尾寒羊毛被同质性好，羊毛可用于纺织呢绒、毛线等。成年羊和羔羊的毛皮轻薄，毛股的花穗美观，其二毛裘皮和羔皮深受群众欢迎。

3. 大尾寒羊如何利用？ 大尾寒羊生长发育快，成熟早，产肉性能好，繁殖率高，被毛皮质较好。成年羊和羔皮的毛皮轻薄，毛股的花穗美观。抗炎热及腐蹄病的能力强。但尾大多脂，配种困难。在社会经济发展到今天，已经不受多数群众的欢迎。应划定保种区，开展本品种选育，着重选育多胎性，推行肥羔生产。

六、同羊

1. 同羊是如何培育的？ 同羊（Tong sheep），又名同州羊（同州即现在陕西省大荔县），据考证该羊已有1 200多年的历史。同羊与大尾寒羊同宗，但由于所处地理的原因，同羊不同程度含有蒙古羊的血液。主要分布在陕西省渭南、咸阳两市北部各县，延安市南部和秦岭山区也有少量分布。产区属于半干旱农区，地形多为沟壑纵横山地，海拔1 000米左右。年平均降水量550～730毫米，无霜期150～240天。可利用的放牧地为河滩地、浅山缓坡及作物茬地等。饲养方式多为半放牧半舍饲。目前，同羊数量急剧减少，已处于濒危状态。

2006年，同羊再次被列入农业部《国家级畜禽遗传资源保护名录》。

2. 同羊有哪些品种特征？ 同羊有“耳茧、尾扇、角栗、肋筋”四大外貌特征。耳大而薄（形如茧壳），向下倾斜。公、母羊均无角，部分公羊有栗状角痕。颈较长，部分个体颈下有一对肉垂。胸部较宽、深，肋骨细如筋，拱张良好。公羊背部微凹，母羊短直较宽，腹部圆大。尾大如扇，按其长度是否超过飞节，同羊可分为长脂尾和短脂尾两大类型，90%以上为短脂尾。全身被毛洁白，中心产区59%的羊只产同质毛和基本同质毛，其他地区同质毛羊只较少。腹毛着生不良，多由刺毛覆盖。

平均体重：周岁公、母羊分别为33.10千克和29.14千克；成年公、母羊分别为44.0千克和36.2千克。剪毛量：成年羊公羊1.40千克，成年羊母羊1.20千克；周岁公羊1.00千克，周岁母羊1.20千克。平均净毛率55.35%。周岁羯羊屠宰率为51.57%，成年羯羊为57.64%，净毛率41.11%。毛纤维类型重量百分比：绒毛占 81.12%～90.77%，两型毛占 5.77%～17.53%，粗毛占 0.21%～3.00%，死毛占 3.60%。成年公、母羊羊毛细度分别为 23～61 微米和 23.05 微米。周岁公、母羊羊毛长度均在 9.0 厘米以上。同羊肉肥鲜美，肌纤维细嫩，烹之易烂，食之可口。具有陕西关中独特地方风味的“羊肉泡馍”“腊羊肉”和“水盆羊肉”等食品，皆以同羊肉为上选。

同羊 6～7 月龄即达性成熟，1.5 岁配种。全年可多次发情、配种。一般两年三胎，但产羔率很低，一般一胎一羔。

七、乌珠穆沁羊

1. 乌珠穆沁羊是如何育成的？ 乌珠穆沁羊（Ujumqin sheep）是在当地特定的自然气候和生产方式下，经过长期的自然选择和人工选择而逐渐育成的肉脂兼用短脂尾粗毛羊品种。主产于内蒙古自治区锡林郭勒盟东部乌珠穆沁草原，故以此得名。主要分布在东乌珠穆沁旗和西乌珠穆沁旗，以及毗邻的阿巴哈纳尔旗、阿巴嘎旗部分地区。产区处于蒙古高原东南部、大兴安岭西麓，属大陆性气候，海拔为 800～1 200 米。气候较寒冷，年平均气温 0～1.4 ℃。东乌珠穆沁旗 1 月份平均气温－24 ℃（最低－40 ℃），7 月份平均气温 20 ℃（最高 39 ℃）。年降水量 250～300 毫米，无霜期 90～120 天。每年 10 月中下旬开始积雪，厚度达 8～9 厘米，翌年 4 月底才能化尽。青草期短，枯草期长。草原类型为森林草原、典型草原和干旱草原。牧草主要以菊科和禾本科为主，如以线叶菊、冷蒿、羊草、大针茅、隐子草、早熟禾、苔草为主。另外，还有直立黄芪、莎草和杂草。草层高度 20～30 厘米。

1982 年被正式确认为优良地方品种，1983 年国家标准局正式颁布了乌珠穆沁羊国家标准。2006 年被列入农业部《国家级畜禽遗传资源保护名录》。

2. 乌珠穆沁羊有哪些品种特征？ 乌珠穆沁羊体质结实，体格较大。头大小中等，额稍宽，鼻梁微凸，耳大下垂，背腰宽平，肌肉丰满。公羊有角或无角，角呈螺旋形；母羊多无角。颈中等长，体躯宽而深，胸围较大，不同性别和年龄羊的体躯指数都在 130%以上，背腰宽平，体躯较长，体长指数大于 105%，后躯发育良好，肉用体型比较明显。四肢粗壮。尾肥大，尾宽稍大于尾长，尾中部有一纵沟，稍向上弯曲。毛色以黑头羊居多，体躯以白色为主，头或颈部黑色者约占 62.0%，全身白色者占 10.0%。

乌珠穆沁羊一年剪毛两次。平均剪毛量：成年公羊 1.9 千克，成年母羊 1.4 千克，周岁公羊 1.4 千克，周岁母羊 1.0 千克。乌珠穆沁羊羊毛被属异质毛，由绒毛、两型毛、粗毛及死毛组成。各类型毛纤维重量百分比：成年公羊绒毛占 52.98%、粗毛 1.72%、干毛占 27.9%、死毛占 17.4%；成年母羊相应为 31.6%、12.5%、26.4%和 29.5%。净毛率 72.3%。成年公羊平均体高、体长、胸围和体重分别为：（71.1±3.52）厘米、（77.4±2.93）厘米、（102.9±4.29）厘米、（74.43±7.15）千克；成年母羊分别为：（65.0±3.10）厘米、（69.7±3.79）厘米、（93.4±5.75）厘米、（58.40±7.76）千克。

乌珠穆沁羊生长发育较快，2.5～3 月龄公、母羔羊平均体重 29.5 千克和 24.9 千克；6 个月龄的公、母羔平均达 40 千克和 36 千克；成年公、母羊达 60～70 千克和 56～62 千克。平均胴体重 17.90 千克，屠宰率 50%，平均净肉重 11.80 千克，净肉率为 33%。乌珠穆沁羊肉水分含量低，富含钙、铁、磷等矿物质，肌原纤维和肌纤维间脂肪沉淀充分。产羔率仅为 100.2%。

乌珠穆沁羊的毛皮可用作制裘，当年羊产的毛皮质佳。其毛皮毛股柔软，具有螺旋形环状卷曲。初生和幼龄羔羊的毛皮相等，也是制裘的好原料。乌珠穆沁羊游走采食，抓膘能力强，大群放牧日可行 15～20 千米，边走边吃。雪天羊只善于扒雪吃草。

3. 乌珠穆沁羊如何利用？ 乌珠穆沁羊由于长期生活在冬季漫长寒冷而且风大、夏季短暂且温差大的自然环境中，因而对恶劣气候条件有良好的适应能力，并具有生长发育快、成熟早和肉脂鲜嫩、色味鲜美、营养成分含量高的优点。特别是在夏、秋水草肥美季节，抓膘速度快，是个很有发展前途的肉脂兼用粗毛羊品种，适于肥羔生产。

八、阿勒泰羊

1. 阿勒泰羊是如何育成的？ 阿勒泰羊（Altay sheep）属肉脂兼用粗毛羊，主要分布在新疆北部阿勒泰地区的福海、富蕴、青河、阿勒泰、布尔津、吉木乃及哈巴河七个县。该品种的形成与当地生态环境密切相关。阿勒泰地区冬季严寒而漫长，草场条件差，四季营养供应极不均衡。在夏季牧草丰茂、气候凉爽的高山牧场放牧，羊只尾部沉积大量脂肪，供天寒地冻、牧草枯竭、营养不足的冬季维持机体新陈代谢的热量平衡。到 1980 年年底，本品种数量达 128.86 万头，适龄母羊 87.62 万只，占 68%。福海、富蕴、青河和阿勒泰县为阿勒泰羊的主要产区。

2. 阿勒泰羊有哪些品种特征？ 阿勒泰羊是哈萨克羊中的一个优良分支，因此体型外貌貌似哈萨克羊。体格高大，体质结实。公羊鼻梁隆起，一般具有较大的螺旋形角；母羊鼻梁稍有隆起，约 2/3 的个体有角。颈中等长，胸宽深，鬐甲平宽，背平直，肌肉发育良好。十字部稍高于鬐甲。四肢高而结实，股部肌肉丰满，肢势端正，蹄小坚实，沉积在尾根附近的脂肪形成方圆的大尾，大尾外面覆有短而密的毛，内侧无毛，下缘正中有一浅沟将其分成对称的两半。母羊的乳房大而发育良好。被毛属异质毛，干死毛含量高。毛色主要为棕红色，部分个体头部呈黄色，体躯多有花斑，纯黑羊和纯白羊较少。

平均体重：成年公、母羊分别为85.6千克和67.4千克；1.5岁公、母羊分别为61.1千克和52.8千克；4月龄断奶体重公、母羊分别为38.93千克、36.6千克。成年羯羊屠宰率52.88%，平均胴体重39.5千克，脂臀占胴体重的17.97%。成年羊剪毛量：公羊2.4千克，母羊1.63千克。毛纤维类型的重量百分比为：绒毛占59.55%，两型毛占3.97%，粗毛占7.75%，干死毛占28.73%。无髓毛的平均细度为21.03微米，长度为9.8厘米；有髓毛的平均细度为41.89微米，长度为14.3厘米。净毛率为71.24%。阿勒泰羊毛质地差，多用于擀毡。

阿勒泰羊具有良好的早熟性和较高的肉脂生产性能。在放牧条件下，5月龄羯羊屠宰前平均活体重36.35千克，胴体重19.12千克，臀脂重2.96千克，屠宰率52.61%；1.5岁羯羊上述指标分别为54.10千克、27.50千克、4.20千克和50.9%；3～4岁羯羊相应为74.7千克、39.5千克、7.1千克和53.0%。

阿勒泰羊繁殖率不高，经产母羊产羔率110.3%。

九、兰州大尾羊

1. 兰州大尾羊是如何育成的？ 在清朝同治年间，从同州（今陕西省大荔县一带）引入同羊，与兰州当地羊（蒙古羊）杂交，经过长期人工选择和培育而成兰州大尾羊（Lanzhou large - tail sheep）。

兰州大尾羊主要产在甘肃省兰州市城郊及毗邻县的农村。兰州地区处于黄土高原北部、甘肃中部干旱地区西侧，大部分属黄土高原丘陵沟壑区，海拔1 500～3 000米。气候干燥寒冷，温差大，降水量少（年均312.1毫米）。冬季较长，生长季节较短，日照丰富（年均2 430.2小时），年平均气温9.50℃，绝对最高温36.7℃，绝对最低温－21.7℃。年平均蒸发量1 393.2毫米，无霜期199天。产区主要作物除小麦、谷子、糜子、马铃薯、玉米外，还盛产各类瓜果和蔬菜，可为养羊业提供大量菜叶、树叶和牧草。另外，城市食品工业副产品（酒糟、醋糟、豆腐渣等）较多，为饲养兰州大尾羊提供了丰富的饲草饲料。

2006年该品种被列入农业部《国家级畜禽遗传资源保护名录》。

2. 兰州大尾羊有哪些品种特征？ 兰州大尾羊被毛纯白，头大小中等，公羊和母羊均无角，耳大略向前垂。眼大有神，眼圈淡红色，鼻梁隆起。颈较长而粗，胸深而宽，胸深接近体高的1/2，肋骨开张良好。腰背平直，十字部微高于鬐甲部，臀部微倾斜。四肢相对较长，体肥呈长方形。脂尾肥大，方圆平展，自然下垂飞节上下，尾有中沟将尾部分为左右对称的两半，尾尖外翻，并紧贴中沟。尾面着生被毛，内面光滑无毛，呈淡红色。公羊与母羊相比，不仅体型较大，而且骨骼发育比较快。

兰州大尾羊体格大，早期生长发育快，肉用性能好。周岁体重：公羊53.1千克、母羊42.6千克；成年羊平均体高、体长、胸围和体重：公羊分别为70.5厘米、73.7厘米、91.8厘米、57.89千克，母羊分别为63.6厘米、67.4厘米、84.6厘米、44.35千克。10月龄羯羊胴体重21.34千克，净毛率15.04千克，尾脂重2.46千克，屠宰率58.57%，胴体净肉率78.17%，尾脂重占胴体重的11.46%；成年羯羊上述指标相应为30.52千克、22.37千克、4.29千克、62.66%、83.72%和13.23%。

根据春毛纤维类型重量比例测定，公羊平均绒毛含量为67.21%，两型毛占17.69%，粗毛占4.44%，干死毛占10.65%。母羊相应为64.95%、17.58%、17.47%。兰州大尾羊春、秋两季各剪毛一次，平均年剪毛量，公羊为2.45千克，母羊1.38千克。羊的被毛属混型毛。

兰州大尾羊公羔9～10月龄可以交配。初配年龄为1.5岁，繁殖终止期为8岁。适龄母羊一年产羔一次，饲养管理好的母羊可两年产三胎，产羔率为117.0%。

3. 兰州大尾羊如何利用？ 兰州大尾羊具有生长快、早熟、产肉力高、肉质细嫩等优点。但数量不多，又分散饲养，个体间性能差异大。应采取积极有效措施，保护好这一优秀的家畜遗传资源。

十、广灵大尾羊

1. 广灵大尾羊是如何育成的？ 广灵大尾羊（Guangling large - tail sheep）主要分布在山西省广灵、浑源、阳高、怀仁和大同等地。产区海拔1 000～1 800米，山多川少，年平均气温6.7～7.9 ℃，年降水量420毫米，无霜期150～170天，属温带大陆性季风气候。产区农作物以玉米、谷子为主，经济作物有白麻和向日葵。大量的农副产品为培育和发展广灵大尾羊提供了丰富的饲草料资源。

广灵大尾羊属于短脂尾羊，属蒙古羊的一个类型。是在当地生态环境的影响下，经过农民群众的精心饲养管理、严格选择和长期闭锁繁育，在体型外貌和生产性能方面趋于一致，逐渐形成了具有生长发育快、早熟、尾脂大、产肉率高、皮毛较好的地方优良粗毛兼用型品种。

2. 广灵大尾羊有哪些品种特征？ 广灵大尾羊头中等大小，耳略下垂，公羊有角，母羊无角。颈细而圆，体型呈长方形，四肢强健有力。脂尾呈方圆形，宽度略大于长度，多数有小尾尖向上翘起。成年公羊尾长 21.84 厘米，尾宽 22.44 厘米，尾厚 7.93 厘米；成年母羊上述指标相应为 18.69 厘米。毛色纯白，杂色者很少。被毛着生良好，呈明显毛股结构。

广灵大尾羊产肉性能好。周岁体重：公羊 33.4 千克，母羊 31.5 千克；成年体重：公羊 51.95 千克，母羊 43.35 千克。10 月龄羯羊屠宰率 54.0%，脂尾重 3.2 千克，占胴体重的 15.4%；成年羯羊的上述指标相应为 52.3%、2.8 千克和 11.7%。被毛白色异质，但干死毛含量很低，剪毛量：成年公羊 1.39 千克，成年母羊 0.83 千克，净毛率 68.6%。产羔率为 102%。在良好的饲养管理条件下，可达到一年两产或两年三产。

3. 广灵大尾羊如何利用？ 广灵大尾羊是在特定环境条件下形成的优良品种。为了保存这一地方肉用方向遗传资源，应建立保种场，开张本品种选育，进一步提高早熟性和繁殖率，向肥羔方向发展。

十一、巴音布鲁克羊

1. 巴音布鲁克羊是如何育成的？ 巴音布鲁克羊（Bayinbuluke sheep），又称茶腾羊，属肉脂兼用粗毛羊，主要分布在新疆和静县巴音布鲁克区。以巴音郭楞乡为中心产区，是巴州的优良地方品种，具有早熟、耐粗饲、适应性强等优点，以产肉量高而著称，是新疆三个大尾羊品种之一。既是巴音郭楞蒙古自治州的当家肉用羊品种，也是巴音布鲁克区高寒草原的主体畜种之一。产地海拔 2 500～2 700 米，气候严寒、干旱、多风、不积雪或少积雪，年平均气温 −4.7 ℃。草场属高寒草原草场和高寒草甸草场。现有存栏 60 万只。

巴音布鲁克羊起源于 1771 年蒙古族南路旧土尔扈特东归时期，经过土尔扈特南部蒙古族牧民经过多种传统游牧的孕育和现代畜牧科技手段（定向选育和本品种提纯复壮改良）有机结合而形成的。

2. 巴音布鲁克羊有哪些品种特征？ 巴音布鲁克羊体质结实，体格中等。头较窄而长，耳大下垂。公羊多有螺旋形角，母羊有角或有角痕。后躯较前躯发达。四肢较高，蹄质致密。尾属短脂尾不超过飞节。尾部脂肪沉积形状可分为 W 形、U 形和倒梨形。毛被属异质毛，干死毛含量较多。头和颈部的毛色为黑色，体躯为白色。

巴音布鲁克羊平均体高、体长、胸围和体重：成年公羊分别为 78.7 厘米、78.5 厘米、97.4 厘米、69.5 千克；成年母羊分别为 71.7 厘米、71.1 厘米、

86.3 厘米、43.2 千克。当年羯羔宰前平均体重 30.4 千克，平均胴体重 13.4 千克，平均屠宰率 44.1%；成年羊宰前平均体重 63.25 千克、胴体重 27.99 千克，屠宰率 46.5%。春、秋季各剪毛一次。春毛剪毛量，成年公羊春毛平均为 1.5 千克，母羊平均为 0.9 千克。秋毛剪毛量一般在 0.5 千克以上。巴音布鲁克羊适应当地生态环境条件，应予保留和发展，毛被品质好，剪毛量低。

巴音布鲁克羊性成熟一般在 5～6 月龄，初配年龄为一岁半。大群繁殖率为 91.5%～96.4%，双羔率仅为 2%～3%。

3. 巴音布鲁克羊如何利用？ 巴音布鲁克羊具有早熟、耐粗饲、抗寒抗病、适应高海拔地区等优点，是新疆肉脂兼用地方良种绵羊之一。缺点是被毛品质差，作为肉用品种时体重偏小，繁殖率低。今后应加强本品种选育，提高繁殖性能和肉用性能。

十二、湖羊

1. 湖羊是如何育成的？ 湖羊（Hu sheep）是我国一级保护地方畜禽品种。为稀有白色羔皮羊品种，具有早熟、四季发情、一年一胎、每胎多羔、泌乳性能好、生长发育快、改良后有理想产肉性能、耐高温高湿等优良性状，分布于我国太湖地区，是太湖平原重要的家畜之一。为终年舍饲中国羔皮用绵羊品种，产后 1～2 日宰剥的小湖羊皮花纹美观，著称于世。湖羊也是世界著名的多胎绵羊品种。

据资料考证，公元 12 世纪初，黄河流域的居民大量南移，同时把饲养在冀、鲁、豫地区的“大白羊”（即现在的小尾寒羊）携至江南，主要饲养在江苏、浙江两省交界的太湖流域一带，尤以杭、嘉、湖地区较为集中，故而得名湖羊。

湖羊主要分布在湖州、桐乡、嘉兴、长兴、德清、余杭、海宁和杭州市郊，江苏省的吴江等县及上海的部分郊区县。产区为蚕桑和稻田集约化的农业生产区，气候湿润，雨量充沛。年平均气温 15～16 ℃。1 月份最冷，月平均气温在 0 ℃以上，最低气温−7～−3 ℃；7 月份最热，月平均气温 28 ℃左右，最高气温达 40 ℃。年降水量 1 000～1 500 毫米。年平均相对湿度高达 80%，无霜期 260 天。

该品种在 2000 年和 2006 年先后两次被农业部被列入《国家畜禽遗传资源保护目录》。

2. 湖羊有哪些品种特征？ 湖羊体格中等，公、母均无角，头狭长，鼻梁隆起，多数耳大下垂，颈细长，体躯狭长，背腰平直，腹微下垂，短脂尾，尾扁圆，尾尖上翘，四肢偏细而高。被毛全白，偶见黑眼圈及四肢有黑、褐色斑点，腹毛粗、稀而短，体质结实。

湖羊生长发育快。4 月龄平均体重：公羊 31.6 千克，母羊 27.5 千克；1 岁体重：公羊（61.66±5.30）千克，母羊（47.23±4.50）千克；2 岁体重：公羊（76.33±3.00）千克，母羊（48.93±3.76）千克。

羔羊自生后 1～2 天内屠宰的羔皮称小湖羊皮。小湖羊皮毛色洁白、光润，有丝一般光泽，皮板轻柔，花纹呈波浪形，为我国传统出口商品。羔羊生后 60 天以内宰剥的皮称袍羔皮，也是上好的裘皮原料。

湖羊性成熟早，繁殖力强，四季发情，排卵，终年配种产羔。在正常饲养条件下，可实现二年三胎，每胎一般二羔，经产母羊平均产羔率 220%以上。

3. 湖羊如何利用？ 湖羊对潮湿、多雨的亚热带气候和常年舍饲的饲养管理方式适应性强。进入 20 世纪，由于湖羊所产白色波浪形羔皮价值昂贵，是 20 世纪 80 年代的重要出口换汇物资，因而湖羊成为著名的羔皮品种。20 世纪 90 年代以后，随着羔皮市场的衰落，湖羊的发展方向发生逆转，从“皮主肉从”进入“肉主皮从”时期。进入 21 世纪以来，随着市场经济的发展和人民生活水平的提高，对羊肉的需求与日俱增。但我国目前羊肉生产滞后，市场上羊肉价格一直处在高位运行，因此大力生产无公害优质羊肉迫在眉睫。

湖羊是我国皮肉兼用地方优良品种，也是生产高档肥羔和培育现代专用肉羊新品种的优秀母本品种，特别是其适于在高温、潮湿地区常年舍饲。因此，在我国亚热带地区推广饲养，应该有很大前景。

十三、和田羊

1. 和田羊是如何育成的？ 和田羊（Hetian sheep），俗称洛浦大尾羊，属地毯毛型绵羊，分农区型和山区型两种。和田羊是短脂尾粗毛羊，产于新疆和田市，主要分布于和田、洛浦、墨玉、民丰、策勒、皮山等县，以产优质地毯毛著称。

产地南倚昆仑山，北接塔里木盆地，属大陆性荒漠气候。地势南高北低，由东向西倾斜。降水量稀少，蒸发量大、干旱。温差大，日照辐射强度大，持续时间长。由南部山区至北部沙漠，沿河流形成若干条带状绿洲，草场为植被稀疏、牧草种类单一的荒漠和半荒漠草原。

这样的生态环境中，使和田羊具有独特的耐干旱、耐炎热和耐低营养水平的品种特点。

2006 年，该品种被列入农业部《国家级畜禽遗传资源保护名录》。

2007 年，和田羊存栏 240.68 万只，其中能繁母羊 159.12 万只。

2. 和田羊有哪些品种特征？ 和田羊头清秀、鼻梁隆起，颈细长，耳大下垂。公羊多数有螺旋形角，母羊多数无角，胸窄，肋骨开张不够。四肢细长，肢势端正，蹄质结实。短脂尾，其尾形有“砍土曼”尾、“三角”尾、“萝卜”尾和S形尾等几种类型。毛色较杂，全白的占21.86%，体躯白色、头肢有色的占55.54%，全黑或体躯有色的占22.6%。

农区型成年羊体重：公羊（55.84±9.43）千克，母羊（35.82±4.28）千克；山区型成年羊体重：公羊（37.87±6.81）千克，母羊（30.77±5.00）千克。农区型和田羊一年可剪毛两次。成年羊剪毛量：公羊2.24千克，母羊0.8～1.9千克。成年羊毛辫长度、绒毛长度：公羊分别为（19.68±3.54）厘米、（7.62±4.9）厘米，母羊分别为（21.07±2.12）厘米、（7.03±6.63）厘米。成年羊净毛率：公羊60.24%，母羊62.22%。无髓毛纤维的平均细度为22.03微米，两型毛为41.95微米，有髓毛为58.41微米。周岁羊屠宰率（48.61±0.82）%，净肉率（40.32±0.97）%，产羔率101.52%。

3. 和田羊如何利用？ 和田羊对荒漠、半荒漠草原的生态环境及低营养水平的饲养条件具有较强的适应能力，但存在体格较小及产毛量、产肉率和繁殖率低等缺点。和田羊被毛中两型毛含量多，纤维细长而均匀，光泽和白度好，弹性强，是生产地毯和提花毯的优质原料。今后应以本品种选育为主，调整羊群结构，完善繁育体系，改进被毛整齐度，提高繁殖性能。

十四、滩羊

1. 滩羊是如何育成的？ 滩羊（Tan sheep）是我国特有的裘用地方绵羊品种，尤以生产二毛裘皮而著称。2000年被农业部列入国家二级保护品种，盐池县被确定为滩羊种质资源核心保护区。滩羊主要产于宁夏贺兰山东麓的银川市附近各县。产区地貌复杂，海拔一般在1 000～2 000米。气候干旱，年降水量180～300毫米，多集中在7～9月份；年蒸发量1 600～2 400毫米，为降水量的8～10倍。日照时间长，年日照时数2 180～3 390小时，日照率50%～80%。≥10 ℃的年积温达2 700～3 400 ℃，年平均气温7～8 ℃。夏季中午炎热，早晚凉爽；冬季较长，昼夜温差较大。土壤有灰钙土、黑炉土、栗钙土、草甸土、沼泽土、盐渍土等。土质较薄，土层干燥，有机质缺乏。但矿物质含量丰富，主要含碳酸盐、硫酸盐和氯化物。水质矿化度较高，低洼地盐碱化普遍。产区植被稀疏低矮，以耐旱的小半灌木、短花针茅、小禾草及豆科、菊科、藜科等植物为主。产草量低，但干物质含量高，蛋白质丰富，饲用价值较高。

为了发展滩羊、提高品质，20世纪50年代末，宁夏回族自治区建立了选种场。1962 年制定了发展区域规划及鉴定标准，广泛开展滩羊的选育工作。1973 年成立宁夏滩羊育种协作组。通过以上措施和科研活动，滩羊的数量和质量有了一定程度的发展和提高。据历史记载，作为轻裘皮用品种，滩羊于公元 1755 年就被列入当时宁夏最富著的五大物产之一，距今已有近 260 年的历史。

据统计，2006 年滩羊的数量为 251.9 万只，其中宁夏 191.5 万只、甘肃 48.6 万只、内蒙古 3.3 万只。

2006 年滩羊被农业部列入《国家级畜禽遗传资源保护名录》。

2. 滩羊有哪些品种特征？ 滩羊属名贵裘皮用绵羊品种，适合于干旱、荒漠化草原放牧饲养。滩羊体格中等，体质结实，全身各部位结合良好，鼻梁稍隆起，耳有大、中、小三种。公羊有螺旋形角向外伸展，母羊一般羊角或有小角。背腰平直，胸较深，四肢端正，蹄质坚实。尾根部宽大，尾尖细圆，呈长三角形，下垂过飞节。体躯毛色纯白，光泽悦目，多数头部有褐、黑、黄色斑块。

成年公羊体高（69.18±1.25）厘米，体斜长（76.11±1.19）厘米，胸围（87.71±2.02）厘米；成年母羊体高（63.14±1.27）厘米，体斜长（67.17±2.64）厘米，胸围（72.46±1.99）厘米。成年羊体重：公羊（43.24±7.92）千克，母羊（32.96±2.68）千克。被毛异质，每年剪毛两次。平均产毛量：公羊 1.6～2.0 千克，母羊产毛 1.3～1.8 千克，净毛率 60%以上。毛股长：公羊 11 厘米，母羊毛 10 厘米。光泽和弹性好，是制作提花毛毯的上等原料，也可用以纺织制服呢等。7～8 月龄性成熟，18 月龄开始配种，每年 8～9 月为发情旺季，产羔率 101%～103%。

滩羊以产二毛皮出名。二毛为生后 30 天左右宰剥的羔皮，毛股长 7 厘米以上，有 5～7 个弯和花穗，呈玉白色。皮板面积平均 2 029 厘米^2，鲜皮重 0.84 千克，皮板厚度 0.5～0.9 毫米。鞣制好的二毛皮平均重 0.35 千克，毛股结实，有美丽的花穗，毛色洁白，光泽悦目，毛皮美观，具有保暖、结实、轻便和不毡结等特点。二毛皮的毛纤维较细而柔软，有髓毛平均细度为 26.6 微米，无髓毛为 17.4 微米，两者的重量百分比分别为 15.3%和 84.7%。

3. 滩羊如何利用？ 滩羊体质结实，耐粗放管理，遗传性稳定，对产区严酷的自然条件有良好的适应性，具有一定产肉、皮、毛能力，是优良的地方品种，但裘皮市场低迷。就产肉能力而言，滩羊个体小、繁殖率低、晚熟、日均增重小，同时羯羊和经育肥的淘汰母羊胴体中脂肪含量偏高。滩羊今后发展方向应为在划定保种区积极保种外，其余滩羊用良种肉羊进行改良，提高其早熟性、繁殖率、生长速度，以改善肉脂。

十五、岷县黑裘皮羊

1. 岷山黑裘皮羊是如何育成的？ 岷山黑裘皮羊（Minxian black fur sheep）产于甘肃武都地区的西北部，地处洮河中游，产区是甘肃甘南高原与陇南山地接壤区。海拔一般为2 500～3 200米，山峰在3 000米以上。气候高寒，年平均气温5.5℃，最低（1月）平均气温－7.1℃，最高（7月）平均气温15.9℃。无霜期90～120天。年降水量635毫米，7～9月份为雨季，占全年降水量的65%以上。蒸发量为1 246毫米，相对湿度，夏、秋季73%～74%，冬、春季65%～68%。洮河干流在岷县境内自西向东、向北流过。南有达拉岭，北有木寒岭和岷山三个草山草坡地带，植被覆盖度好，是放牧的好草场。牧草以禾本科为主，还有柳丝灌木及部分森林草场。农作物有春小麦、蚕豆、青稞、燕麦和马铃薯等。经济作物主产油料和当归。

20世纪80年代初，岷县黑裘皮羊群体数量为10万只，2007年仅有0.4万只，并且品质退化，处于濒危状态。

2. 有哪些品种特征？ 岷县黑裘皮羊体质细致，结构紧凑。头清秀，鼻梁隆起，公羊有角，向后向外呈螺旋状弯曲，母羊多数无角，少数有小角。颈长适中，背平直。尾小，呈锥形。体躯、四肢、头、尾和蹄全呈黑色。

岷县黑裘皮羊成年公羊平均体高、体长、胸围和体重分别为：(56.2±0.7）厘米、(58.7±0.7）厘米、(76.1±0.9）厘米、(31.1±0.8）千克；成年母羊分别为：(54.3±0.3）厘米、(55.7±0.3）厘米、(77.9±1.0）厘米、(27.5±0.3）千克。岷县黑裘皮羊主要以生产黑色二毛皮闻名，此外还产二剪皮。羔羊初生后毛被长2厘米左右，呈环状或半环状弯曲。生长到2个月左右，毛的自然长度不短于7厘米，这时所宰剥的毛皮称二毛皮。典型二毛皮的特点是：毛长不短于7厘米，毛股明显呈花穗，尖端为环形或半环形，有3～5个弯曲。好的二毛皮的毛纤维从根到尖全黑，光泽悦目，皮板较薄。皮板面积平均为1 350厘米^2。二剪皮是当年生羔羊，剪过一次春毛，到第二次剪毛期（当年秋季）宰杀后所剥取的毛皮。其特点是：毛股明显，从尖到根有3～4个弯曲，光泽好，皮板面积大，保暖、耐穿。其缺点是：绒毛较多，毛股间易结，皮板较重。岷县黑裘皮羊每年剪毛两次，4月中旬剪春毛，9月份剪秋毛，年平均剪毛量为0.75千克。羊毛用于制毡。

3. 岷山黑裘皮羊如何利用？ 岷县黑裘皮羊是我国著名的裘皮绵羊品种，适应高寒阴湿的生态环境。今后应采取积极有效的措施，建立保种场，并努力扩大群体数量。在保持裘皮优良遗传特性的同时，着重提高产肉性能和繁殖力。

十六、贵德黑裘皮羊

1. 贵德黑裘皮羊是如何育成的？ 贵德黑裘皮羊（Guide black fur sheep），亦称“贵德黑紫羔羊”或“青海黑藏羊”，以生产黑色二毛裘皮著称，主要分布在青海省海南藏族自治州的贵南、贵德和同德等县。

2006年再次列入农业部《国家级畜禽遗传资源保护名录》。

2. 贵德黑裘皮羊有哪些品种特征？ 岷县黑裘皮羊属草地型西藏羊类型，体质细致，结构紧凑。头清秀，鼻梁隆起。公羊有角，向后向外呈螺旋状弯曲；母羊多数无角，少数有小角。颈长适中。背平直。尾小呈锥形。小羊出生时全身纯黑色，随着年龄增长逐渐发生变化，体躯、四肢、头、尾和蹄全呈黑色。成年羊的毛色，黑微红色占18.18%，黑红色占46.59%，灰色占35.22%。

岷县黑裘皮羊成年公羊平均体高、体长、胸围和体重分别为：(56.2±0.7)厘米、(58.7±0.7)厘米、(76.1±0.9)厘米、(31.1±0.8)千克；成年母羊分别为：(54.3±0.3)厘米、(55.7±0.3)厘米、(77.9±1.0)厘米、(27.5±0.3)千克。成年羊剪毛量：公羊1.8千克，母羊1.6千克。净毛率70%，屠宰率43%～46%，产羔率101%。

贵德黑裘皮羊，主要是指出生后1个月左右羔羊所产的二毛皮。其特点是，毛股长4～7厘米，每厘米有弯曲1.73个，分布于毛股上1/4～1/3处。毛色黑红，色泽光亮，图案美观，皮板致密，保暖性强，干皮面积为1 765厘米^2。

3. 贵德黑裘皮羊如何利用？ 1950年成立贵德黑裘皮羊选育场，1958年群体数量达到20万只。到1983年，因裘皮市场疲软，经济效益下降，加之牲畜承包到户，牧民为了追求经济效益，饲养改良羊、藏羊和黑裘皮羊混群放牧，导致血统混杂。1999年年底，虽保留有5 805只羊，但品质严重退化。2002年制定了《贵德黑裘皮羊保护方案》。近年来，通过建立育种核心群，完善品种登记制度，加强了该品种的选育和保种工作。

十七、叶城羊

1. 叶城羊是如何育成的？ 叶城羊（Yecheng sheep）是分布于新疆维吾尔自治区叶城的一个地方绵羊品种，是在产区特殊的生态环境和长期的人工选育中形成的。

2. 叶城羊有哪些品种特征？ 该品种羊体质结实，头清秀、略长，鼻梁隆起，耳长下垂（有小耳）。公羊多数有螺旋形角，少数无角；母羊多数无角，少数有小弯角。胸较窄而浅，背腰平直，十字部略高于肩胛部，四肢端正，蹄质致密。短尾脂，尾形有下歪、上翘、直尾尖、无尾尖四种类型。被毛全白或头肢杂毛（头部不超过耳根，肢部不超过腕关节和飞节），被毛有光泽，并且有丝光感，呈毛辫结构。毛辫细长，具有明显的波状弯曲。毛丛层次分明，似排须垂于体侧，达腹线以下。头部四肢为短刺毛。

叶城羊成年体高、体重：公羊 78.98 厘米、63.78 千克，母羊 81.09 厘米、58.03 千克。成年羊年产毛量、春毛毛丛长度、净毛率：公羊分别为 1.85～2.35 千克、27～33 厘米、70%，母羊分别为 1.4～1.65 千克、26～31 厘米和 79%。草场好的年份，一年可剪毛两次。羊毛光泽度好，弹性强，是织造地毯的好原料。成年羊育肥屠宰率可达 48.5%，净肉率在 37%～40%。肉质鲜美，蛋白质含量高。叶城羊母羊全年发情，在正常饲养条件下，双羔率为 8%～10%。

十八、多浪羊

1. 多浪羊是如何育成的？ 多浪羊（Duolang sheep）是分布于新疆维吾尔自治区塔克拉玛干大沙漠的西南边缘，叶尔羌河流域的麦盖提、巴楚、岳普湖、莎车等县，是一个优良肉脂兼用型绵羊品种。因其中心产区在麦盖提县，所以又称麦盖提羊。多浪羊是用阿富汗的瓦尔吉尔肥尾羊与当地土种羊杂交，经过 70 多年选育而成的。据统计，2007 年年底，全区存栏多浪羊 251.88 万只，其中可繁母羊 188.09 万只。

2006 年该品种被列入农业部《国家级畜禽遗传资源保护名录》。

2. 多浪羊有哪些品种特征？ 多浪羊头较长，体质结实，结构匀称，体大躯长而深，肋骨拱圆，胸深而宽，前后躯较丰满，肌肉发育良好，头中等大小，鼻梁隆起，耳特别长而宽。公羊绝大多数无角，母羊一般无角。尾形有 W 状和 U（砍土曼）状。母羊乳房发育良好。体躯被毛为灰白色或浅褐色（头和四肢的颜色较深，为浅褐色或褐色），绒毛多、毛质好。绝大多数的羊毛为半粗毛，少部分羊的羊毛偏细，匀度较好，没有干死毛。但有些羊毛中含有褐色或黑色的有色毛，部分毛束形成小环状毛辫。

多浪羊初生重：公羔 6.8 千克、母羔 5.1 千克；周岁体重：公羊 59.2 千克、母羊 43.6 千克；成年羊体重：公羊 98.4 千克、母羊 68.3 千克。屠宰率：成年公羊 59.8%、成年母羊 55.2%。成年羊产毛量：公羊 3.0～3.5 千克、母羊 2.0～2.5 千克。多浪羊有较高的繁殖能力。性成熟早，一般公羔在 6～7 月龄性成熟；母羔在 6～8 月龄初配，1 岁母羊大多数已产羔。母羊的发情周期一般为 15～18 天，发情持续时间平均 24～48 小时。妊娠期 150 天。一般两年产三胎，膘情好的可一年产两胎，而且双羔率较高，可达 33%，并有一胎产三羔、四羔的。一只母羊一生可产羔 15 只，繁殖成活率在 150%左右。根据体形、毛色和毛质的情况，多浪羊现有两种类群：一种体质较细，体躯较长，尾形为 W 状，不下垂或稍微下垂，毛色为灰白色或灰褐色，毛质较好，绒毛较多，羊毛基本上是半粗毛（这种羊的数量较多，农牧民较喜欢）；另一种体质粗糙，身躯较短，尾大而下垂，毛色为浅褐色或褐色，毛质较粗，有少量的干、死毛（这种羊数量较少）。

3. 多浪羊如何利用？ 多浪羊生长发育快，早熟，体型硕大，肉用性能好。母羊常年发情，繁殖性能好。但与一些肉用绵羊品种比较，多浪羊还有许多不足之处。如四肢过高，颈长而细，肋骨开张不够理想，前胸和后腿欠丰满，有的个体出现凹背、弓腰或尾脂过多。另外，该品种毛色不一致，毛被中含有干死毛等。今后应加强本品种选育，必要时可导入外血，使其向肉羊品种方向发展。

十九、洼地绵羊

1. 洼地绵羊是如何育成的？ 洼地绵羊（Wadi sheep），又称鲁北绵羊，主要分布于山东省德州和滨州等市。洼地绵羊的饲养历史悠久。据《滨州志》记载，1308—1311 年，元朝统治者曾在滨州一带“兴牧场，废农田”，建屯田制，引来了大批蒙古羊。元灭明兴后，“鼓励垦荒、奖励农桑”，从河北省枣强县、山西省洪洞县向滨州大量移民，移民中的回民把来自中亚近东地区的大脂尾羊种带到此地。不同时期、不同来源的羊种，在黄河泛滥的盐碱沼泽地区共同生存、相互杂交，繁育后代。经过当地群众 400 多年的精心选育和自然选择，逐渐形成了现在这样一个独具特色的品种类群。1997 年统计，该品种羊 150 万余只。

产区地处山东省北部，黄河尾间，渤海之滨。年平均气温 12.1～13.1 ℃，无霜期 185～194 天，年日照时数 2 609.4～2 716.1h，年降水量 550～650 毫米。土地大部分属于黄河冲积平原，且海拔在 20 米以下，土壤以壤土、黏土和沙土为主。主要农作物有小麦、棉花、玉米和大豆等。

2. 洼地绵羊有哪些品种特征？ 洼地绵羊中公、母羊均无角，个别羊只有栗状角痕。鼻梁微隆起，耳稍下垂。前胸稍窄，胸较深，背腰平直，肋骨开张良好，呈长方形，体躯略显前低后高，四肢较矮，中等尾脂，长不过飞节，都有尾沟和尾尖，尾尖上翻，紧贴尾沟中。全身被毛白色，少数羊头部有褐色或黑色斑点。

6 月龄体重：公羊 26 千克、母羊 24 千克；成年羊体重：公羊 60 千克、母羊40千克。被毛由无髓毛、两型毛、有髓毛和干死毛组成。产毛量1.5～2.0千克，春毛长7～9厘米，净毛率51%～55%。屠宰率50%左右。羊肉口感、风味好、肉嫩、不油腻。产羔率215%。羔皮、裘皮、板皮质量高，是优质的服装原料。

3. 洼地绵羊如何利用？ 洼地绵羊低身广躯，头上没有犄角，性格温顺，适合密集型饲养。羊蹄坚硬，适宜在盐碱潮湿地饲养，抗腐蹄病的能力强。羊脂尾厚，适宜季节性放牧，耐粗饲，适应性强。经山东、辽宁、内蒙古、青海等十几个省、自治区引种饲养，普遍反映良好，市场前景广阔。

二十、巴什拜羊

1. 巴什拜羊是如何育成的？ 巴什拜羊（Bashibai sheep）是新疆塔城地区一个肉脂兼用地方良种绵羊。1919年牧民巴什拜从苏联迁居裕民县时带入500多只羊，后又购入本地哈萨克母羊，与带入的公羊杂交，扩大羊群。到1949年通过杂交选育，培育出遗传性较强的羊群1.5万余只，群众称为白鼻梁红羊，这就是著名的巴什拜羊。1949年以后，巴什拜羊无论在数量上还是质量上都有很大的发展和提高。从20世纪60年代开始，当地由于重视细毛羊的改良，又因适应性的问题中断，因此现阶段的巴什拜羊有一部分个体有细毛化趋势，种种原因而忽视了对巴什拜羊的选育提高。1976年开始在裕民县种羊场建立巴什拜羊核心群，巴什拜羊的养殖数量逐年提升。1982年该场对羊群进行全面鉴定整群，有纯种巴什拜羊6 400余只，塔城地区共有2万余只。到2008年，巴什拜羊存栏达到30多万只，年出栏近16万只。

2. 巴什拜羊有哪些品种特征？ 巴什拜羊毛色以红棕色为主。头大小适中，鼻梁白色，稍隆起，耳大而宽、下垂。母羊多数无角，头顶部的毛较长；公羊大都有角，个别有四个角，角呈菱形。颈中等长，胸宽而深，鬐甲和十字部平宽，背平直。腿长而结实。蹄小而坚实，肢势端正。肌肉发育良好，股部肌肉丰满，沉积在尾根周围的脂肪呈方圆形，下缘中部有一浅纵沟，将其分为对称的两半，外面覆盖着短而密的毛，内侧无毛。母羊的乳房发育良好。

成年公羊体高、体长、胸围、管围分别为：78.4厘米、91.6厘米、112.6厘米、9.6厘米；对应的指标成年母羊分别为：73.8厘米、87.8厘米、104.5厘米、9.1厘米。

巴什拜羊产毛量大于其他粗毛羊品种。每年春、秋各剪一次毛。绒毛含量大，有髓毛较细，含少量干死毛，被毛光泽好。成年羊年产毛量：公羊1.63～1.89千克，母羊1.23～1.27千克。

巴什拜羔羊从初生到120日龄的哺乳期间，公羔平均日增重275～344克，母羔平均日增重250～338克。巴什拜羊是塔城地区优良地方品种，属脂臀型粗毛绵羊品种，具有适应性强、抗病力强、产肉性能好（4～5月龄羔羊胴体重可以达18千克、屠宰率高达56%、骨肉比达1∶4）等优点。

巴什拜羊性成熟年龄为5～6月龄，公、母羊初配年龄为18个月，一般利用年限为5年。配种方式主要为人工授精。发情期主要集中在11月，发情周期平均15天。一般在11月上旬配种，翌年4月产犊。怀孕期平均150.6天，产羔率为103%。羔羊出生重为4.60～4.7千克，断奶体重可达33.65～41.91千克，哺乳期日增重250～344克。羔羊成活率（断奶后）为98%。

3. 巴什拜羊如何利用？ 巴什拜羊具有早熟、生长发育快、耐寒、耐粗饲、体质结实、抗病力强、毛质好等优点，选育时间长，经济性状遗传稳定。今后应根据市场需求加强本品种选育，进一步缩小脂臀占有率，重点提高产肉性能和繁殖性能，向羔羊肉生产方向发展。

二十一、塔什库尔干羊

1. 塔什库尔干羊是如何育成的？ 塔什库尔干羊（Tashikuergan sheep），又名当巴什羊，主要分布于新疆塔什库尔干塔吉克自治县的当巴什地区，是新疆维吾尔自治区肉脂兼用地方良种羊之一。

产区位于帕米尔高原的东坡，境内平均海拔3 000～5 000米，海拔在5 500米以上的地域终年积雪和被冰川覆盖。年平均温度3.1 ℃。降水量68.0毫米，以西南山区和东南山区（即当巴什地区）降水量最大。6月、7月、8月气候变化剧烈，阴晴无常，雨雪交加，常有冰雹出现。年蒸发量2 247.4毫米，10月初降雪，翌年5月停止，平均雪深5.7厘米。无霜期71.3天。绝对最高气温28.8 ℃，绝对最低气温－29.4 ℃。风季多集中于3～5月。日照时间2 830.1小时。

塔什库尔干羊的形成与帕米尔高原的生态条件有密切关系，同时塔什库尔干县在祖国最西部，位于帕米尔高原上，与巴基斯坦、阿富汗和苏联三个国家相邻。因此，塔什库尔干羊很可能受外种（包括阿富汗肥尾羊和吉萨尔大尾羊）的影响。据当地牧民称，1820年前后，中、俄、阿边界可随意出入，三方牧民常穿插于边界草场放牧，同时小额贸易也屡见不鲜，长期的民间往来和畜群间的交流是当地羊群形成的重要因素。此外，在品种类型及特性上也有差异，如产区塔什库尔干县当巴什地区的羊很少有角，阿克陶县苏巴什地区的羊则大都有角，木吉一带的羊群繁殖率较高。

2. 塔什库尔干羊有哪些品种特征？ 体格大，头大小适中，鼻梁隆起，耳大而下垂，但小耳羊也占有相当数量。公、母羊大部分无角，约有5 %的公羊具有向后弯曲的短角，少数母羊留有退化的小角。颈长度适中，肋骨拱圆，背腰平直而宽。肌肉发育良好。尾大，尾端着生刺毛，内侧无毛，下缘中央有一浅纵沟将其分成对称的两半，恰使肛门外露，部分羊纵沟上端有一小肉瘤。后躯发达，四肢长而粗壮，后肢强健向左右开张，蹄质坚实。母羊乳房发育良好。毛色复杂，以全身黑色和棕褐色为主，其次为头肢或体躯有花斑和白色，也有少数灰色羊。

初产母羊所生单羔初生重：公羔3.64千克，母羔3.37千克；经产成年母羊所生单胎重：公羔4.08千克，母羔3.67千克。成年羊平均产毛量：公羊1.5千克、1.5岁公羊0.75千克；母羊1.12千克，1.5岁母羊0.62千克。羊毛品质有两个类型：一类为粗毛型，毛被中死毛较多，绒毛比例较少；另一类近似半粗毛型，两型毛与无髓毛的比重大。毛股长11～15厘米，绒毛长7～10厘米。产肉性能良好，成年母羊胴体重25.6千克，屠宰率49.4%；8月龄公羔胴体重15.0千克，屠宰率46.6%。尾脂占胴体重的12%～15%。

母羊初配年龄为1.5岁，繁殖率一般可达150%。

3. 塔什库尔干羊如何利用？ 塔什库尔干羊是有别于其他大尾羊的高山放牧品种，对帕米尔高原高海拔地区的条件有良好的适应能力，具有体大、早熟、增重快、抗病力强、耐粗放饲养等优点，是新疆肉脂兼用地方良种羊之一。缺点是产毛量和繁殖性能一般，体型深度不足。近期内应在逐步扩大分布区域、发展数量的同时，进行本品种选育，逐步改进品种类型，注意体型的宽深度及脂尾的发育，重视被毛质量，提高羊的早熟性能，以期培育出优质的塔什库尔干羊新类群。因此应该制订优质种羊的选育和推广计划，逐步使该品种向标准化方向发展。

二十二、柯尔克孜羊

1. 柯尔克孜羊是如何育成的？ 柯尔克孜羊（Kererkezi sheep）是新疆维吾尔自治区绵羊品种中较古老的品种之一。该品种的形成尚无确切史料可查。主要分布在克孜勒苏柯尔克孜自治州阿图什、乌恰、阿合奇等县、市。产区地形复杂，地势由东南向西北呈梯状上升。平原地区日照充足，四季分明，干旱少雨。温差较大，最冷月平均气温－10.9～－6.3℃。无霜期200～240天。年平均降水量70～120毫米。草场广阔，牧草资源丰富，种类繁多。

2. 柯尔克孜羊有哪些品种特征？ 柯尔克孜羊的外貌特征与哈萨克羊近似，但体型小于哈萨克羊而与蒙古羊近似。公羊有角，角型开张向两侧弯曲；母羊有小角或无角。体型匀称，结构紧凑，头大小适中，鼻梁稍隆起，四肢高而细长，蹄质坚实，尾型不一。主体毛色为黑色，约占60%，另外还有棕色、白色及其他杂色羊。

该品种具有耐粗饲、适应性强、易育肥的优点。被毛黑色，外貌特征与哈萨克羊近。公羊有角，母羊有小角，毛色极杂。平均体重：公羊 40～60 千克、母羊 35 千克。剪毛量：公羊 1.5～2.0 千克、母羊 1.0～1.5 千克。屠宰率为 50%左右。尾重一般为 2.0 千克。繁殖率为 86.9%左右。

柯尔克孜羊的繁殖仍以自然交配为主，公母混群放牧，一般一只公羊交配 25～30 只母羊。每年 9～11 月为配种期，母羊发情周期 16～21 天，平均 18.5 天，发情持续期 12～24 小时，妊娠期 142～145 天，繁殖率 80%～108%。

3. 柯尔克孜羊如何利用？ 体型发育上具有匀称、紧凑、四肢高长的特点，使得柯尔克孜品种绵羊对天山南坡坡度较大的放牧地段有着很强的适应性和放牧能力，从而成为该品种绵羊特有的典型生态特征。

二十三、库车羊

1. 库车羊是如何育成的？ 库车羊（Kuche sheep）是由乌兹别克斯坦引入的卡拉库尔羊与当地羊杂交后，并对其再进行定向选择和培育而成的品种。主要分布在新疆维吾尔自治区的库车、沙雅、新和等县。此外，该品种在临近轮台、拜城等县也有少量分布，其中库车县的羊数量多，故得名“库车羊”。库车羊的分布地区气候比较干燥，夏季炎热，冬季寒冷，羊群终年放牧，饲养条件较差。

2. 库车羊有哪些品种特征？ 库车羊头清秀，两眼微凸，鼻梁稍隆起。耳大下垂，部分公羊有螺旋形大角，母羊多数无角。体躯强健，前躯较窄，后躯较宽。骨骼坚实，北部平直，四肢端正，蹄质致密，尾型较杂。毛色在幼龄时为黑色、褐色及深棕色等。

成年羊体重：公羊 40～60 千克，母羊 30～55 千克。羔皮是主要产品，以中花最好，但仅占 20%，环形和螺旋形最多，故花纹和毛卷均不理想。二毛皮是另外一个重要产品，按羔羊年龄不同分为短二毛皮和长二毛皮两种。二毛皮具有光泽好、毛穗清晰、耐磨、美观等优点。繁殖率为 103.6%。

二十四、策勒（黑）羊

1. 策勒（黑）羊是如何育成的？ 策勒（黑）羊（Cele sheep）是以生产羔皮为主的多胎地方品种，主要产区在新疆维吾尔自治区策勒县的策勒、固拉哈玛、达玛沟 3 个乡。产区属于大陆性温暖带内陆干旱沙漠气候，主要特点是气候温和、热量资源丰富、光照充足、日气温温差大、无霜期长，有利于各种农作物生长。降水量少，蒸发量大，春旱多风，年平均气温 11.6 ℃，日温差

14.7℃，无霜期213天。粮食作物主要有小麦、玉米、大麦和豆类。策勒（黑）羊来源无文字记载，其黑羔羊皮是当地群众喜欢的服装饰品，可制作妇女小帽、男用皮帽和衣领等。民间广泛选择花卷好的多胎个体作为种羊，经长期选育，形成了现在的策勒羊。

2. 策勒（黑）羊有哪些品种特征？ 策勒（黑）羊头较窄长，鼻梁隆起，耳较大，半下垂。公羊多数有大螺旋形角，角尖向上向外伸出；母羊多无角或有不发达的小角。胸部较窄，背腰平直较短，十字部较宽平，四肢端正结实。尾型上宽下窄，以锐三角形为主，一般尾尖长不过飞节。羔羊出生时被毛墨黑，随着年龄增长，除头和四肢外逐渐变为深灰色。成年羊被毛多为黑色或棕黑色。整个体躯覆盖着毛辫状长毛，粗毛比例较大，且有较多的干毛。

剪毛量：成年公羊1.72千克，成年母羊1.44千克；周岁公羊0.73千克，周岁母羊0.70千克。春季剪毛后平均体重：成年公羊40.1千克，成年母羊34.53千克；周岁公羊27.38千克，周岁母羊25.20千克。策勒（黑）羊羔皮毛卷明显、紧密，以螺旋形花卷为主，环形及豌豆形花卷较少。随着用途的不同，羔羊宰杀时间亦不相同。供妇女小帽装饰用的羔皮，多在羔羊出生后2～3天宰杀剥取；男帽及皮领用的羔皮，多在羔羊出生后10～15天宰杀剥取；做皮大衣的二毛皮，多在羊45天剥取。随着羊只年龄的增长，毛卷逐渐变直，形成波浪状毛穗，成年后波浪消失，形成一般毛辫。策勒（黑）羊1～15天内的生干皮板面积约1 115厘米^2，生湿皮板面积约1 153.9厘米^2。

全年发情和繁殖率高是策勒（黑）羊的突出品种特征。性成熟约在6月龄，正常配种年龄为1.5～2岁。妊娠期148～149天，一生可产羔8胎次，有密集产羔特征。产区多实行一年2胎或2年3胎，3～4岁母羊一胎产2～3羔者甚多，平均产单羔占15.46%，双羔占61.86%，三羔占15.46%，产四羔以上的占7.22%；最多出现1胎7羔，平均产羔率为215.46%。

二十五、豫西脂尾羊

1. 豫西脂尾羊是如何育成的？ 豫西脂尾羊（Yuxi fat - tail sheep）属蒙系绵羊，源于中亚和远东地区，是经过豫西人们长期驯化选育而成的，为河南省优良的地方品种。中心产区地处河南省西部，位于豫、秦、晋三省交界处。1985年被列入《河南省畜禽品种志》。2007年品种遗传资源调查，豫西脂尾羊总数为21.81万只，被列入《国家畜禽遗传资源名录》。

2. 豫西脂尾羊有哪些品种特征？ 豫西脂尾羊多为白色，公羊角呈螺旋形，母羊大无角。鼻梁隆起，耳大下垂，肋骨开张，腹大而圆体躯长而深，背腰平直，四肢粗壮，蹄质坚实，呈蜡色。脂尾呈椭圆形，尾尖紧贴尾沟，将尾分为两瓣，于飞节以上。

豫西脂尾羊胴体丰满，肉质细嫩，脂肪分布均匀。体重：周岁公羊（50.5±12.52）千克，周岁母羊（48.5±10.29）千克，成年公羊（67.5±13.5）千克，成年母羊（40±4.49）千克。1岁以上的羊屠宰率平均为50.5%，净肉率平均41.1%。一年剪毛2～3次，一般在5月上中旬和9月中下旬进行。年产毛量：公羊2.6千克，母羊1.4千克。毛长6.5厘米，毛质细密，质量优良。周岁羯羊胴体重（26.11±1.29）千克，净肉重（21.72±1.02）千克，内脏脂肪重（6.34±0.18）千克，屠宰率57%。产羔率107%。

3. 豫西脂尾羊如何利用？ 在今后的工作中，应积极进行本品种选育，提高繁殖性能。

二十六、太行裘皮羊

1. 太行裘皮羊是如何育成的？ 太行裘皮羊（Taihang fur sheep）太行裘皮羊属于蒙古系绵羊，起源已无从考证，是目前主要分布于安阳市、新乡两市的一个著名裘皮绵羊品种。该品种是适应当地生态条件，经长期自然和人工选育的结果。产区现有太行裘皮羊14 211只，能繁母羊6 650只，用于配种的成年公羊1 045只，基础公羊占全群的7.3%，基础母羊占全群的46.7%。

2. 太行裘皮羊有哪些品种特征？ 太行裘皮羊体格中等，体质结实。头略长，大小适中，鼻梁隆起。两耳多数较大且下垂，耳小者为数甚少。公羊多数有螺旋形角，母羊多数有角或角基。部分羊额部有铜钱大的短细绒毛，少数羊眼睑和鼻梁有褐斑。颈细长，胸欠宽，背腰平直，后躯比较丰满。四肢略细，前肢端正，多数后肢呈“刀”状姿势，蹄棕红或黑褐色。尾多数垂至飞节以下，尾根宽厚，尾尖细圆，属长尾脂，多数呈S状弯曲。被毛全白者占90%，肤色以粉色居多。

成年羊体重：公羊（51.28±14.53）千克，母羊（49.52±9.38）千克。周岁羊平均体重、屠宰率、精肉率：公羊45千克、51.06%、42.54%，母羊37.83千克、48.83%、39.99%。一年剪毛两次，成年羊春毛量、秋毛量：公羊（0.81±0.06）千克、（0.75±0.31）千克，母羊（0.80±0.13）千克、（0.71±0.03）千克。春毛长、秋毛长：公羊（11.30±2.73）厘米、（8.36±1.13）厘米，母羊（11.15±1.13）厘米、（7.66±1.13）厘米。太行裘皮羊常年发情，母羊一般5～6个月龄性成熟，7月龄初配。种羊可利用5～7年，具有常年发情、产后1～8天发情热配的优点。产羔率130.58%，双羔率15.8%。

3. 太行裘皮羊如何利用？ 太行裘皮羊适应性好，抗病力强，性格温顺，产肉率高，裘皮品质较好，具有常年发情的特点，是河南省优良的地方品种；缺点是上等花穗皮张少，二毛皮差异大，产羔率较低。

二十七、汉中绵羊

1. 汉中绵羊是如何育成的？ 汉中绵羊（Hanzhong sheep），又名墨耳羊，主要分布于陕西省汉中市西部的宁强县燕子砭、安乐河和勉县朱家河、小砭河一带。据2006年统计，该品种羊仅存栏229只，其中宁强县123只，勉县106只。

据考证，汉中绵羊来源于羌羊。史料记载，羌羊入汉已有2 700年的历史。是在封闭而独特的秦巴山区自然条件下，经过当地群众的精心培育，培育出的与藏羊、蒙古羊外貌特征有明显差异，而被毛基本同质的地方优良品种。

2006年该品种被列入农业部《国家级畜禽遗传资源保护名录》。

2. 汉中绵羊有哪些品种特征？ 汉中绵羊体格中等，体质结实。公羊角呈螺旋形，向外伸展；母羊一般无角。背腰平直，胸较深。四肢端正，蹄质结实。体躯毛色纯白，多数头部有褐色、黑色、黄色斑块。被毛属异质毛，但同质性好，毛股明显。

汉中绵羊产肉性能好，繁殖性能高。成年公、母羊体重分别为35千克和31千克。成年羊剪毛量：公羊1.8千克，母羊1.4千克，羯羊2.0千克。毛长8～10厘米，羊毛细度30～38微米。屠宰率48%，产羔率137%～144%。

3. 汉中绵羊如何利用？ 汉中绵羊是我国在品种资源调查中发掘的地方绵羊遗传资源，但群体数量少，处于濒危状态，生产和发展面临潜在威胁。因此，目前主要是建立资源保护区，进行保种工作，积极增加数量，突出特色，让其真正成为我国地方绵羊遗传资源。

二十八、晋中绵羊

1. 晋中绵羊是如何育成的？ 晋中绵羊（Jizhong sheep）中心产区位于山西省中部的榆次、太谷、平遥、祁县四县，其他各县亦有少量分布。据2006年年底统计，产区总计存栏19.2万只。

2. 晋中绵羊有哪些品种特征？ 晋中绵羊头部狭长，鼻梁隆起。公羊有角，呈螺旋状；母羊一般无角，耳大下垂。体躯狭长，并略呈前低后高。四肢结实，肢势端正，蹄质坚固。短尾脂，尾大近似圆形，并具有尾尖。全身被毛白色，头部及四肢毛短而粗。晋中绵羊的被毛有两个类型：一类为毛辫型，毛长而细，略有弯曲；另一类称之为沙毛型，毛短而粗，并混有干丝毛。

成年羊平均体重：公羊（72.65±13.80）千克，母羊（43.75±5.88）千克。成年羊产毛量：公羊 1.1 千克，母羊 0.76 千克。羊毛自然长度 10.2 厘米，绒毛长 6.3 厘米。平均净毛率 62.19%。纤维按重量百分比计，无髓毛占 73.2%，有髓毛占 15.8%，两型毛占 11.05%。晋中绵羊一般以“站羊”方式进行育肥，即将羔羊圈在家中，除喂以青草、树叶外，每天还补喂饲料0.25～0.5 千克。平均体重、屠宰率：10 月龄“站羊”42.5 千克、56.4%，2 岁以上成年羯羊 40.7 千克、52.1%。晋中绵羊的公、母羊一般在 7 月龄左右可达到性成熟，1.5～2 岁时开始初次配种，产羔率为 102%。

3. 晋中绵羊如何利用？ 晋中绵羊是山西省优良的地方绵羊品种，数量较多。虽然其产毛量低、毛质差，但具有生长快、易育肥、肉脂鲜嫩等特点，是不可多得的宝贵畜禽遗传资源，应当加以保护和利用。

二十九、威宁绵羊

1. 威宁绵羊是如何育成的？ 威宁绵羊（Weining sheep）属于牛科、绵羊属，分布于贵州省的赫章、毕节、大方、纳雍、水城、盘县、黔西、织金、金沙等县。

产区海拔高，气温低，牧地广阔。中心产区威宁县，海拔 2 234 米，年平均气温 10.6 ℃，年平均降水量 971.4 毫米，全年日照 1 796.7 小时，无霜期 208 天。地带性植被为常绿阔叶混交林，高山地带的灌丛有箭竹、麻栎、闹草花；低山地带有茅栗、盐肤木、小果蔷薇、救军粮等。丰富的灌丛和牧草，为饲养绵羊提供了有利条件。尤其是地处黔西北的毕节地区，草场达 78.32 万公顷，其中草坡草场占 69.98%，灌丛草场占 23.24%，疏林草场占 6.28%，其余占 0.5%。牧草植被高山有羊茅、画眉草、野古草、野韭菜、马犀蒿；中山地带有青茅、雀麦、鼠尾粟、火绒草；低山有五节芒、白茅、菅草等。主要农作物有玉米、马铃薯、荞麦和豆类。在这样的自然生态条件影响下，形成了威宁绵羊耐粗、适应性强的性能。

2. 威宁绵羊有哪些品种特征？ 威宁绵羊公羊多数有角，角形多为半圆形角，少数有螺旋形角；少数母羊仅为退化的小角。鼻梁凸隆，颈细长，腹较大，腰膁丰满，臀部略倾斜。骨骼较细，腿较长，尾短瘦，呈锥形。全身被毛主要部位为白色，头部的耳、脸、唇及四肢下部多有黑色、黄褐色的斑点，全身白色者极少。

威宁绵羊成年羊平均体高、体长、胸围和体重：公羊分别为（59.3±6.2）厘米、（57.0±6.0）厘米、（72.5±10.8）厘米、（34.6±8.5）千克；母羊分别为（58.7±5.0）厘米、（57.9±5.8）厘米、（72.8±7.3）厘米、（32.5±6.3）千克。威宁绵羊属粗毛羊，异质毛被，外层为粗毛和两型毛，少弯曲，肉层为绒毛。羊毛油汗少。每年剪毛3次，每只威宁绵羊全年产毛量0.7千克，公羊年剪毛量略高，为1.3千克。净毛率：公羊70%，母羊67%。成年羯羊的屠宰率45.3%。一般一年一胎一羔，繁殖成活率55%～62%。以威宁绵羊作母本，用细毛公羊和半细毛公羊引进杂交，已取得明显成效，其后代体重、产毛量和毛的品质等都有不同程度的提高。

3. 威宁绵羊如何利用？ 威宁绵羊体质结实，特别适应贵州高海拔山区饲养。但产毛量低，羊毛品质差，繁殖率不高。目前数量仅为3 000余只，处于濒危状态。应通过本品种选育或引入外血，积极选育提高。

三十、泗水裘皮羊

1. 泗水裘皮羊是如何育成的？ 泗水裘皮羊（Sishui fur sheep）又称泗河绵羊。原产于山东省济宁市的泗河两岸，培育历史悠久，生物学特性独特，形象威武雄壮，是山东省地方优良家畜品种，也是中国珍贵的畜牧遗产资源之一。早在清朝，泗水裘皮羊的裘皮就是贡品，价值非凡。1931年，泗水县存栏15 000余只。1981年，农业部组织畜牧专家进行地方畜禽良种调查，认定泗水裘皮羊品质优良，并报请上级有关部门批准将泗水县定为裘皮羊生产基地，提出“去劣选优，提纯复壮”的方针，并指示成立育种组，提高裘皮羊的双羔率。泗水县畜牧部门根据上级指示确定泗张、泉林、苗馆、星村、中册5个区为裘皮羊繁殖基地，建立核心群5个，选育优质羊500余只。

2. 泗水裘皮羊有哪些品种特征？ 泗水裘皮羊公、母个体均较小，体型低矮。毛色纯白，个别头，肢间有黑褐色斑点。被毛为两型毛，腹毛稀短，头及四肢为刺毛。头部狭长，面部清秀，鼻梁隆起。耳形及大小不一，向两侧伸直；小耳者较少，其耳形仅能看到耳根。公羊头生多角，可达2～6只，公羊角质结实而坚硬；母羊有角或无角。颈部细长，胸较深，后躯发育好，尻微斜，腹部紧凑稍下垂，背腰稍平直，四肢短而结实。躯体略长，侧视体型呈长方形。尾系大脂尾，上宽下厚，尾尖向上再向下垂，长达飞节。

成年羊体高、体斜长、胸围、体重：公羊分别为（60.1±4.2）厘米、（63.9±3.7）厘米、（79.2±4.5）厘米、（38.9±3.1）千克，母羊分别为（55.1±3.8）厘米、（60.1±2.9）厘米、（71.2±4.9）厘米、（28.4±3.4）千克。平均产毛量：公羊2.5千克，母羊1.5千克。2月龄羔羊裘皮质量好，毛长6.4～8.5厘米，毛色纯白，光泽良好，被视为国内裘皮珍品。成年羊产毛量1.5～2.0千克，毛长13～16厘米，净毛率63%～66%。被毛由无髓毛、两型毛、有髓毛和部分干死毛组成。成年羯羊屠宰率45%～49.5%，净肉率37.2%～39.3%。肉质较好，色泽鲜艳，肉色浅红或鲜红；皮下脂肪分布均匀，肌肉细嫩，味道鲜美。板皮厚薄均匀一致，皮重 140～416.33 克，皮厚 0.94～1.23 毫米，板皮面积 1 690.67～3 418.67 厘米^2，有花面积占总面积的 84.44%～99.86%。公、母羊 10 月龄性成熟，1～1.5 岁方可配种繁殖。一般饲养条件下，母羊两年三产，一般一胎一羔，产双羔者较少，产羔率 100.9%～121.05%。

3. 泗水裘皮羊如何利用？ 自 20 世纪 80 年代以来，由于多方面的原因，泗水裘皮羊存栏量急剧下降，应进行必要的品种资源保护和开发。

三十一、昭通绵羊

1. 昭通绵羊是如何育成的？ 昭通绵羊（Zhaotong sheep）主要分布于云南省昭通市的彝良、镇雄、大关、永善、巧家、昭阳和鲁甸等县。据 2005 年普查统计，该品种羊总存栏 3.94 万只。

该品种 1987 年被列入《中国畜禽遗传资源名录》。

2. 昭通绵羊有哪些品种特征？ 昭通绵羊属藏系短毛型山地粗毛羊。头长适中而较深，鼻梁隆起，颈细长。多数无角，有角的仅占 5%左右。鬐胛稍高，背腰平直而窄，胸较深，肋骨微拱。四肢较长，行动敏捷，善于爬山。尾呈锥形，长 12～25 厘米。被毛多为白色异质毛，头、四肢多有黑、黄花斑，体躯毛色全白者占 98%以上。

昭通绵羊以终年放牧为主，一般只在大雪封山或冰冻的短期内实行圈养，补给一些豆科类秸秆和麦草，并加少量玉米、马铃薯及萝卜等。昭通绵羊在 3 月、6 月、9 月剪毛 3 次。成年羊年产毛量：公羊 1～1.5 千克，母羊 1～1.2 千克。毛长 4～4.5 厘米。如全年在 9 月只剪毛 1 次，毛长平均 9.1 厘米。母羊无髓毛（重量比）占 66%，两型毛占 33.2%，有髓毛占 0.77%，羊毛细度：无髓毛 27.7 微米，两型毛 58.6 微米，有髓毛 64.2 微米。净毛率 75.72%。

昭通绵羊羔羊平均初生重 2.95 千克，平均断奶体重 25.23 千克。成年羊平均体重：公羊 46.30 千克，母羊 41.55 千克。成年羊胴体重、净肉重、屠宰率、净肉率：公羊分别为 20.38 千克、16.35 千克、44%、35.3%，周岁分别为 14.42 千克、11.14 千克、46.18%和 36.11%。

昭通绵羊性成熟早，公羊 4～5 月龄即有性行为，初配年龄在 1～1.5 岁；母羊性成熟在 9～10 月龄，初配年龄在 1.5～2 岁。春、秋发情。一般一年一胎，产双羔者较少。

3. 昭通绵羊如何利用？ 昭通绵羊体型紧凑，体质结实，善于爬山越野，放牧性好，耐粗饲，抗病力强，适应当地山高坡陡的山地草场和冷凉气候。被毛洁白，品质佳，是制作地毯和擀毡的优质原料。根据国家和当地群众生产生活的需要，今后应实行“本品种选育和经济杂交同时并举”的方针。在进行本品种选育的同时，应提高产肉、产毛性能和毛品质，使其向综合利用的方向发展。

三十二、迪庆绵羊

1. 迪庆绵羊是如何育成的？ 迪庆绵羊（Diqing sheep）主产于云南省香格里拉县和德钦县的高寒坝区。在全州河谷二半山区也有零星分布和饲养。一般认为，迪庆绵羊是通过活畜交易遗留下的羊品种繁育而成，含有较高的西藏血统，体型外貌和西藏羊三江型有相似之处。自 1958 年开始，先后引进高加索羊、罗姆尼羊、美利奴羊、考力代羊、新疆细毛羊和东北细毛羊等品种进行杂交改良，逐渐形成了山地型巴美地区绵羊和草原型尼汝迪庆绵羊两个品系。

据 2006 年普查统计，该品种在迪庆中北部高原坝区和高寒山区的饲养量为 54 379 只，二半高寒山区和河谷山区的饲养量为 15 067 只。

该品种 1987 年被列入《中国畜禽遗传资源保护名录》。

2. 迪庆绵羊有哪些品种特征？ 迪庆绵羊属藏系短毛型山地粗毛羊，体型差异大，体质结实，结构紧凑。头长，额宽平。公、母均有角，角形为向后向外旋转开张。耳小平伸，鼻梁稍隆起。颈细短，胸深，肋骨开张良好，背腰平直，结合紧凑，尻稍斜，尾锥形。四肢粗壮，蹄质结实。全身被毛以黑褐色、黑白花、白色为主，其中以纯白、黑褐色居多。被毛粗短，异质毛含量高。

迪庆绵羊以放牧饲养为主。一年剪毛 2～3 次，春毛的产量比秋毛的低。成年公羊春季剪毛量为 0.82 千克，母羊春季剪毛量为 0.57 千克，秋季剪毛量 0.48 千克。被毛厚度 1.5～2.0 厘米，毛长 10～13 厘米，细度 55.80～76.76 微米。

成年羊平均体重：公羊 41 千克，母羊 36 千克，羯羊 33.5 千克。被毛由细毛、两型毛及有髓毛组成。春季毛长：公羊 6.36 厘米，母羊 4.46 厘米。成年羯羊屠宰率 43%。

迪庆绵羊相对晚熟，繁殖性能较低。一般公羊 1～1.5 岁性成熟，1.5～2 岁初配；母羊 1 岁性成熟，1.5 岁配种。分布于高寒地区的迪庆绵羊于 6～9 月份发情配种，分布于半山区的迪庆绵羊于 5～6 月份、10～11 月份发情配种。母羊多为一年一产，平均年产羔率 95%。

3. 迪庆绵羊如何利用？ 迪庆绵羊具有耐寒、耐牧、抗逆、抗缺氧能力强、草地利用率高、肉味香浓等特点。但是性成熟晚，繁殖性能较低，生长速度慢。今后应在未改良区加强本品种选育，逐步改善饲养管理条件和放牧方式，努力提高生产性能；在改良区先观察引进半细毛羊的改良效果，再决定是否逐步推广。

三十三、腾冲绵羊

1. 腾冲绵羊是如何育成的？ 腾冲绵羊（Tengchong sheep）主要产于云南省保山市腾冲县北部，是腾冲长期饲养的本地绵羊品种。据2006年调查，该品种羊存栏7 600只。

2. 腾冲绵羊有哪些品种特征？ 腾冲绵羊属藏系粗毛型山地肉毛兼用品种。体格高大，体质结实，四肢健壮。头深，额短，公、母羊均无角。耳窄长，鼻梁隆起，颈细长。鬐胛高耳狭窄，胸部欠宽，肋骨微拱，背平直，身躯较长，臀部窄而略倾斜，尾呈长锥形，长21～30厘米。头和四肢多为花色斑块，体躯部位多为白色。被毛覆盖较差，头、阴囊或乳房、前肢膝关节以下和后肢分节以下均为刺毛，腹毛粗而覆盖差。

腾冲绵羊一年四季均以放牧为主。成年羊平均体重：公羊（50.98±3.29）千克，母羊（48.36±4.64）千克。每年剪毛3次，分别在3月、6月和10月剪毛，年平均产毛量1.28千克。被毛长度：公羊4.91厘米，母羊4.62厘米。细度44.92微米，净毛率47.30%。

成年羊胴体重、净肉重、屠宰率：公羊20.69千克、8.49千克、47.30%，周岁母羊19.05千克、7.8千克和46.96%。

腾冲绵羊性成熟较晚，公、母羊性成熟一般在12月龄。初配年龄为18个月左右，发情季节多集中在5月和10月，产羔率101.4%。

3. 腾冲绵羊如何利用？ 腾冲绵羊具有抗潮湿、体型大、抗逆性强、肉质好等特点。多年来，受草场面积减少、牧草退化等因素的影响，该品种存栏量减少，生产性能下降，经济效益较低。根据腾冲绵羊的特点和目前存在的问题，应充分利用其抗潮湿、体型大、抗逆性强等优点，一方面加强本品种选育，另一方面导入外血，以提高其繁殖率和生长速度。

三十四、兰坪乌骨绵羊

1. 兰坪乌骨绵羊是如何育成的？ 兰坪乌骨绵羊（Lanping black - bone sheep）的发现可追溯到20世纪40年代，70年代在兰坪县的通甸镇山区一带就发现了乌骨绵羊，但当时并未引起重视。进入80年代，实行农村家庭联产承包责任制后，绵羊饲养从集体饲养转变为农户家庭饲养，饲养量提高很快。同时这一带农户家中屠宰的绵羊中不断有乌骨绵羊出现，在烹饪食用时膻味较一般绵羊小，而且有多次食用的群众认为对胃病和风湿病有一定的治疗作用，当地群众也习以为常，并称之为“黑骨羊”。此后，该品种羊逐渐受到重视。2001年开始，在有关专家的指导下，进行了异地饲养、杂交等试验并初步证明乌骨性状是可遗传的，同时老百姓也开始重视该羊的选留，逐步形成了乌骨羊类群。2001年云南省正式立项支持乌骨羊研究（国家“863”科研项目），2008年该项目荣获“中国自然科学一等奖”，由此确认了乌骨羊这一新的畜类物种，并多次在中央电视台的新闻联播中播出，还纷纷被众多知名媒体宣传报道。2010年通过国家畜禽遗传资源委员会鉴定。

2. 兰坪乌骨绵羊有哪些品种特征？ 兰坪乌骨绵羊头狭长，鼻梁微隆，公、母羊多数无角，角形呈半螺旋状向两则后弯。耳大向两侧平伸。颈粗长无皱褶，胸深宽，背腰平直，体躯较长，四肢长而粗壮有力，尾短小，呈圆锥形。被毛为异质粗毛，头及四肢覆盖差，颜色主要有三种：白色占32%，黑色占28%，黑白花色占18%，其他占22%。眼结膜呈褐色，腋窝皮肤呈紫色，口腔黏膜、犬齿和肛门呈乌色。从外貌特征看，兰坪乌骨绵羊与一般绵羊没有区别，但解剖后可见骨膜、肌肉、气管、肝、肾、胃网膜、肠系膜和羊皮内层等呈乌色。随年龄增长，不同组织器官黑色素沉积顺序和程度有所不同。

在春、夏、秋季以放牧为主，冬季多为放牧与舍饲相结合，并补饲马铃薯、荞麦、燕麦及农作物秸秆。一年剪毛2次，每次剪毛量：公羊1千克，母羊0.7千克。成年羊体重：公羊（47.0±9.53）千克，母羊（37.3±5.4）千克。成年羊胴体重、屠宰率、净肉率：公羊（22.76±0.66）千克、（48.4±1.62)%、（40.3±1.06)%，母羊（15.75±1.78）千克、（42.2±1.78)%、（37.0±1.75)%。

公羊性成熟较母羊稍晚，一般1.5岁开始配种，利用年限3～5年。母羊6月龄出现初情，1岁左右达到性成熟，发情周期平均为18天，1个发情期持续时间约30小时，一般到1.5岁开始配种，妊娠期平均152天，利用年限5～6年，产羔率在95%左右。

3. 兰坪乌骨绵羊如何利用？ 研究表明，兰坪乌骨绵羊的乌骨、乌肉性状是可以稳定遗传的。乌骨绵羊组织器官中的黑色素与乌骨鸡中的黑色素相同，且随着年龄的增长沉积量随之增加。乌骨绵羊体内酪氨酸酶活性明显高于非乌骨羊，说明乌骨绵羊合成黑色素的能力较强。因此，今后应进一步研究阐明乌骨绵羊形成的原因及开发价值。同时，积极开展本品种选育，利用现代科学技术手段迅速扩群，特别是增加拥有纯合子的个体数量，使其成为我国羊产业中的特色品种（遗传资源）。

三十五、宁蒗黑绵羊

1. 宁蒗黑绵羊是如何育成的？ 宁蒗黑绵羊（Ninglang black sheep）是在

中国云南丽江宁蒗彝族自治县特殊的自然环境条件下的自然选择，以及各族人民长期的喜爱和人工选择而形成的遗传资源。该绵羊长期生长在冷凉地区，且当地老百姓饲养管理粗放，因而具有适应冷凉山区多变的环境条件、采食能力强、饲料利用范围广、性情温顺、抗病性强、易管理等特点。主要产区为云南省丽江地区宁蒗彝族自治县，主要分布区为云南省丽江、永胜、华坪等县。2008 年存栏 60 793 只。

1987 年该品种列入了《云南省家畜家禽品种志》。2007 年被列为农业部遗传资源调查品种。由于其特征、特性明显，且遗传性稳定，因此与其他资源、品种配套系有明显区别。2010 年通过国家畜禽遗传资源委员会鉴定。

2. 宁蒗黑绵羊有哪些品种特征？ 宁蒗黑绵羊是毛肉兼用的地方品种。鼻梁隆起，耳大前伸，颈部长短适中，头颈、颈肩结合良好。鬐胛稍高而宽，胸宽深，肋骨开张，背腰平直。体躯丰满而较长，尻部匀称。四肢粗壮结实，蹄质坚实，尾细而稍长。骨骼粗壮结实，肌肉丰满。体躯被毛全黑，额、尾、四肢蹄缘有白色特征者占 66.5%，被毛稀、粗、异质。

根据体型外貌和被毛结构的差异，宁蒗黑绵羊分为纠永型和鼻永型。公羊多数有螺旋形角，母羊一般无角。纠永型（大型）：头长，额宽微凹，鼻隆起，兔头形。头部被毛着生在耳后枕骨，四肢毛着生在肘和膝关节处，被毛细而密度差，胸深。鼻永型（小型）：头长，额宽稍平，鼻梁略隆起，似锐角三角形。头部被毛着生至两耳连线上，四肢着生至肱骨和小腿骨上 1/3 处。被毛粗而稍密，胸宽。

宁蒗黑绵羊以终年放牧为主。一年剪毛一次。剪毛量：鼻永型公羊 0.91 千克、鼻永型母羊 0.55 千克；纠永型公羊 0.6～0.8 千克、纠永型 0.5～0.6 千克。

体重：公羔 3.15 千克、母羔 2.74 千克；4 月龄断奶重公羊 13.97 千克、4 月龄断奶重母羊 13.71 千克；成年公羊 42.55 千克、成年母羊 37.84 千克。成年羊胴体重、净肉率重、屠宰率、净肉率：公羊分别为 15.74 千克、12.05 千克、37%、28.3%；母羊分别为 16.16 千克、12.0 千克、42.7%和 31.7%。

公羊一般在 7 月龄性成熟，初配年龄 1～1.5 岁。母羊一般在 12 月龄配种，配种季节在 6～9 月份。一年产一胎，多数产单羔。

3. 宁蒗黑绵羊如何利用？ 宁蒗黑绵羊具有遗传性能稳定、体质结实、体格较大、行动敏捷、耐高寒、耐粗饲、性情温顺、产肉性能好等优点。缺点是产毛量低、有髓毛含量高。今后应以本品种选育为主，保持提高其优良特性。对纠永型，应保留体格大的特点，向肉用方向发展；鼻永型可引用黑色裘皮用羊进行杂交改良，向裘皮方向发展。

三十六、石屏青绵羊

1. 石屏青绵羊是如何育成的？ 石屏青绵羊（Shiping grey sheep）分布于云南省石屏县龙武镇、哨冲镇、龙朋镇，是长期自然选择和当地彝族群众饲养驯化形成的一种肉毛兼用型地方绵羊遗传资源，至今已有200年历史。据2006年普查统计，石屏青绵羊总存栏3 118只。该品种已列入《红河谷畜禽品种志》，2010年通过国家畜禽遗传资源委员会鉴定。

2. 石屏青绵羊有哪些品种特征？ 石屏青绵羊被毛覆盖良好，颈、背、体侧被毛以青色为主，占85%，棕褐色占15%。头部、腹下、前肢腕关节以下、后肢飞节以下毛短而粗，为黑色刺毛。被毛油汗适中。公、母羊多数无角（占90%），少数有角或有退化角（占10%），角粗，呈倒八字，灰黑色。体躯近似长方形，背腰平直，尻部稍斜，尾短细。四肢细长，蹄质坚硬结实，行动灵活，善爬坡攀岩。

石屏青绵羊一年四季均以放牧为主，极少补饲。公、母羊一年剪毛2次，年均产毛量公羊0.74千克、母羊0.46千克，羊毛自然长度7.41厘米。

成年羊体重、胴体重、净肉重、屠宰率、净肉率：公羊分别为（35.8±2.5）千克、（13.21±2.22）千克、（9.67±1.72）千克、36.9%、27%；成年母羊分别为（33.8±3.6）千克、（11.81±2.19）千克、（8.15±1.92）千克、34.9%和24.1%。

公羊7月龄进入初情期，12月龄达到性成熟，18月龄用于配种；母羊8月龄进入初情期，12月龄达到性成熟，16月龄用于配种。公羊利用年限3～4年，母羊利用年限6～8年。发情以春季较为集中，一般年产一胎，产羔率95.8%。

3. 石屏青绵羊如何利用？ 石屏青绵羊体躯被毛以青色为特征，具有行动灵活、善爬坡攀岩的独特性能。而且遗传性能稳定，性情温顺，耐寒，耐粗饲，适应性和抗病力强；肉质细嫩，味香可口。但由于该品种尚未经过系统选育，再加上产区饲养水平较低，因此个体生产性能差异较大。今后应加强本品种选育，统一体型外貌，提高生产性能。

三十七、山地绵羊

1. 山地绵羊是如何育成的？ 山地绵羊（Mountain sheep）产于山东省中南部的泰山、沂山、蒙山等山区丘陵地带，中心产区为济南市的平阴县、长清县和泰安市的东平县等地，存栏量6万只左右。

山地绵羊是蒙古羊输入鲁中地区以后，在当地优良的放牧条件下，经过长期的风土驯化和人工选育而形成的地方培育品种。

2. 山地绵羊有哪些品种特征？ 山地绵羊被毛以白色为主，亦有杂黑褐色者。体格较小，体躯略呈长方形，后躯稍高。头大小适中，窄长，额较平，鼻梁隆起。公羊多为小型盘角或螺旋状角，母羊多数无角或有小姜角。耳型分中、小两种，耳直立。颈部细长，胸部较窄，肋开张，背腰平直，尻稍斜。骨骼粗壮结实，四肢短粗，蹄质坚硬，脂尾。

成年羊体重：公羊（39.9±5.94）千克，母羊（35.5±5.88）千克。成年羊剪毛量、净毛率：公羊（2.39±0.49）千克、61.26%，母羊（2.12±0.70）千克、64.48%。被毛异质，按重量百分比计，成年公羊无髓毛占 54.95%、两型毛占 24.54%、有髓毛占 17.07%、死毛占 3.63%；成年母羊相应为 53.70%、25.81%、16.86%和 3.63%。山地绵羊一般一年剪毛 2 次，4 月底至 5 月初剪春毛，8 月底至 9 月初剪秋毛。成年公羊年剪毛量 2.39 千克，净毛率 61.3%；成年母羊剪毛量 2.12 千克，净毛率 64.5%。春毛长度 9～11 厘米，秋毛长度 6～7 厘米。

周岁羊胴体重、屠宰率、净肉率：公羊分别为（23.44 ± 2.28）千克、53.27%、39.57%；周岁母羊分别为（17.21 ± 2.16）千克、49.17%和 40.37%。

山地绵羊母羊性成熟年龄一般为 6～7 月龄发情，公羊 11～12 月龄开始配种，母羊 8～9 月龄配种。一般利用年限 5～7 年。配种方式以本交为主，公、母羊比例一般为 1∶(20～50)。发情周期（18±3）天，妊娠期（152±3）天，产羔率 115%。

3. 山地绵羊如何利用？ 山地绵羊具有适应性强、抗病能力强、肉质好、耐粗饲、性情温顺、便于管理、登山能力强、适于山区放牧等特点。今后应建立核心场和保种区，加强保种选育及提纯复壮，开展系统选育，进一步提高增重速度和繁殖能力，促进产业发展。

三十八、巴尔楚克羊

1. 巴尔楚克羊是如何育成的？ 巴尔楚克羊（Baerchuke sheep）原产于新疆维吾尔自治区巴楚县，是当地农牧民经长期自繁自育和风土驯化而成的一个地方优良种群。1990 年开始有计划地对本品种进行选种选配和提纯复壮，并确定为巴尔楚克羊。

20 世纪 70 年代，巴尔楚克羊数量已达到 25 万只，后受杂交改良的影响，数量迅速下降到 9 万只左右。近 5 年来，随着市场的变化，数量不断增加，巴尔楚克羊品质也有所提高。2010 年该品种通过国家畜禽遗传资源委员会鉴定。

2. 巴尔楚克羊有哪些品种特征？ 巴尔楚克羊全身被毛白色，公、母羊均无角。该羊体质结实，肢体健壮，耐热、耐盐碱、耐潮湿、耐粗饲，能适应恶劣的气候环境。巴尔楚克羊头大小适中，头形呈三角形，额长宽均匀，鼻梁略凸。黑色眼圈、黑色嘴轮、耳小有黑斑，颈部长短适中，体型长，胸宽而深，四肢健壮、蹄质致密，后躯肌肉丰满呈圆筒状，属短脂尾，尾短下垂，其尾形有三角形、萝卜形和S形。

成年羊体重：公羊（72.15±9.63）千克，母羊（47.73±5.74）千克。周岁羊胴体重、眼肌面积、屠宰率、净肉率：公羊分别为（15.05±2.24）千克、（9.94±1.24）厘米^2、46.34%、34.86%；周岁母羊分别为（14.43±1.98）千克、（10.46±1.67）厘米^2、46.46%和33.45%。

巴尔楚克羊毛属于异质半粗毛，是制毡、毛毯和地毯的原料。毛纤维由粗毛、绒毛、两型毛（无髓毛和有髓毛）、干死毛组成。两型毛细度44～46支，油汗适中，毛丛自然长度14厘米以上，净毛率不低于58%。巴尔楚克羊年剪毛两次，一般在春、秋两季节。成年羊年平均剪毛量：公羊3.5千克，母羊2.8千克。被毛稀，腹毛差。

巴尔楚克羊一年四季放牧，发情季节明显。一般在秋季发情配种，初配年龄为12月龄，产羔率110%。

三十九、罗布羊

1. 罗布羊是如何育成的？ 罗布羊（Luobu sheep）的形成历史，无文献可查。在干旱炎热的自然条件下，经过牧民长期精细培养，形成的体质结实，抗病力强，对蚊、虻、蝇侵袭适应性强的古老地方绵羊品种。2008年年底，产区存栏0.88万只。

罗布羊以放牧为主，多以300～500只为一群，常年放牧在新疆维吾尔自治区塔里木河及孔雀河流域的天然草场上。

2. 罗布羊有哪些品种特征？ 罗布羊体型紧凑，体质结实，结构匀称，体格中等。头较小，鼻梁隆起，两眼微凸，耳大下垂。一般公羊有螺旋形大角，个别母羊有小角。额毛向前弯曲而下垂，背腰平直，肋骨开张较良好，四肢端正。尾脂一般呈坎形，有向上弯曲的尾尖。罗布羊体躯被毛为白色，头、四肢多有黑色或棕色斑点。毛较粗短。

周岁羊体重：公羊（37.89±3.4）千克，母羊（35.73±2.38）千克。成年羊平均产毛量、净毛率：公羊1.2千克、76.41%，母羊0.98千克、61.96%。平均宰前重、胴体重、眼肌面积、屠宰率、净肉率：公羊分别为（44.6±4.78）千克、（16.83±3.05）千克、（2.87±0.79）厘米^2、37.8%、

27.75%；母羊分别为（40.15±3.58）千克、（15.13±1.55）千克、（2.76±0.52）厘米^2、37.79%、27.52%（分别对12月龄10只公羊和10只母羊进行测定的结果）。繁殖率不高，一般每年产羔一只。

3. 罗布羊如何利用？ 罗布羊具有遗传性能稳定、体格中等、适宜在荒漠半荒漠草场上放牧、耐粗饲、抗逆性强、放牧育肥能力好等优点，并对恶劣环境的自然条件具有很强的适应能力。今后以本品种选育为主，进一步提纯复壮，提高产肉性能。

四十、吐鲁番黑羊

1. 吐鲁番黑羊是如何育成的？ 吐鲁番黑羊（Turpan black sheep）俗称“托克逊黑羊”，属粗毛型绵羊。吐鲁番黑羊中心产区在吐鲁番地区托克逊县，在该县的伊拉湖乡、博斯坦乡、克尔碱镇分布着10群3 000只核心群吐鲁番黑羊。经过上百年的时间，在长期的选育下形成了适应夏季酷热、冬季严寒、多风沙的吐鲁番盆地气候；能耐受粗纤维多、木质化强、多刺的、耐盐碱抗干旱的牧草植物，且能快速增膘和生长迅速等特点的优良地方绵羊品种。2007年纯种吐鲁番黑羊存栏8.26万只，2008年末吐鲁番黑羊存栏9.27万只，2010年通过国家遗传资源委员会鉴定。

2. 吐鲁番黑羊有哪些品种特征？ 吐鲁番黑羊体质结实，结构匀称，体格中等大，四肢结实，肢势端正，蹄质坚硬。胸宽深，鬐胛平宽，背平直，身躯较短而深，肋骨拱圆，胸深而宽，前躯发育一般，后躯较发达，大腿飞节部至踢部外侧毛长，十字部稍高于鬐胛。肌肉发育良好，体高比体长大，胸围明显大于体长。被毛较粗，尾部呈ω形。

吐鲁番黑羊被毛全黑，少数羊体躯为黑棕色，头部白色者极少。被毛异质，干、死毛较多，部分毛束形成小环状毛辫。

吐鲁番黑羊成年羊年平均体重：公羊63.34千克、母羊52.98千克。公羊平均胴体重13.26千克，平均屠宰率41.74%，平均净肉率63.49%，平均骨肉比0.38，是偏瘦肉型地方羊遗传资源。

吐鲁番黑羊性成熟年龄，公羊一般在4月龄，母羊一般在6月龄，正常配种年龄18月龄，发情周期17天，妊娠期149.8天。

吐鲁番黑羊羔羊品质优和成活率高，产单羔率99.35%，产双羔率0.64%，断奶后羔羊自然成活率98%，并且吐鲁番黑羊的抓膘能力和泌乳性能都好。

3. 吐鲁番黑羊如何利用？ 吐鲁番黑羊对高温干旱生存环境适应性极强，适宜半放牧半舍饲，采食性能好，抗病力强，抗寒耐寒，遗传性稳定，产肉性能较好，毛质较好。今后应加大保种力度，着重提高产肉性能及繁殖率。

四十一、乌冉克羊

1. 乌冉克羊是如何育成的？ 乌冉克羊（Wuranke sheep）来源于喀尔喀蒙古羊血统，主要分布在内蒙古自治区阿巴嘎旗北部的吉尔嘎朗图、巴音图嘎、伊和高勒和额尔敦高毕苏木。目前存栏数量达到7.4万只。

据考证，该品种羊随乌冉克人的迁徙而引入，是在当地特定的生态环境条件下，经过长期自然选择和人工选择而形成的一个地方良种。乌冉克羊有其特定的遗传特性，既不属于水草丰盛生态型的乌珠穆沁羊，也不同于半荒漠、戈壁生态型的苏尼特羊，而是喀尔喀蒙古羊系统中的一个地方类型，属脂尾肉羊粗毛羊，素以体大、瘦肉多、抗逆性强、肉质优良而著称。

2009年10月15日，中华人民共和国农业部发布第1278号公告，正式将乌冉克羊列入《国家级畜禽遗传资源名录》。

2. 乌冉克羊有哪些品种特征？ 乌冉克羊体格大，体质结实，眼大，鼻梁隆起，额宽，耳大下垂，颈部粗短。四肢端正有力，前肢腕关节发达，管骨修长，后肢两跗关节间距宽，即后裆宽，蹄大而广，蹄质坚实，蹄踵挺立，提冠明显鼓起，蹄围较大，对抗雪灾有独特性能。体躯深长，后躯发达，肌肉丰满，四肢粗短。公羊多数有弯曲形角，母羊一般无角。种公羊的颈部粗毛发达，毛长20～30厘米，背腰平直，胸深而宽。脂尾呈圆形或纵椭圆形，尾中线有纵沟，尾尖细小而向上卷曲，并紧贴于尾端纵沟里。体躯毛色洁白，但头颈部、前后膝关节下部多有色毛。黑花头、黄花头者居多。

成年羊体重：公羊（77.34±10.59）千克，母羊（60.16±6.96）千克。成年羯羊胴体重（44.05±3.74）千克，内脏脂肪重（14.55±1.61）千克，净肉重（40.04±3.79）千克，净肉率48.49%，屠宰率53%。

乌冉克羊具有多肋骨、多腰椎的形态学特征。根据对吉尔嘎郎图、伊和高勒和额尔敦高毕3个苏木、16个自然群、794只羊的调查，多肋14对羊有150只（占18.8%）。

公、母羊在5～6月龄性成熟，2.5岁时公、母羊同时达到适配年龄。利用年限：公羊6年，母羊8～10年。产羔率在113.4%以上。

3. 乌冉克羊如何利用？ 乌冉克羊具有适应性强、体大结实、生长发育快、抓膘保膘能力强、产肉率高、瘦肉多等特点，是我国绵羊品种中一个宝贵的遗传资源，但乌冉克羊也存在类型不一、个体间品种差异大等缺点。在今后工作中，应从选种工作着手，抓好后备公羊的选留和培育，积极改善群体的一致性，不断提高群体质量，着力巩固主要经济有益性状的遗传性。

四十二、欧拉羊

1. 欧拉羊是如何育成的？ 欧拉羊（Oula sheep）是生活在青藏高原海拔3 300～4 000米、水草丰美地区的短瘦尾绵羊，主产于甘南藏族自治州玛曲草原，是藏系绵羊品种。体型高大。成年公羊体重75千克，母羊重60千克，远大于一般羊种。耐高寒，生长快，肉质细腻，肉味鲜美。

欧拉羊对高寒草原的低气压、潮湿环境、漫长的枯草期、常年露营放牧管理方式等严酷的生态经济条件有很强的适应性。另外，据测定甘肃省欧拉乡及其周围地区土壤中含硒量极低，凡引进的外来畜种均需要补给亚硒酸钠，否则会发生白肌病。但欧拉羊和牦牛则不会发病，具有很强的能在缺硒地区生存的能力。目前，甘肃和青海两省欧拉羊总数在150万只以上。

2. 欧拉羊有哪些品种特征？ 欧拉羊体格高，体重大，肉脂性能好，对高寒草原的低气压、严寒、潮湿等自然条件和四季放牧、常年露营放牧管理方式的适应性很强。欧拉羊头稍长，呈锐三角形，鼻梁隆起。公、母羊绝大多数都有角，角形呈微螺旋状向左右平伸或略向前，尖端向外。四肢高而端正，背平直，胸、臀部发育良好。尾呈扁锥形，尾长13～20厘米。被毛纯白者不多。根据赵有璋等（1977）的研究，在2 242只母羊中，全白者占0.67%，体白者占11.95%，体杂者占86.44%，全黑者占0.94%。

欧拉羊被毛稀，死毛多，头、颈、尾、腹和四肢均覆盖短刺毛。在成年母羊的毛被中，无髓毛占39.03%，两型毛占25.44%，有髓毛占7.41%，死毛占28.12%。成年羊平均剪毛量：公羊1.0千克，母羊0.86千克，净毛率76%。平均体重：6月龄公羊35.14千克、6月龄母羊31.44千克，1.5岁公羊48.09千克、1.5岁母羊52.76千克，成年公羊66.82千克、成年母羊52.76千克。胴体重、内脏脂肪重、屠宰率：1.5岁羯羊分别为18.05千克、0.74千克、47.81%，成年母羊分别为25.83千克、2.15千克、48.1%，成年公羯羊分别为30.75千克、2.09千克和54.19%。

欧拉羊繁殖率不高，每年产羔一次，在多数情况下每次产羔1只。

3. 欧拉羊如何利用？ 欧拉型藏羊体格高大，早期生长发育快，肉用性能突出，是我国乃至世界海拔3 000米以上高寒地区优秀的肉用绵羊品种，是我国羊产业中宝贵的遗传资源。在坚持以本品种选育为主的前提下，积极选择、培育和推广使用优秀种公羊，不断提高种群质量，提高羊群整齐度。同时，改善饲养管理条件，提高羊肉、羊毛等羊产品品质，生产大批无公害羊产品，为产区经济振兴、产区各族群众生活水平的提高，以及为我国现代肉羊产业的发展做出积极的贡献。

四十三、苏尼特羊

1. 苏尼特羊是如何育成的？ 苏尼特羊（Sunite sheep），也称戈壁羊，属蒙古绵羊系统中的一类肉用地方良种，是在苏尼特草原特定生态环境中经过长期的自然选择和人工选择而形成的。具有耐寒、抗旱、生长发育快、生命力强、最能适应荒漠半荒漠草原的特性。1986 年被锡林郭楞盟技术监督局批准为地方良种，1997 年由内蒙古自治区人民政府正式命名。

该品种主要分布在内蒙古自治区锡林郭勒盟苏尼特左旗、苏尼特右旗，乌兰察布市四子王旗，包头市达茂联合旗和巴彦淖尔市的乌拉特中旗等地。

2. 苏尼特羊有哪些品种特征？ 苏尼特羊体格大，体质结实，结构均匀，公、母羊均无角，头大小适中，鼻梁隆起，耳大下垂，眼大明亮，颈部粗短。种公羊颈部发达，毛长达 15～30 厘米。背腰平直，体躯宽长，呈长方形，尻高稍高于鬐甲高，后躯发达，大腿肌肉丰满，四肢强壮有力。脂尾小呈纵椭圆形，中部无纵沟，尾端细而尖且向一侧弯曲。被毛为异质毛，毛色洁白，头颈部、腕关节和飞节以下部、脐带周围有有色毛。

该品种羊产肉性能良好。平均体重：成年公羊 78.83 千克、成年母羊 58.92 千克；育成公羊 59.13 千克、育成母羊 49.48 千克。该羊产肉性能好，10 月份屠宰时成年羯羊、18 月龄羯羊和 8 月龄羔羊胴体重分别为 36.08 千克、27.72 千克和 20.14 千克；屠宰率分别为 55.19％、50.09％和 48.2％；瘦肉率分别为 70.6％、70.52％和 69.95％。苏尼特羊产肉性能好，瘦肉率高，含蛋白高、脂肪低，膻味轻，是制作涮羊肉的最佳原料。经过化学成分分析，粗蛋白质含量 19.5％，粗脂肪含量 3.14％，失水率 13.79％，碘价 27.96％。脂肪酸的不饱和程度低，脂肪品质好。肌肉的 6 种主要脂肪酸，即豆蔻酸、软脂酸、硬脂酸、油酸、亚油酸和亚麻酸的累计组成占肌肉总脂肪酸含量的 93.2％～96.93％；其中，油酸和硬脂酸含量最高，分别为 48.07％和 17.04％。苏尼特羊肉的各种氨基酸含量较高，特别是谷氨酸和天门冬氨酸的含量比其他羊肉高。正因为这样，苏尼特羊肉鲜味浓，味道特别好。苏尼特绵羊肉，曾是元、明、清朝皇宫供品，也是北京“东来顺”涮羊肉馆专用羊肉。

苏尼特羊一年剪毛 2 次，平均剪毛量：成年公羊（1.7±0.3）千克、成年母羊（1.35±0.28）千克，周岁公羊（1.3±0.2）千克、周岁母羊（1.26±0.16）千克。苏尼特羊毛被中无髓毛占 52％～61％，两型毛占 3％～4％，有髓毛占 8％～11％，干死毛占 28％～33％。

苏尼特羊繁殖能力中等，经产母羊的产羔率为 110％。

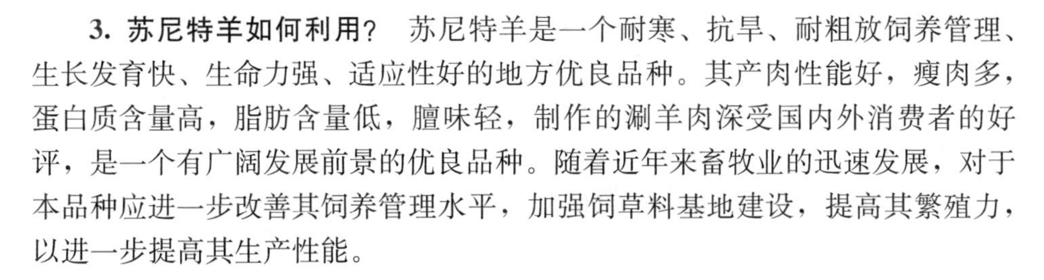

3. 苏尼特羊如何利用? 苏尼特羊是一个耐寒、抗旱、耐粗放饲养管理、生长发育快、生命力强、适应性好的地方优良品种。其产肉性能好，瘦肉多，蛋白质含量高，脂肪含量低，膻味轻，制作的涮羊肉深受国内外消费者的好评，是一个有广阔发展前景的优良品种。随着近年来畜牧业的迅速发展，对于本品种应进一步改善其饲养管理水平，加强饲草料基地建设，提高其繁殖力，以进一步提高其生产性能。

四十四、呼伦贝尔羊

1. 呼伦贝尔羊是如何育成的? 呼伦贝尔羊（Hulunbeier sheep）分布于内蒙古自治区呼伦贝尔市的新巴尔虎左旗、新巴尔虎右旗、陈巴尔虎旗和鄂温克自治旗境内，是在广大畜牧工作者和牧民的艰苦努力下，经过长期的自然选择和人工选育而形成的短脂尾型肉用绵羊品种。

育种区由东向西横跨草甸草原、典型草原和荒漠草原三个地带，属寒温带和中温带大陆性季风气候，冬季寒冷漫长，夏季温凉短促。年平均气温－2.4～－0.5℃，年降水量272.6～344.7毫米，无霜期110天左右，积雪期200天左右，平均积雪厚度达25厘米。枯草期长达210天。

呼伦贝尔羊的育成分成两个阶段：第一阶段（1945—1980年）是从古老品种向培育品种过渡的自然选择阶段；第二阶段（1981—2002年）为新品种培育的人工选育阶段。1981年原呼伦贝尔盟畜牧工作站和原呼伦贝尔盟畜牧兽医科学研究所联合研究，确定了本品种选育提高的育种方法，掀起了群众性的育种工作。随后多次组织召开育种工作会议，1985年成立了呼伦贝尔盟家畜育种委员会；1995年成立了呼伦贝尔羊育种委员会，进一步确定了本品种选育提高的育种方针，制订了本品种选育的技术路线、实施方案，采取选种选配、品系繁育和改善饲养管理条件等技术措施。尤其是1998年呼伦贝尔羊选育工作被列入内蒙古自治区牲畜“种子工程”重点建设项目后，在呼伦贝尔市（撤盟改市）建立了原种场，牧业四旗相继成立了扩繁场，并加强了育种核心群和选育群的建设力度，形成了四级育种体系。1999年起草了呼伦贝尔羊地方标准，经专家审定后于2001年1月由内蒙古自治区技术监督局发布实施（标准号为：DB15/T 329—2000）。从此，呼伦贝尔羊育种进入有计划、有标准的攻坚阶段。终于在2002年选育成功，并由自治区人民政府正式命名为呼伦贝尔羊。

目前，呼伦贝尔羊形成了体格大、产肉性能好、瘦肉率高、蛋白含量高、低脂肪的优良特性。因其肉质鲜美，富有人体所需的多种氨基酸和脂肪酸，是制作“涮羊肉”和“手扒肉”的优良原料，深受消费者的青睐。

据统计，从1996年到2001年，草原牧区累计出栏羔羊239万只。2002年符合标准的呼伦贝尔羊达124.2万只，其中基础母羊67.8万只。2004年达333.55万只，其中基础母羊群196.79万只。2008年达350万只，其中基础母羊群198万只。

2. 呼伦贝尔羊有哪些品种特征？ 呼伦贝尔羊由半椭圆状尾（巴尔虎类型）和小桃状尾（短尾类型）两种类型组成。体格强壮，结构匀称。头大小适中，公羊部分有角，母羊无角。鼻梁微隆，耳大下垂。颈粗短，背腰平直，肋骨拱圆，体躯宽深，略呈长方形。后躯发达，大腿肌肉丰满，四肢结实。被毛白色，为异质毛。

呼伦贝尔羊对粗狂和严酷的环境条件有较好的适应性，抗逆性强，发病率低。在大雪覆盖达20厘米的雪里能长时间抛雪吃草，维持生命。

成年羊平均体重：公羊82.1千克，母羊62.5千克。平均日增重150～250克。宰前活体重、胴体重、净肉重、净肉率、平均屠宰率：成年羯羊分别为71.6千克、36.2千克、31.2千克、42.9％、53.8％；育成羯羊分别为52.3千克、24.8千克、21.1千克、40.3％和47.4％；8月龄羯羊分别为39.4千克、18.2千克、15.1千克、38.3％和46.2％。

呼伦贝尔羊羊肉无膻味，肉质鲜美，营养丰富。据内蒙古农牧业渔业生物实验研究中心检验，呼伦贝尔羊肉化学成分中，脂肪酸的不饱和程度低，脂肪品质好。肌肉的脂肪酸主要由豆蔻酸、软脂酸、硬脂酸、油酸和亚麻酸组成，占91.5％。各种氨基酸含量较高，特别是谷氨酸和天门冬氨酸的相对含量比其他羊肉高，这使得呼伦贝尔羊肉鲜美可口，味道特别好。

呼伦贝尔羊年剪毛一次。成年羊剪毛量：公羊1.52千克，母羊1.14千克。被毛中绒毛占54％～61％，两型毛占5％～7％，粗毛占9％～12％，干死毛占24％～28％。

经产母羊产羔率110.2％。

3. 呼伦贝尔羊如何利用？ 呼伦贝尔羊新品种的选育成功，是本地区由传统畜牧业向现代化畜牧业迈进的一个重要标志，对提高绵羊品种质量、加快肉羊产业化发展、保护和建设呼伦贝尔草原生态环境发挥了重要作用。

呼伦贝尔羊拉动了草原肉羊产业的发展，使培育科技成果尽快地转化为生产力，提高了经济效益。但育种工作并未因此而结束，而是进入了新的更高的阶段。其生产性能和国外先进水平相比，尚有很大的差距，主要是优秀种公羊数量不足，且利用率不高，科技创新水平低，科技成果转化为生产力还不够迅速，养羊的设施设备还需要改善等。这些问题都有待于在今后的工作中认真研究，迅速解决。

第三节　国外引进绵羊品种

一、德国美利奴羊

1. 德国美利奴羊是如何育成的？ 德国美利奴羊（German merino）为著名肉毛兼用品种，产于德国，主要分布在萨克森州农区。德国美利奴羊则泊力考斯和英国来斯特公羊与原产德国的美利奴母羊杂交培育而成。

2. 德国美利奴羊有哪些品种特征？ 德国美利奴公、母羊颈部及体躯无皱褶，体躯大，胸深，背腰平直，宽而长，肌肉丰满，后躯发育良好，四肢强健。被毛呈白色、毛密。皮肤细腻，呈粉红色。体高：成年公羊75厘米、成年母羊65厘米；10月龄公羊70厘米、10月龄母羊60厘米。

德国美利奴羊有较高的繁殖力，10月龄母羊可进行配种，成年母羊平均产羔率200%。母羊泌乳性能好，利于羔羊生长发育。体重：成年公羊120～140千克、成年母羊70～80千克；10月龄公羊90千克、10月龄母羊65千克。羔羊生长发育快，在良好饲养条件下，羔羊育肥期日增重可达350克以上，育肥公羔屠宰率达50%。成年羊屠宰率50%以上。德国美利奴羊毛密而长，弯曲明显。毛长：公羊8～10厘米，母羊6～8厘米；毛细度58～64支（22～26微米）。成年羊剪毛量：公羊7～10千克，母羊4～5千克。净毛率44%～50%。

3. 德国美利奴羊如何利用？ 我国50年代末和60年代初曾由德意志民主共和国引进出过德国美利奴羊，分别饲养在辽宁、内蒙古、山西、河北等地。该品种耐粗饲，对气候干燥、降雨量少的地区有良好的适应能力。1995年春季内蒙古和黑龙江又分别从德国引进该品种，用于改良细毛既要细羊或粗毛。经过两年的观察，德国美利奴羊适于牧区和半农半牧区自然气候条件。与粗毛羊杂交，可显著提高产肉性能。在以细毛羊为主的地区，用德国美利奴杂交细毛羊，其杂交一代可在保持羊毛品质的基础上，提高产肉性能和改善羊肉品种。

二、萨福克羊

1. 萨福克羊是如何育成的？ 萨福克羊（Suffolk）是世界上著名的肉用品种，它产于英国英格兰东南的萨福克、诺福克和剑桥等地。萨福克羊以南丘羊为父本，以当地体大、瘦肉率高的黑脸有角诺福克羊为母本杂交培育而成。在英国、澳大利亚、美国主要用作羔羊肉生产的终端父本。

2. 萨福克羊有哪些品种特征？ 萨福克羊具有早熟、生长发育快、产肉性能好、产羔率适中等特点。萨福克公、母羊均无角，颈短粗，胸宽，背腰平直，后躯丰满，四肢粗壮结实。成年羊面部、耳及四肢为黑色，被毛大部分为白色。成年羊体重：公羊100～120千克，母羊60～70千克、剪毛量3～4千克，毛长7～8厘米，羊毛细度56～58支，产羔率130%～140%。

3. 萨福克羊如何利用？ 萨福克羊主要利用其早熟、生长发育快特点进行杂交，以生产羔羊肉。我国以饲养当地粗毛绵羊为主的地区，可利用萨福克作为父本进行杂交，以提高产肉性能。

三、夏洛来羊

1. 夏洛来羊是如何育成的？ 夏洛来羊（Charlotte）产于法国中部的夏洛来丘陵地区，它是以英国来斯特羊、南丘羊为父本，以法国当地细毛羊为母杂交育成的。1984年定为品种。

2. 夏洛来羊有哪些品种特征？ 夏洛来羊早熟，耐粗饲，采食能力强，对寒冷和潮湿气候有较好的适应性。肉用性能好，是生产羔羊肉的优良品种之一。该品种头部无毛，额宽，耳大，体躯长，前胸宽，背腰平直，后躯宽大，肌肉丰满，四肢短而粗壮，两后肢间隔较大，肉用性能突出。夏洛来羊体型大。体重：成年公羊10～140千克、成年母羊80～100千克；1岁公羊70～90千克、1岁母羊50～70千克。4月龄肥羔可达353千克以上，屠宰率50%，胴体质量好，瘦肉多，脂肪少，产羔率在180%以上。

3. 夏洛来羊如何利用？ 20世纪80年代末和90年代初，我国的内蒙古、辽宁、河北、山东等地分别引进夏洛来羊，与当地绵羊进行杂交。杂交后代表现良好，生长速度和肉用性能都有较大提高和改善。

四、德克塞尔羊

1. 德克塞尔羊是如何育成的？ 德克塞尔羊（Dirk selma）原产于荷兰，是由当地一种晚熟品种母羊与林肯羊和边区来斯特公羊杂交培育而成的，现已引入到世界各大洲的不少国家和地区。1997年中国农业科学院北京畜牧兽医研究所从新西兰引进。

2. 德克塞尔羊有哪些品种特征？ 德克塞尔羊体型中等，体躯丰满，眼大突出，鼻镜、眼圈部皮肤为黑色。德克塞尔羊成年羊体重：公羊85～100千克，母羊60～80千克。毛纤维细度50～56支，毛长7.5～10厘米，剪毛量3.0～4.5千克。该品种生长快，在良好的饲养条件下，断奶前羔羊日增重可达340克，3月龄断奶体重可达34千克。繁殖率中等，产羔率150%～160%，是理想的肉用品种。

3. 德克塞尔羊如何利用？ 德克塞尔羊突出特点是具有较高屠宰率（55%以上），眼肌面积大，比其他肉羊品种高7%以上。因此，一些国家把德克塞尔羊作为培育羔肥的终端父本。

五、杜泊绵羊

1. 杜泊羊是如何育成的？ 杜泊绵羊（Dorper sheep）原产地在南非，是有角陶赛特羊和波斯黑头羊杂交育成，最初在南非较干旱的地区进行繁殖和饲养，因其适应性强、早期生长发育快、胴体质量好而闻名。杜泊羊分为白头和黑头两种。杜泊绵羊主要用于羊肉生产，它能十分有效地满足羊肉生产各方面的要求。

2. 杜泊羊有哪些品种特征？ 杜泊羊体躯呈独特的筒形，无角，头上有短、暗、黑或白色的毛，体躯有短而稀的浅色毛（主要在前半部），腹部有明显的干死毛。杜泊羊适应性极强，采食性广，不挑食，能够很好地利用低品质牧草，在干旱或半热带地区生长健壮，抗病力强，适应的降水量为100～760毫米。能够自动脱毛是杜泊羊的又一特性。

杜泊羊不受季节限制，可常年繁殖。母羊产羔率在150%以上，母性好、产奶量多，能很好地哺乳多胎后代。杜泊羊具有早期放牧能力，生长速度快，3.5～4月龄时羔羊活体重约达36千克，胴体重达16千克左右，肉中脂肪分布均匀，为高品质胴体。虽然杜泊羊个体中等，但体躯丰满，体重较大。成年公羊和成年母羊的体重分别在120千克和85千克左右。

3. 杜泊羊如何利用？ 山东省是全国养羊大省，绵羊品种资源丰富，如小尾寒羊、大尾寒羊和洼地绵羊等，这些品种存在一个共同的缺点，即生长发育慢和出肉率低，虽然小尾寒羊相对生长速度较快，但出肉率低却是其明显的不足之处。因此，引进杜泊羊对上述品种进行杂交改良，可以迅速提高其产肉性能，增加经济效益和社会效益。

六、阿尔泰细毛羊

1. 阿尔泰细毛羊是如何育成的？ 阿尔泰细毛羊（Altai fine wool sheep）在苏联阿尔泰边区鲁布佐夫区“鲁布佐夫农场”和“苏联集体农庄”育成。1921年阿尔泰草原的“鲁布佐夫农场”最初用美利奴羊进行纯种繁殖，并与当地粗毛羊及哈萨克肥臀羊进行级进杂交。1928年又引进美国兰布列公羊与西伯利亚本地美利奴羊杂交，以获得体格大、体质结实、剪毛量高的绵羊，同时将一部分澳洲美利奴公羊和高加索公羊与体大、毛长的本地美利奴母羊交配，希望在发育良好的后代中巩固毛的粗纺特征及结实的体质。经过选配产生的后代，其中毛质优良而体小的母羊及本群中体大而毛短的母羊再与高加索羊交配，以改进羊毛品质。在以后的繁育过程中，结合严格的选种选配，并改善绵羊饲养管理条件而育成。这一品种的特征为体格大，骨骼结实，羊毛生产性能良好，皮肤起皱的数量适中或较少。

2. 阿尔泰细毛羊有哪些品种特征？ 阿尔泰细毛羊体质结实，体格较大。未剪毛时头部有1～3个皮肤皱褶，头宽、颈短，发育良好，背平而直，尻部相当大，胸宽而深，躯干较长，四肢坚实。阿尔泰细毛羊对于西伯利亚严寒条件的忍耐性和适应性都很强。冬季即使在干冷的天气中圈外生活，绵羊也很少患感冒，在雪层不深的牧地仍可进行冬季放牧，抵抗力和耐粗饲能力很强。夏季可以远距离放牧，而且很少遭到损失。阿尔泰细毛羊遗传性已经相当稳定，能够很好地把自己的优良品质遗传给后代。阿尔泰细毛羊毛的特点是纤维很柔软，油汗品质良好，但羊毛长度不足，呈高弯曲，强度较差。

该品种为一大型品种，母羊体高66厘米，体长70～71厘米，胸宽18厘米，胸深30～31厘米。平均体重：母羊60～70千克，公羊100～120千克；有时母羊可达105千克，公羊可达140千克。阿尔泰细毛羊产毛性能好。平均剪毛量：公羊9～10千克，母羊5.5～6.5千克。1955年鲁布佐夫种羊场的14 000头阿尔泰细毛羊平均剪毛量6.7千克。毛长度7～7.5厘米，毛细度64～70支。

3. 阿尔泰细毛羊如何利用？ 除阿尔泰边区外，苏联许多地区也都广泛地饲育这种羊，蒙古人民共和国和我国也引入了阿尔泰细毛羊改良本地羊。

七、澳洲美利奴羊

1. 澳洲美利奴羊是如何育成的？ 澳洲美利奴羊（Australia merino）产于澳大利亚。从1797年开始，由英国及南非引进的西班牙美利奴羊、德国萨克逊美利奴羊、法国和美国的兰布列羊品种杂交育成，是世界上最著名的细毛羊品种。

2. 澳洲美利奴羊有哪些品种特征？ 澳洲美利奴羊具有毛丛结构好、羊毛长而明显弯曲、油汗洁白、光泽好、净毛率高、毛密度大、细度均匀的特点，对各种环境气候有很强的适应性。体形近似长方形，腿短、体宽、背部平直，后躯肌肉丰满；公羊颈部由1～3个发育完全或不完全的横皱褶，母羊有发达的纵皱褶。羊毛覆盖头部至两眼连线，前肢达腕关节，后肢达飞节。

在澳大利亚，美利奴羊被分为三种类型，即超细型细毛羊、中毛型细毛羊及强毛型细毛羊。其中又分为有角系与无角系两种。无角是由隐性基因控制的，通过选择无角公羊与母羊交配而培育出美利奴羊无角系。细毛型成年羊体重：公羊60～70千克、母羊38～42千克；剪毛量：公羊7.5～8.5千克、母羊4～5千克，羊毛细度64/70～80支，毛长7～10厘米，净毛率63%～

68%，纤维数 6.2～9.3 千/厘米^2。中毛型成年羊体重：公羊 65～90 千克，母羊 40～44 千克；剪毛量：公羊 8～12 千克、母羊 5～6 千克，羊毛细度 60～64 支，毛长 7～13 厘米，净毛率 62%～65%，纤维数 5.4～9.3 千/厘米^2。强毛型成年羊体重：公羊 70～100 千克、母羊 42～48 千克；剪毛量：公羊8.5～14 千克、母羊 5～6.5 千克，羊毛细度 58～60 支，毛长 9～13 厘米，净毛率 60%～65%，纤维数 4.6～7.7 千/厘米^2。

3. 澳洲美利奴羊如何利用？ 我国于 1972 年以后引入澳洲美利奴羊，对提高和改进我国的细毛羊品质有显著效果，并以此为主要素材之一培育出了中国美利奴羊。澳洲美利奴羊多作为提高我国细毛羊品种的被毛质量和净毛率而改良杂交的父本。

八、波尔华斯羊

1. 波尔华斯羊是如何育成的？ 波尔华斯羊（Polwarth）原产于澳大利亚，引入我国后主要分布于内蒙古和新疆。

2. 波尔华斯羊有哪些品种特征？ 波尔华斯羊体质结实，结构匀称。公羊少数个体有角，母羊无角。大多数个体鼻端、眼眶、唇部有色斑。皮肤皱褶不发达，颈平整，无皱褶。背部宽平。头毛较好，毛被较长，闭合性良好，毛纤维弹性好。

波尔华斯羊成年羊平均体重：公羊 71.8 千克，母羊 39.8 千克，成年羊剪毛量：公羊 8.0～10.0 千克，母羊 5.0～6.0 千克。毛长 10.0～12.0 厘米，细度为 58～60 支，净毛率 55%～65%。羊毛弯曲呈大、中弯，油汗适中，呈白色或乳白色。腹毛较好，呈毛丛结构。波尔华斯羊具有产肉性能好的特点，对广大地区的各种放牧条件有良好的适应性。

九、考力代羊

1. 考力代羊是如何育成的？ 考力代羊（Corriedale）原产于新西兰，是用美利奴羊与英国几个长毛型品种杂交育成。系 1880—1910 年间，以英国长毛型林肯羊、莱斯特羊为父本，美利奴羊为母本杂交培育。1910 年成立品种协会。

2. 考力代羊有哪些品种特征？ 考力代羊肉质优良。繁殖力中等，体质强健，但适应性较低，要求有较高的饲养管理条件。头宽而大，额上覆盖着羊毛，雌雄均大，多无角，个别公羊有小角。被毛白色。头宽，颈短，肋部开张。头、耳、四肢带黑斑，嘴唇及蹄为黑色。颈短而粗，皮肤无皱褶，胸深宽，背腰平直，体躯呈圆桶状。肌肉丰满，后躯发育较好，四肢结实。腹毛着生良好。被毛白色，闭合紧密。

考力代羊具有早熟、产肉和产毛性能好的特点。体重：成年公羊 100～105 千克、成年母羊 45～65 千克、4 月龄羔羊 35～40 千克。剪毛量：公羊 10～12 千克、母羊 5～6 千克。净毛率 60%～65%。产羔率 110%～130%。成年羊毛长：公羊 10.7～13.8 厘米，母羊 11.4～11.7 厘米。成年羊羊毛细度：公羊 31.52 微米，母羊 30.22 微米。屠宰率成年羊可达 52%。细度 56 支。

3. 考力代羊如何利用？ 我国在 20 世纪 40 年代中期首次从新西兰引入近千只，分别饲养在江苏、浙江、山东、河北、甘肃等省。60 年代中期及 80 年代后期又从澳大利亚和新西兰引入，饲养在黑龙江、吉林、辽宁、内蒙古、山西、安徽、山东、贵州、云南等省、自治区。除进行纯种繁育外，该品种羊用来改良蒙古羊、西藏羊等，使本地羊质量的改善和新品种类群羊的培育均获得明显效果。作为父系参与培育了东北半细毛羊、陵川半细毛羊、贵州半细毛羊、云南半细毛羊品种群；作为母系与林肯公羊杂交，后代被毛品质和肉用体型明显改进。

十、南非肉用美利奴

南非肉用美利奴羊（SAMM）在生长报酬上是南非最成功的肉用品系。料重比可达 3.911（羔羊育肥阶段），体重达 25～42 千克。成年羊平均体重：公羊 127 千克、母羊 77 千克。平均产羔率达 150%。在南非地区可日产 4.8 升奶。在放牧条件下羔羊 100 日龄体重平均达 35 千克，在集约化饲养条件下公羔 100 日龄体重平均达 56 千克。产羔率达 150%，自然状态下甚至更高一些。母羊产奶量更高并且更易抚育多胎。南非肉用美利奴羊以母性好著称，能养育多胎，且能保证获得高的断奶重。另外，南非肉用美利奴羊母羊也有较高的产奶量，羔羊早期成熟前能保持高的体重而提早上市。这一品种有较高饲料报酬，在饲养场较受欢迎，因为它采食无选择性且不对草场有践踏破坏作用。南非肉用美利奴羊能利用低质的粗饲料，保证了更好的利用率。这为增加肉与毛的产量提供了保证。平均产毛量：母羊 3.4～4.5 千克，公羊 4.5～6 千克。中等强毛，相对于同样强度的美利奴羊毛弯曲度小，平均细度为 19～22 微米，无死毛。是目前最好的肉毛兼用羊。

第二章

绵羊选育及杂交利用技术

第一节　羊的选种技术

选种是羊育种工作的重要手段，不论是种羊场还是商品羊场的羊群，都需要通过选种选出优秀个体，淘汰低劣个体，从而在增加群体优良基因型或基因频率、淘汰不良基因型或基因频率的基础上，达到定向改变群体遗传结构的目的。

选种一般从个体本身品质、谱系、同胞和后裔成绩等方面进行。

一、根据本身品质选种

根据本身品质选种是指对个体表型全面审查，从中选留好的淘汰坏的。个体表型品质包括体型外貌、生产性能、生长发育、繁殖力、早熟性与健康状态等几方面。体型外貌是品种和类型的特征，特定用途的绵羊，必定有特定的体型外貌特点。因此，在评定体型外貌时，必须先明确选择对象的育种方向和品种标准。在评定体型外貌时要从绵羊整体出发，不要单纯看部分性状表现，当然也不能只看整体而忽略了对个别重要部分的细致观察。

在绵羊育种实践中，就多性状的细毛羊选种而言，同时对每个方面要求都很高，选择性状过多，会使每个性状的改进速度都不快，从而影响整体育种效果。因此，应根据育种目标，考虑在每一个时期或育种阶段，全面重点的选择一两个主要性状，使之迅速提高。

生产性能审查，对于毛用和毛肉兼用羊，应着重审查体质、羊毛同质性、污毛量、净毛率及剪毛量、羊毛细度、羊毛长度、羊毛密度、细度的均匀度、羊毛弯曲、皮肤皱褶及颈皱褶、腹毛着生状态、油汗质与量（颜色与数量）等性状。肉用性能主要审查屠宰率与净肉率等各种指标。

生长发育与健康状态审查应包括初生、断奶及成年后体重、体尺、骨骼发育程度等。在同龄羊中，以骨骼发育充分、胸宽深、体高大并有足够体长的为好。

种公羊要体大，有雄性悍威，阴囊及睾丸大小适中，不能有单睾或隐睾，精液品质好，同时还要检查历年配种情况。

母羊要检查产羔成绩、泌乳力和育羔能力。多胎性虽是提高生产率很重要的因素，且具有遗传性，但在检查生产记录时，还应注意当时的环境条件。因为表型性状是基因型和环境条件共同作用的结果，饲养管理条件可直接影响繁殖性能水平。

二、根据谱系选种

谱系是系统记录祖先情况的文件，记录着种羊父母及其祖先的编号、鉴定结果、羊毛品质、生产成绩等。谱系选种就是根据祖先的成绩来判断其遗传性状的优劣。一般来说，一头优秀祖先在遗传上对后代的影响程度，随着代数的增加而相对降低，每增加一代，对后代的遗传影响就减少一半。对每只羊影响最大的是亲代，其次是祖代和曾祖代。因此，在绵羊育种工作中，一般只着重审查 2～3 代，特别是双亲的生产性能、羊毛品质、外貌特征、类型和繁殖力等。繁殖力是受外界环境影响较大的性状，在审查时还要考虑子亲两代所处的环境差距，以利于客观分析和得出比较正确的结论。在生产实践中，谱系审查通常只用于种公羊、核心群母羊和要选留的后备母羊等。选出的个体若与祖代有共同的特点，就可初步认为入选的羊有较高的种用价值和良好的遗传素质。如军垦细毛羊育成中 9282 号公羊 1.5 岁时毛长 8.5 厘米，通过审查系谱发现同父异母的 9239 号公羊也有毛长特点，在这一谱系中 1623 号公羊毛长也很突出。当时利用 9282 号与 9239 号公羊选配 3 年，群体的毛长得到了显著提高。

三、根据同胞和后裔成绩选种

根据同胞和后裔成绩选种，就是通过对种羊同胞兄弟姊妹与子女的平均表现值来估计种羊的育种值，以育种值的大小进行选种。如资料完整，子亲间外界条件一致，是测验种羊遗传性最好的方法。

同胞和后裔测验常在下列情况下采用。遗传力低的性状如产羔数，依本身表现型选种时准确性较差。限制性性状如产奶量只表现在母羊，选择公羊的这类性状时根据姊妹或女儿的表现，效果就好得多。另有些性状，屠宰率和胴体品质的育种值也只能从同胞或后裔身上测得。

1. 半同胞测验 根据羊群中现有羊只的半同胞成绩，来估计育种值是当前养羊生产中常用的选种方法。采用人工授精技术，一只公羊可与许多母羊交配，同一年内所产的羔羊，多是同父异母的半同胞。这些羊饲养环境比较接近，资料也比较容易收集，因此选种效果也就比较好。所用的公式为：

$$A_x = (P_{HS} - P)h_{HS}^2 + P$$

P_{HS}为公羊 X 的半姊妹的平均表型值。

h_{HS}^2为半姊妹只数不同而对遗传力的一个加权值，称为半同胞均值遗传力，公式为：

$$h_{HS}^2 = \frac{0.25Kh^2}{1 + (K - 1) \times 0.25h^2}$$

式中，K 指半姊妹只数，0.25 指半姊妹间的遗传相关数，h^2 指性状遗传力。

例如：军垦细毛羊 0282 号公羊的同父异母姊妹 18 只，平均剪毛量 7.1 千克，群体平均剪毛量 6.4 千克，剪毛量的遗传力 0.4，则该公羊的剪毛量育种值为：

$$h_{HS}^2 = \frac{0.25 \times 18 \times 0.4}{1 + (18 - 1) \times 0.25 \times 0.4} = 0.67$$

代入公式：

$$\begin{aligned} Ax &= (P_{HS} - P)\ h_{HS}^2 + P \\ &= (7.1 - 6.4) \times 0.67 + 6.4 \\ &= 6.9\ (\text{千克}) \end{aligned}$$

该公羊根据半同胞资料估计的剪毛量育种值为 6.9 千克。

2. 同胞测验　在种羊生长发育期间就能进行，甚至在种羊出生以前也可以进行，因此能加快育种速度，但其准确度不如后裔测验。

3. 后裔测验　后裔测验是通过对种羊后代生长发育、生产性能、羊毛品质、外形等的考察来评定种羊育种值，是继谱系考察和个体本身成绩考察后，对种羊育种值进行的又一次结论性评定，是各种选种方法中最可靠的方法。

在细毛羊和半细毛羊的育种工作中，凡是主要配种用公羊，补充种羊群的公羊都应当进行后裔测验。专门设计的后裔测验，要求各个种公羊的子女数大致相等，要注意利用全部子女的资料，切不可只利用经过选择留下的后裔资料。

现阶段各羊场进行后裔测验的具体做法都是从亲代即进行有目的的选配，并从其后代中选出最好的公羊加以培育，在公羊 1.5 岁时进行鉴定，选出几只优秀个体做后裔测验，其数量是所需补充羔羊数的 1 倍。配种时为每只进行后裔测验的小公羊选各方面情况一致或相似的同龄的一级母羊 30～50 只配种。如果一级母羊不够，也可以选用二级母羊，但每只公羊交配的母羊品质必须大致相当。

参加后裔测验的各组母羊及所生羔羊都给予良好的、比较一致的饲养管理，使其遗传潜力得到充分发挥。对羔羊要进行初生观察、断奶鉴定、12～18 月龄时的个体鉴定和生产性能鉴定等，并计算出每只公羊后裔品质情况，作同龄后代间比较分析或母女对比。

评定后裔测验结果的方法有两种：

(1) 母女对比和同龄女儿对比　母女对比，可以采用母女同为周岁资料或女儿周岁时的母亲当年资料。前者母女资料对比有年度间差异，后者母女资料对比有年龄上的差异。采用同龄女儿对比，不存在年度间或年龄上的差异，但在母亲品质不一、亲代组合不是随意配对时，后代差异出现不一定是公羊的影响，其中有一部分是不易消除或察觉的母羊的影响。

(2) 母女同龄对比 用母女都是周岁时的资料。由于存在年度环境条件的差异，因此需用年度修正系数加以校正。年度修正的方法是设越冬条件不好的年份为100%，最好条件年份被不好年份除，其商即为修正系数。

例如，越冬条件不好的年份中全场平均剪毛量为4千克，最好条件的年份全场平均剪毛量为5千克，校正系数为：

$$5 \div 4 \times 100\% = 125\%$$

假如多毛量进行对比时，进行后裔测验那年越冬条件不好，女儿的实际剪毛量应乘以125%，得数与母亲周岁剪毛量比较。

母女同龄对比常用下列公式进行计算：

$$D = \frac{1}{2}(F + M)$$

$$F = 2D - M = D + D - M$$

式中，F 指父亲（后裔测验育成公羊）的育种值，D 指女儿的表型平均值，M 指母亲的表型平均值。

例如，已知新疆生产建设兵团紫泥泉种羊场，1963年8只公羊的后裔测验资料，用母女对比法评定公羊的优劣。母女三项主要经济性状的对比结果如表2-1：

同龄女儿对比：这种比较可以避免年度饲养水平间及母女年龄和年度间的差异，是后裔测验中最常用的方法。同龄女儿对比是用平均差值大小衡量对比差异，目前采用有效女儿数（W）方法。W 等于某只公羊的女儿数（n_1）与同期同龄所有公羊女儿数（n_2）的加权平均值。

即：

$$W = \frac{n_1 X(n_2 - n_1)}{n_1 + (n_2 - n_1)}$$

然后，将该公羊女儿的表型平均值与全群相比的差值乘以有效女儿数，得出加权平均差数 $Dw =（Po - P）W$ 后，按公式计算各公羊的相对育种值（$R.B.V$）。公式为：

$$R.B.V = \left(\frac{Dw + X}{X}\right) \times 100$$

式中，X 指群体表型平均值。

相对育种值越大，公羊越好，一般用100%作为判定界线，超过100%者为初步合格公羊。种羊场用的种公羊，应把相对育种值提高到150%～200%。

例如，应用上例8只公羊的后裔测验资料用同龄女儿对比法，评定公羊的优劣。

首先按公羊的女儿，分组计算性状平均值与全部公羊女儿的群体平均值。以 0282 号公羊为例，先计算 W 和 Dw。

$$W=\frac{30\times(203-30)}{30+(203-30)}=25.6$$

$$Dw=(8.9-8.3)\times25.6=15.36$$

依次求出其余 7 只公羊的 W 和 Dw，计算各公羊的相对育种值。

第二节　羊的选配技术

选种与选配是绵羊育种工作的两个重要环节，选配是选种的深入，也为下一代选种创造条件。选配使得亲代的优良性状发展明显，使不稳定的性状稳定下来。把分散在各个个体上的优良性状，按需要结合起来，将不需要的性状削弱或淘汰。

绵羊的选配类型主要从两方面考虑：一是从公、母羊双方主要经济性状考虑的品质选配；另一是从公、母羊双方亲缘关系考虑的亲缘选配。无论是品质选配还是亲缘选配，都可以分为同型选配和异型选配两种。品质选配的同型选配和异型选配又叫同质选配和异质选配。亲缘选配的同型选配和异型选配就是所谓的近交和远交。

一、品质选配

品质选配亦称表型选配，分为同质选配和异质选配两种。

同质选配就是选择体质类型、生产性能、羊毛品质等方面有相同优点的公、母羊交配，以巩固并发展这些优良性状，如毛长的母羊用毛长的公羊配，使后代的毛更长。

异质选配就是选择在主要表型性状上不同的公、母羊交配，使双亲的优点在后代中结合起来，从而丰富后代的遗传性，创造一个新的类型。二级以下的母羊都有不同的缺点，用异质选配的方法克服毛短、个体小、毛稀等缺点，使后代在主要品质上达到理想型和一致性。另外，用公羊的优点去纠正与克服母羊的缺点和不足时也常用异质选配的方法。

就多性状的细毛羊而言，同质和异质是相对的。选配的公、母羊双方在某个方面是同质的，而在其他方面则可能是异质的。如毛长公羊配毛短母羊时，从毛长方面看是异质的，但从羊毛纤维细度等方面看又常常是同质的。因此，所谓同质选配或异质选配，只能是相对于选配目的而考虑的，是不能截然分开的。而且只有将这两种方法，密切结合，交替使用，才能不断巩固和提高整个羊群的品质。

在羊育种工作的早期，由于理想型个体较少，因此常采用异质选配。随着育种工作的深入，当已得到了较多的理想型羊时，则用同质选配的方法，使品种的优良特性能尽快地集中与巩固下来。

在养羊实践中，品质选配分为个体选配与等级选配两种方法。

1. 个体选配　个体选配主要是为品质优秀的母羊选择更理想的优秀公羊配种。特级母羊和一级母羊，都是品种内的精华，是羊群的核心，对品种的进一步提高关系极大。这些羊已经达到了较高的生产水平，要继续提高也比较困难，因此就必须根据每一只羊的血缘关系、生产性能、鉴定成绩等进行综合研究，选择适合的公羊配种，以期得到具有同样优良性状和生产性能更高的后代。此外，若母羊具有某些突出的表型特点（如个体特大、净毛产量特高），而其他方面又不够理想时，也可用个体选配方法，巩固特高优点，克服不足，以得到综合品质尽可能优秀的后代。

优秀母羊的个体选配，除认真搞好配种工作外，还应对其后代进行跟踪审查，分析选配效果，研究优秀公、母羊选配的亲和力。凡出现良好选配效果时可继续重复选配，或选择前次交配公羊的兄弟或儿子交配，如果效果不好要改换公羊配种。

2. 等级选配　在绵羊育种工作中经常采用等级选配。做法是根据同一等级母羊的综合特征，为其选择适合的公羊配种，使该等级的共同优点能够巩固，对共同缺点有所改进。特级母羊和一级母羊必须用特级公羊配种，以及二级以下的母羊配种的公羊，等级必须高于母羊。要针对母羊的不足之处，选择这方面有突出表现的公羊去配种。

二、亲缘选配

亲缘选配是考虑双方亲缘关系远近的选配，分为近交与远交两种。近交是指亲缘关系近的个体间交配，即其所生子女的近交系数大于0.78%。远交就是亲缘关系远的个体间交配，共同祖先到交配双方的代数总和超过6。

在实际工作中，衡量与表示近交程度的方法很多，有用罗马数字表示的，也有计算近交系数的，其共同点是以谱系中共同祖先出现的远近和多少来衡量近交程度。

近交程度一般可分为以下三类：

嫡亲：Ⅰ～Ⅱ、Ⅱ～Ⅰ、Ⅱ～Ⅱ、Ⅰ～Ⅲ、Ⅲ～Ⅰ。

近亲：Ⅱ～Ⅲ、Ⅲ～Ⅱ、Ⅲ～Ⅲ、Ⅰ～Ⅳ、Ⅳ～Ⅰ、Ⅱ～Ⅳ、Ⅳ～Ⅱ。

中亲：Ⅲ～Ⅳ、Ⅳ～Ⅲ、Ⅳ～Ⅳ、Ⅰ～Ⅴ、Ⅴ～Ⅰ、Ⅱ～Ⅴ、Ⅴ～Ⅱ、Ⅰ～Ⅵ、Ⅵ～Ⅰ。

近交程度最大的是全同胞（Ⅱ～Ⅱ和Ⅱ～Ⅱ）、母仔（Ⅰ～Ⅱ）和父女（Ⅱ～Ⅰ）的交配，其次是半同胞交配（Ⅱ～Ⅱ），再次为祖孙交配（Ⅰ～Ⅲ或Ⅲ～Ⅰ），再远一些为姑侄（Ⅱ～Ⅲ）、叔侄（Ⅲ～Ⅱ）、堂兄妹（Ⅲ～Ⅲ）等交配。

在评定近交程度时，共同祖先的父母虽也重复出现，但不要再计算，以免重复。在谱系中出现多个共同祖先的情况时，其近交程度应认为比最近的那个共同祖先评定的近交程度还要近。某些个体只在父方或母方单方重复出现，不能算作共同祖先，也不是近交。

有血缘关系的两只绵羊交配后，由于部分血缘相同，因而导致后代产生相应的纯型合子。纯型合子基因型比值，即近交系数（Fx）。优良基因可能纯化而得到巩固，但隐性有害基因也可能成为纯型合子而表现出来。因此，必须正确应用近交，才能巩固优良性状。近交加上相应的措施，就能较快地提高羊群的同质性。

近交系数计算公式：

$$Fx=\frac{1}{2}\sum\left[\left(\frac{1}{2}\right)^{n_1+n_2+\cdots+n_n}(1+Fa)\right]$$

式中，Fx 指 x 个体的近交系数，$\sum$指共同祖先的血缘成分（通路）的总数，n 指由父亲到共同祖先的世代数，n_1 指由母亲到共同祖先的世代数，F_a 指共同祖先的近交系数。

例如：中国美利奴羊新疆军垦型 30130 号与 20122 号两只优秀公羊的近交系数为：

30130 号近交系数

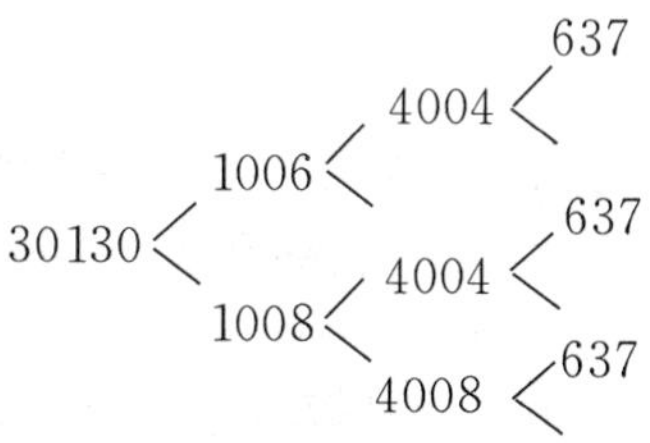

30130 < 1006 < 4004 < 637；1008 < 4004 < 637；4008 < 637

系谱图

30130 ← 1006 ← 4004 ← 637；30130 ← 1008 ← 4008 ← 637

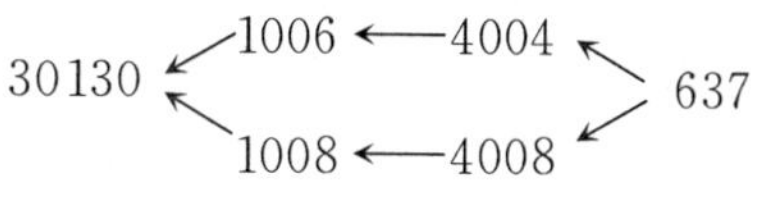

箭形图

$$30130\longleftarrow1006\overset{1}{\longleftarrow}4004\overset{2}{\longrightarrow}1008\longrightarrow30130\quad\left(\frac{1}{2}\right)^2=0.25$$

$$30130\longleftarrow1006\longleftarrow4004\longrightarrow637\longrightarrow4008\longleftarrow10088\longleftarrow30130\quad\left(\frac{1}{2}\right)^4=0.0625$$

$F_{4004}=F_{637}=0$

$$F_{30130}=\frac{1}{2}\sum\left[\left(\frac{1}{2}\right)^{n_1+n_2}(1+F_a)\right]$$
$$=\frac{1}{2}\left[\left(\frac{1}{2}\right)^2+\left(\frac{1}{2}\right)^4\right]$$
$$=0.15625=15.625\%$$

20122 号近交系数

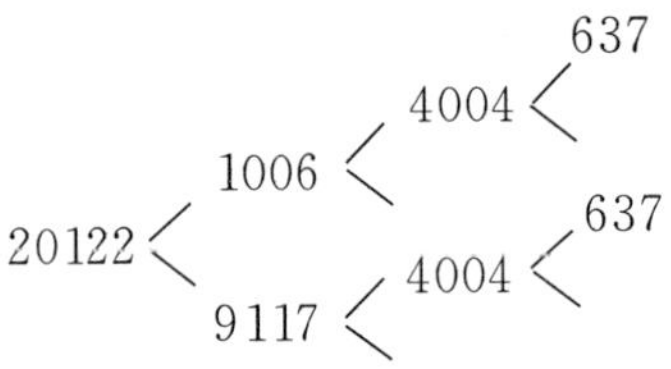

20122
- 1006
  - 4004
    - 637
- 9117
  - 4004
    - 637

系谱图

$$20122 \leftarrow 1006 \leftarrow 4004 \leftarrow 637 \rightarrow 43012 \rightarrow 9117 \rightarrow 20122$$

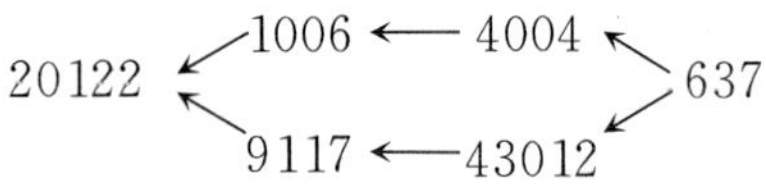

箭形图

$$20122 \longleftarrow 1006 \xleftarrow{1} 4004 \xleftarrow{2} 637 \xrightarrow{3} 4008 \xrightarrow{4} 10088 \longrightarrow 30130$$

$$\left(\frac{1}{2}\right)^4=0.0625$$

$$F_{637}=0$$
$$F_{20122}=\frac{1}{2}\sum\left[\left(\frac{1}{2}\right)^{n_1+n_2}(1+F_a)\right]$$
$$=\frac{1}{2}\left[\left(\frac{1}{2}\right)^4\right]$$
$$=0.03125=3.125\%$$

当共同祖先近交系数等于“0”时，不同类型近交所生子女的近交系数不同。

三、制订选配方案

每年的选配计划须在配种工作开始前一个月完成。在制订方案时，首先对过去的选配工作进行系统总结，并根据对羊群的实际观察和当年整个羊群的剪毛记录、周岁羊个体鉴定记录、羔羊断奶记录及羔羊初生观察记录等资料，对羊群进行一次全面的分析，在此基础上提出当年选配的主要任务和选配原则，明确在羊群中要巩固和发展哪些性状，克服哪些缺点或不足，以及哪些公羊作个体选配、哪些公羊作等级选配等。

在制订每个羊群的个体选配计划时，要分析母羊卡片，查清每只羊与哪些公羊配种产生过优良后代，又与哪些公羊交配效果不好等。对产生良好效果的配对，要继续保持。无效配对应及时更换公羊。对初次参加配种的母羊，可根据来源、个体品质确定与配公羊。同时也可将其全同胞姐妹或半同胞姐妹与什么样的公羊交配已产生良好效果，作为制订选配计划的参考。必要时也用这些公羊与这些初配母羊试配，进行效果。在为每只羊确定与配公羊之后，将配对结果写在配种产羔记录簿上。另外，还要为每只主配公羊配备一只后补公羊，以备原选配公羊临时不能参加配种时使用。

选配计划又叫选配方案，母羊固定格式，但计划中一般应包括公母羊号、个体特点、亲缘关系、预期效果等。

四、选配类型

选配可分为表型选配和亲缘选配两种类型。表型选配是以与配公、母羊个体本身的表型特征作为选配的依据，亲缘选配则是根据双方的血缘关系进行选配。这两类选配都可以分为同质选配和异质选配，其中亲缘选配的同质选配和异质选配即指近交和远交。

（一）表型选配

表型选配即品质选配，可分为同质选配和异质选配。

1. 同质选配　是指具有同样优良性状和特点的公、母羊之间的交配，以便使相同特点能够在后代身上得以巩固和继续提高。特级羊和一级羊是属于品种理想型羊只，它们之间的交配即具有同质选配的性质；或者羊群中出现优秀公羊时，为使其优良品质和突出特点能够在后代中得以保存和发展，可选同群中具有同样品质和优点的母羊与之交配，这也属于同质选配。例如，体大毛长的母羊选用体大毛长的公羊相配，以便使后代在体格大和羊毛长度上得到继承和发展。这就是“以优配优”的选配原则。

2. 异质选配　是指选择在主要性状上不同的公、母羊进行交配，目的在于使公、母羊所具备的不同的优良性状在后代身上得以结合，创造一个新的类型；或者是用公羊的优点纠正或克服与配母羊的缺点或不足。用特、一级公羊配二级以下母羊即具有异质选配的性质。例如，选择体大、毛长、毛密的特、一级公羊与体小、毛短、毛密的二级母羊相配，使其后代体格增大，羊毛增长，同时羊毛密度得到继承巩固提高。又如，用生长发育快、肉用体型好、产肉性能高的肉用型品种公羊，与对当地适应性强、体格小、肉用性能差的蒙古土种母羊相配，其后代在体格大小、生长发育速度和肉用性能方面都显著超过母本。在异质选配中，必须使母羊最重要的有益品质借助于公羊的优势得以补充和强化，使其缺陷和不足得以纠正和克服。这就是“公优于母”的选配原则。

综上所述，在绵羊、山羊育种实践中，同质和异质往往是相对的，并非绝对的。比如，就上面列举的特级公羊与二级母羊的选配来说，毛长和体大是异质的，对于羊毛密度则又是同质的。因此，实践中并不能截然分开，而应根据改良育种工作的需要，分清主次，巧妙结合应用。一般在培育新品种的初期阶段多采用异质选配，以综合或者集中亲本的优良性状；当获得理想型，进入横交固定阶段以后，则多采用亲缘的同质选配，以固定优良性状，纯合基因型，稳定遗传性。在纯种选育中，两种选配方法可交替使用，以求品种质量的不断提高。

3. 表型选配在养羊业中的具体应用　可分为个体选配和等级选配。

（1）个体选配　个体选配就是为每只母羊考虑选配合适的公羊，主要用于特级母羊。如果一级母羊为数不多时，也可以用这种选配方式。因为特级母羊、一级母羊是品种的精华、羊群的核心，对品种的进一步提高关系极大；同时，又由于这些母羊达到了较高的生产水平，一般继续提高比较困难，因此必须根据每只母羊的特点为其仔细地选配公羊。另外，为了育种工作的需要，对具有某些特殊性状的个体，也可为其进行个体选配。个体选配应遵循以下基本原则。

① 符合品种理想型要求并具有某些突出优点的母羊　如生长发育快、早熟、肉用性能好、产羔率高等性状良好的母羊，应为其选配具有相同特点的特、一级公羊，以期获得具有这些突出优点的后代。

② 符合理想型要求的一级母羊　理想型母羊应选配与其同一品种、同一生产方向的特、一级公羊，以期获得较母羊更优的后代。

③ 具有某些突出优点，同时又有某些性状不甚理想的母羊　如体格特大，羊毛很长，但羊毛密度欠佳的母羊，则要选择在羊毛密度上突出，体格、毛长性状上也属优良的特级公羊与之交配，以期获得既能保持其优良性状又能纠正其不足的后代。

（2）等级选配　二级以下的母羊具有各种不同的优缺点，应根据每一个等级的综合特征，为其选配适合的公羊，以求等级的共同优点得以巩固，共同缺点得以改进，称之为等级选配。如边区来斯特品种三级羊的缺点是体格较小，羊毛偏短、偏细，应为其选配体格大、肉用体型良好、12 个月生长的羊毛长度在 17 厘米以上、羊毛细度在 40～46 支的特级、一级公羊与之交配。

（二）亲缘选配

亲缘选配是指具有一定血缘关系的公、母羊之间的交配。按交配双方血缘关系的远近可分近交和远交两种。

近交是指亲缘关系近的个体间的交配。凡所生子代的近交系数大于 0.78%者，或交配双方到其共同祖先的代数的总和不超过 6 代者，谓之近交；反之，则为远交。在养羊生产中，在采用亲缘选配方法时，主要是要正确和慎重地掌握和应用。

1. 近交的作用　在一个初开始选育的羊群群体内，或者在品种形成的初期阶段，其群体遗传结构比较混杂，但只要通过持续地、定向地选种选配，就可以提高群体内正向选择性状的基因频率，降低反向选择性状的基因频率，从而使羊群的群体遗传结构朝着既定的选择方向发展，达到性状比一致的目的。这里，选配时采用近交办法，可以加快群体的这一纯合过程。具体讲，近交在这一过程中的主要作用如下。

（1）固定优良性状，保持优良血统 近交可以纯合优良性状基因型，并且比较稳定地遗传给后代，这是近交固定优良性状的基本效应。因此，在培育新品种、建立新品系过程中，当羊群出现符合理想的优良性状及特别优秀的个体后，必然要采用同质选配加近交的办法，用以纯合和固定这些优良性状，增加纯合个体的比例，这正是优良家系（品系）的形成过程。这里需要指出的是，数量性状受多对基因控制，其近交纯合速度不如受一对或几对基因控制的质量性状快。

（2）暴露有害隐性基因 近交同样使有害隐性基因纯合配对的机会增加。在一般情况下有害的隐性基因常为有益的显性等位基因所掩盖而很少暴露，多呈杂合体状态而存在，单从个体表型特征上是很难被发现的。通过近交就可以分离杂合体基因型中的隐性基因并且形成隐性基因纯合体，即出现有遗传缺陷的个体，而得以及早淘汰，这样便使群体遗传结构中隐性有害基因频率降低。因此，正确地应用近交可以提高羊群的整体遗传素质。

（3）近交通常伴有羊只本身生活力下降的趋势 不适当的近亲繁殖会产生一系列不良后果，除生活力下降外，繁殖力、生长发育、生产性能都会降低，甚至产生畸形怪胎，而导致品种或群体的退化。陈学明（1994）指出，浙江省长兴县蚕种场 1984 年从湖州塔山蚕种场引入湖羊公羊 80～289 号和 82～120 号精液，授配母羊 200 只。在此后的 10 年内，没有引进外血，羊群进行闭锁繁育。按封闭畜群近交系数估计公式推算，从 1984 年起，该场每年平均 6 只公羊、200 只母羊配种，10 年后（1993 上半年）该羊群的近交系数在 5.36％以上。由于长期近交，与 1984 年相比，1993 年产羔率下降 22.8％；公、母羔初生重分别下降 23.94％和 10.7％；死畸胎率上升；成年公、母羊体重分别下降 17.58％和 27.87％。表现出很强近亲繁殖的危害性。陈学明（1994）指出，如果该场湖羊群再闭锁繁育下去，可能会影响其生存能力。

2. 亲缘交配的表示方法

（1）近交系数及其计算和应用 近交系数是代表与配公、母羊间存在的亲缘关系在其子代中造成相同等位基因的机会，是表示纯合基因来自共同祖先的一个大致百分数。其计算公式如下：

$$F_x = \sum\left(\frac{1}{2}\right)n_1 + n_2 + 1 \cdot (1 + F_A) \text{ 或 } F_x = \sum\left(\frac{1}{2}\right)n \cdot (1 + F_A)$$

式中，F_x 指个体 x 的近交系数；$\sum$ 指总和，即把个体到其共同祖先的所有通路（通径链）累加起来；$\frac{1}{2}$ 指常数，表示两世代配子间的通径系数；$n_1 +$

n_2 指通过共同祖先把个体 x 的父亲和母亲连接起来的通径链上所有的个体数；F_A 指共同祖先的近交系数，计算方法与计算 F_x 相同，如果共同祖先不是近交个体，则计算近交系数的公式变为 $F_x = \sum \left(\frac{1}{2}\right)^{N}$ 或 $F_{x=} \sum \left(\frac{1}{2}\right) n_1 + n_2 + 1$

在养羊业生产中应用亲缘选配时要注意以下几个问题。

① 选配双方要进行严格选择　必须是体质结实，健康状况良好，生产性能高，没有缺陷的公、母羊才能进行亲缘选配。

② 要为选配双方及其后代提供较好的饲养管理条件　即应给予较其他羊群更丰富的、品质良好的饲草和精细的管理条件。

③ 对所生后代必须进行仔细的鉴定　选留那些体质结实、体格健壮、符合育种要求的个体继续作为种用，凡体质纤弱、生活力衰退、繁殖力降低、生产性能下降，以及发育不良甚至有缺陷的个体要严格淘汰。

(2) 罗马数字表示法　用罗马数字标出父母系双方共同祖先出现的代数，反映近交的程度。父系方面的代数写在右边，母系方面的代数写在左边，中间用短线连接。这种方法将亲缘交配分为嫡亲、近亲、中亲和远亲四种类型（表 2－1）。

表 2－1　不同亲缘关系与近交系数

近交程度	近交类型	罗马数字标记法	近交系数（%）
嫡亲	亲子	Ⅰ～Ⅱ	25.0
	全同胞	Ⅱ Ⅱ～Ⅱ Ⅱ	25.0
	半同胞	Ⅱ～Ⅱ	12.5
	祖孙	Ⅰ～Ⅲ	12.5
	叔侄	Ⅱ Ⅱ～Ⅲ Ⅲ	12.5
近亲	堂兄妹	Ⅲ Ⅲ～Ⅲ Ⅲ	6.25
	半叔侄	Ⅱ～Ⅲ	6.25
	曾祖孙	Ⅰ～Ⅳ	6.25
	半堂兄妹	Ⅲ～Ⅲ	3.125
	半堂祖孙	Ⅱ～Ⅳ	3.125
中亲	半堂叔侄	Ⅲ～Ⅳ	1.562
	半堂曾祖孙	Ⅲ～Ⅴ	1.562
远亲	远堂兄妹	Ⅳ～Ⅳ	0.781
		Ⅲ～Ⅴ	0.781
	其他	Ⅱ～Ⅳ	0.781

第三节 羊的纯种繁育技术

纯种繁育是指同一品种内公、母羊之间的繁殖和选育过程。当品种经长期选育，已具有优良特性，并已符合市场经济需要时，即应采用纯种繁育的办法。目的：一是增加品种的羊只数量，二是继续提高品种质量。因此，不能把纯种繁育看成是简单的复制过程，它仍然有不断选育提高的任务。

在实施纯种繁育的过程中，为了进一步提高品种质量，在保持品种固有特性、不改变品种生产方向的前提下，可根据需要和可能，分别采用下列方法。

一、品系繁育

品系是品种内具有共同特点、彼此有亲缘关系的个体所组成的遗传性稳定的群体。作为一个品系，应当具有相对的稳定性和独立的经济特点。就总体品质而言，品系的生产水平应高于品种的中等水平，在个别性状上，则必须是品种的上等水平。如果品系不具备这两个特点，品系的存在和品系繁育也就失去了意义。

品系繁育就是根据一定的育种制度，充分利用卓越种公羊及其优秀后代，建立优质高产和遗传性稳定的畜群的一种方法。它是品种内部的结构单位，通常一个品种至少应当有 4 个以上的品系，才能保证品种整体质量的不断提高。例如，一个肉用山羊品种，有许多重要经济性状需要不断提高，如生长发育、早熟性、多羔性、肉用性能等。在品种的繁育过程中同时考虑的性状越多，各性状的遗传进展就越慢。若分别建立几个不同性状的品系，然后通过品系间杂交，把这几个性状结合起来，这对提高品种质量的效果就会快得多。因此，在现代绵羊、山羊育种中常常都要采用品系繁育这一高级的育种技术手段。

品系繁育过程，一般包括以下几个步骤和措施。

（一）选择优秀的种公羊作为系祖

系祖的选择与创造，是建立品系最重要的第一步。系祖应是畜群中最优秀的个体，不但一般生产性能要达到品种的一定水平，而且必须具有独特的优点。当然，系祖的标准也是相对的，不能脱离现阶段品种（羊群）的基础。理想型系祖的产生最主要的办法是通过有计划、有意识的选种选配，加强定向培育等而产生的。凡准备选作为系祖的公羊，都必须通过综合评定，即本身性能、系谱审查和后裔测验，证明能将本身优良特性遗传给后代的种公羊，才能作为系祖使用。

（二）品系基础群的组建

这是进行品系繁育的基础。根据羊群的现状特点和育种工作的需要，确定要建立哪些品系，如在肉用羊的育种中可考虑建立早熟体大系、肉质特优系、肉毛高产系、高繁殖力系等，然后根据要组建的品系来组建基础群。通常采用两种方式组建品系基础群。

1. 按血缘关系组群 其做法是首先分析羊群的系谱资料，查明各配种公羊及其后代的主要特点，将具有拟建品系突出特点的公羊及其后代挑选出来，组成基础群。特别是为使系祖的卓越品质在群体中得到保持和发展，应把那些具有与系祖相同特点、又与系祖公羊有一定血缘关系的母羊选进基础群，并适时组织配种，加速形成畜群的一致性。这里要注意，虽有血缘关系，但不具备所建品系特点的个体不能选入基础群。遗传力低的性状，如产羔数、体况评分、肉品质等，按血缘关系组群效果好。当公羊配种数量大，其亲缘后代数量多时采用此法为好。

2. 按表型特征组群 这种方法比较简单易行，其做法是不考虑血缘关系，而是将具有拟建品系所要求的相同表型特征的羊只挑选出来组建为基础群。对绵羊来讲，由于其经济性状的遗传力大多较高，加之按血缘关系组群往往受到后代数量的限制，故在绵羊育种和生产实践中，进行品系繁育时，常常是根据表型特征组建基础群。

（三）闭锁繁育阶段

品系基础群组建起来后，不能再从群外引入公羊，而只能进行群内公、母羊的“自我繁殖”，即将基础群“封闭”起来进行繁育。目的是通过这一阶段的繁育，使品系基础群所具备的品系特点得到进一步的巩固和发展，从而达到品系的逐步完善和成熟。在具体实施这一阶段的繁育工作时要坚持以下原则。

1. 提高系祖利用率 按血缘关系组建的品系基础群，要尽量扩大群内品系性状特点突出并证明其遗传性稳定的优秀公羊——系祖的利用率，并从该公羊的后代中选择和培育系祖的继承者；按表型特征组建的品系基础群，从一开始就要通过后裔测验的办法，发现和培养系祖。系祖一旦认定，就要尽早扩大其利用率。应当肯定，优秀的系祖在品系繁育中的重要性，但这并不意味着品系就是系祖的简单复制品。

2. 坚持不断地进行选择和淘汰 将不符合品系要求的个体坚决地从品系群中淘汰出去。

3. 控制近亲交配 为了巩固品系优良特性，使基因纯合，为选择和淘汰提供机会，近亲繁殖在此阶段不可缺少，但要实行有目的、有计划地控制近亲繁殖。开始时可采用嫡亲交配，以后逐代疏远；或者连续采用3～4代近亲或中亲交配，以最后控制近亲系数不超过20%为宜。

4. 采用群体选配　由于品系基础群内的个体基本上是同质的，因此可采用群体选配办法，不必用个体选配，但最优秀的公羊应该多配一些母羊。

如果限于人力和条件，闭锁繁育阶段是采用随机交配的办法，则应利用控制公羊数来掌握近交程度。其计算公式是利用微分原理推导出的一个近似公式，称之"逐代增量估计法"。

$$\Delta F = 1/8N$$

式中，ΔF指每代近交系数的增量；N指群内配种公羊数。

上式得出的是每代近交系数的增量，再乘以繁殖世代数就可以获得该群羊的近交系数。

例如，一个封闭的羊群连续5代没有从外面引入公羊，并始终保持4头配种公羊，假设该羊群开始时近交系数为零，那么该群羊现在的近交系数是：

$$5 \times \Delta F = 5 \times \frac{1}{8 \times 4} \times 100\% = 15.625\%$$

（四）品系间杂交阶段

当品系完善成熟后，可按育种需要组织品系间杂交。目的在于结合不同品系的优点，使品种整体质量得以提高。由于这时的品系都是经过较长期同质选配或近交，遗传性比较稳定，因此品系间杂交的目的一般容易达到。例如，甲品系早熟体大，乙品系繁殖力高，二者杂交后其后代就会结合它们的优点于一身。在进行品系间杂交后，应根据杂交形成的羊群新特点和育种工作的需要，再着手创建新的品系。周而复始，以期不断提高品种水平。

（五）确保良好的饲养管理条件

系祖的遗传性仅仅是一种可能性，这种可能性能否实现，还要看是否具有使这种可能性实现的外界环境条件。因此，努力创造适宜于该品系所具有的珍贵性状和特点发育的饲养管理条件，是品系繁育能否顺利进行的重要因素。

二、血液更新法

血液更新是指从外地（或与本场羊群无血缘关系的外场）引入同品种的优秀公羊来更新本场羊群中所使用的公羊。当出现下列情况时采用此法。

（1）出现近交危害时　当羊群小，长期封闭繁育，并已出现由于亲缘繁殖而产生近交危害时。

（2）性状较稳定并难以提高时　当羊群的整体生产性能达到一定水平，但性状选择差变小，靠本场公羊难以再提高时。

(3) 生产性能再现退化时 当羊群在生产性能或体质外形等方面出现某些退化时。

三、本品种选育法

本品种选育属于纯种繁育方法的范畴。但在我国，现阶段主要用于地方优良品种的选育。它是通过品种内的选择、淘汰，加之合理的选配和科学的饲养管理等手段，达到提高整个品种质量的目的。

凡属地方优良品种都具有某一特殊的突出优良生产性能，并且往往没有合适的品种与之杂交改良，如小尾寒羊、滩羊、湖羊、高原型藏羊、中卫山羊、辽宁绒山羊、济宁青山羊等。对于这些品种，不能期望通过杂交方式来提高其产品质量。与此同时，地方良种的另一特点是，品种内个体间、地区间的性状表型差异较大，品种类型也往往不如培育品种那样整齐一致。因此，选择提高的潜力较大，只要不间断地进行本品种选育，品种质量就会不断得到提高和完善。

根据我国各地多年来的经验，要成功地进行本品种选育，基本的做法如下。

第一，首先摸清品种现状，制订本品种选育计划。全面调查被选育品种分布的区域及自然生态条件，品种内羊只数量、分布、生产性能、主要优缺点及其地区间的差异，羊群饲养管理、生产经营特点及存在的主要问题等。

第二，选育工作应以品种中心产区为基地，以被选品种的代表性产品为重点，制定科学的品种选育标准、鉴定标准和鉴定分级方法。

第三，严格按品种标准，分阶段地（一般以5年为一阶段）制定科学合理的选育目标和任务，然后根据不同阶段的选育目标和任务拟定切实可行的选育实施方案。选育实施方案是指导选育工作的依据，其基本内容包括：种羊选择标准和选留方法、羔羊培育方法、羊群饲养管理制度、生产经营制度，以及选育区内地区间、单位间的协作办法、种羊调剂办法等。

第四，为了加速选育进程和提高选育效果，凡进行本品种选育的地方良种，都应组建选育核心群或核心场。组建核心群（场）的数量和规模，要根据品种现状和选育工作需要而定。选入核心群（场）的羊只必须是该品种中最优秀的个体。核心群（场）的基本任务是为本品种选育工作培育和提供优秀种羊，主要是种公羊。与此同时，在选育区内要严格淘汰劣质个体，杜绝不合格的公羊继续留作种用。一旦发现特别优秀并证明遗传性稳定的种公羊，应采用人工授精（包括在非繁殖季节大量制作冻精）等繁殖技术，尽可能地扩大其利用率。

第五，为了充分调动品种产区群众对选育工作的积极性，可以考虑成立品种协会，其任务是组织和辅导选育工作，负责品种良种登记，并通过组织赛羊会、产品展销会、种羊交易会等形式，引入市场竞争机制，搞活良种羊及其产品的流通，积极促进和推动本品种选育工作的进行。

小尾寒羊是我国优良的地方绵羊品种，以体格大、早熟、生长发育快、长年发情、产羔率高等特点著称。20 世纪 50 年代末，随着我国毛纺工业的发展，毛纺原料日趋紧张，于是细毛羊被引入小尾寒羊产区进行改良。到 1979 年，山东省的小尾寒羊存栏量仅剩 3 万余只，分布在梁山、郓城一带，处于濒临灭绝的边缘。1979 年，根据中央和山东省业务部门的意见，“山东省菏泽地区寒羊育种辅导站”得到了恢复。根据王景元等的资料（1989），辅导站成立后，采取积极有效的措施，使小尾寒羊的数量迅速增加，生产性能显著提高。

小尾寒羊本品种选育的成功，山东省菏泽地区的基本经验是：① 开展群选群育是搞好农区育种工作的好方法；② 建立健全配种网，扩大良种覆盖地区是迅速提高羊群质量的重要技术措施；③ 在农户中建立核心群，培育良种，投资少，效果好；④ 要有一个专门的组织领导机构和一支比较稳定的技术队伍。

到 2002 年，山东省小尾寒羊的总数已达到 400 万只，并已推广到 20 多个省、市、自治区，推广总数已超过 250 万只。

四、品系繁育程序

品系指在品种内具有共同特点，由彼此有亲缘关系的个体组成遗传性稳定的类群，是品种内的结构单位，是纯种繁育的高级形式。一般种羊场都是根据主要经济性状，在品种内进行亲缘选育，建立几个不同品系，如毛长系、毛密系、毛量系等。开展品系繁育，把个别优秀种公羊的性状扩展到全群，变个体特点为群体特点，从而提高整个品种结构，扩大品种内的异质性，提高整个品种的质量。一般种羊场至少应有 4～5 个品系。建立品系的方法步骤大致如下：

1. 选出建立品系的系祖　系祖应是一定育种阶段中最优秀的个体，综合品质达到理想型要求的同时，某些表型性状上必须有独特超群的优点。一方面依据对羊群全面分析研究的结果，选出杰出的个体作为系祖。另一方面应通过有计划的选种选配，选出最优秀的个体进行培育，经过后裔测验，将证明遗传性确定优良的公羊作为系祖。

2. 组建品系基础母羊群　品系基础群的建立，可通过性状的表现型和血缘关系两方面来进行。

目前主要根据性状表型值来建立品系基础群。不管遗传基础如何，仅按个体表现型编群，如组成体大群、毛长群、毛密群等。这种方法简单易行，适于建立以遗传力高的性状为特点的品系。绵羊的大多数经济性状遗传力都较高，通过表现型性状来建立品系，在生产中比较适用，也容易获得良好的效果。

根据血缘关系建立品系时，首先要进行谱系分析，查明优秀公羊后裔、半同胞姊妹的特点与数量，依此把羊群中具有共同血缘关系和特点的个体组成一群，这一方法适用于以遗传力低的性状为特点的品系。例如，产羔率遗传力较低，建立产羔率高的品系，应用此法。

3. 闭锁繁育建立品系　被选出的品系羊群，虽然具有共同特点，但特点还不够突出，遗传性也不够稳定。因此，把基础群封闭起来，不再从群外引入公、母羊，而在群内选配繁殖，严格选优去劣，逐代将不符合品系要求的个体淘汰掉，使群体的基因型趋于一致，遗传性得到巩固。这样经过 3～5 代，品系就基本形成了。在闭锁繁育时，经过几代，不可避免会发生亲缘交配，但近交系数不要增长太快，通常是采用连续 3～4 代的近亲或中亲交配，最后近交系数以不超过 20%为宜。或者开始时采用嫡亲交配，然后逐代疏远交配双方的亲缘程度。

在品系繁育中，近交系数太小起不到近交作用，近交系数太大又会带来损害，掌握适当的亲缘繁育程度是建立品系的重要一环。

4. 选择品系继承者　对系祖的后代都要作认真的鉴定，将其中最符合系祖类型特点的个体纳入品系群。同时，从系祖的儿子中选择能将从系祖继承来的优良特点完整地遗传下来的公羊作为系祖的继承者，每代应选出继承者 2～4 只。给继承者选配母羊在考虑其品系特点的同时，更要照顾继承公羊本身的特点，使子代继承者比亲代更好。在品系繁育中能否得到优良的继承者，是关系到品系能否延续与发展的重要因素。

5. 品系间杂交　品系建成后，不同的品系都有各自的特点，由于建系过程中长期的同质选配，遗传性比较稳定，因此建系品系间杂交、不同品系间的特点就容易结合起来，从而达到形成新品系与提高整个品种的目的。例如，净毛量高的品系和白色油汗品系杂交，就会有一部分后代净毛量很高并有白油汗，这时再对这些个体进行选配，逐代固定，就有希望建成品系。

第四节　羊的选种技术

一、选种意义

育种是提高羊群生产力的基础，是实现高产的内因。选种就是通过综合选择，用生产性能好和品质优良的个体来补充羊群，严格淘汰不良个体，达到不断改善和提高羊群整体品质的目的。

二、选种方法

绵羊、山羊选种的主要对象是种公羊。农谚说“公羊好好一坡，母羊好好一窝”，正是这个道理。选择的主要性状多为有重要经济价值的数量性状和质量性状。例如，细毛羊的体重、剪毛量、净毛率、净毛量、羊毛长度、羊毛细度、羊毛弯曲、羊毛匀度等；绒山羊的产绒量、绒纤维的长度、细度及绒的颜色等；肉用羊的初生重、断奶重、日增重、6～8 月龄重、周岁重、产肉量、屠宰率、胴体重、胴体净肉率、眼肌面积、繁殖力等。

种公羊的选择，一般从四个方面着手：①根据个体本身的表型表现——个体表型选择；②根据个体祖先的成绩——系谱选择；③根据旁系成绩——半同胞测验成绩选择；④根据后代品质——后裔测验成绩选择。这四种方法是相辅相成、互相联系的，应根据选种单位的具体情况和不同时期所掌握的资料合理利用，以提高选择的准确性。

1. 根据个体表型进行选择　个体表型值的高低通过个体品质鉴定和生产性能测定的结果来衡量，表型选择就是在这一基础上进行的，因此首先要掌握个体品质鉴定的方法和生产性能测定的方法。此法要求标准明确，简便易行，尤其在育种工作的初期，当缺少育种记载和后代品质资料时，是选择羊只的基本依据。个体表型选择是我国现阶段绵羊、山羊育种工作中应用最广泛的一种选择方法。表型选择的效果，取决于表型与基因型的相关程度，以及被选择性状遗传力的高低。

绵羊、山羊个体品质鉴定的内容和项目，随品种而异。基本原则是以被选择个体品种的代表性产品的重要经济性状为主要依据进行鉴定。具体讲，细毛羊以毛用性状为主，肉用羊以肉用性状为主，羔裘皮羊以羔裘皮品质为主，奶用羊以产奶性状为主，毛绒山羊则以毛绒产量和质量为主。鉴定时应按各自的品种鉴定分级标准组织实施。

年龄的鉴定和时间的确定，是以代表品种主要产品的性状已经充分表现，而有可能给予正确的、客观的评定结果为准。细毛羊及其杂交种羊通常是在 1～1.5 岁龄春季剪毛前进行；肉用羊在断奶、6～8 月龄、周岁和 2.5 岁时进行；卡拉库尔羊、湖羊、济宁青山羊等羔皮品种是在羔羊出生后 2 日内进行，滩羊、中卫山羊等裘皮品种则应在出生后 1 月龄左右、当毛股自然长度达 7～7.5 厘米时进行；绒毛山羊品种是在 1～1.5 岁龄春季抓绒前进行。

鉴定方式，根据育种工作的需要可分为个体鉴定和等级鉴定两种。两者都是根据鉴定项目逐头进行，只是等级鉴定不做个体记录，依鉴定结果综合评定等级，做出等级标记，分别归入特级、一级、二级、三级和四级；个体鉴定要进行个体记录，并可根据育种工作需要增减某些项目，作为选择种羊的依据之一。个体鉴定的羊只包括种公羊、特级母羊、一级母羊及其所生育成羊，以及后裔测验的母羊及其羔羊。因为这些羊只是羊群中的优秀个体，羊群质量的提高必须以这些羊只为基础。

关于鉴定方法和技术，鉴定前要选择距离各羊群比较适中的地方，准备好鉴定圈，圈内最好装设可活动的围栏，以便能够根据羊群头数多少而随意调整羊场地的面积，便于捕捉羊。圈的出口处应设鉴定台，台高 60 厘米、长100～120 厘米、宽 50 厘米；或者在圈的出口通道两侧挖坑，两坑间相距 50 厘米，坑深 60 厘米、长 100～120 厘米、宽 50 厘米。鉴定人员和保定羊的人员站在坑内，目光正好平视被鉴定羊只的背部。鉴定场地里还应分设几个小圈，以分别圈放鉴定后的各等级羊只，待整群羊只鉴定完毕后，鉴定人员对各级羊进行总体复查，以随时纠正可能发生的差错。鉴定开始前，鉴定人员要熟悉和掌握品种标准，并对要鉴定羊群情况有一个全面了解，包括羊群来源和现状、饲养管理情况、选种选配情况、以往羊群鉴定等级比例和育种工作中存在的问题等，以便在鉴定中有针对性地考察一些问题。鉴定开始时，要先看羊只整体结构是否匀称、外形有无严重缺陷、被毛毛色是否符合品种或育种工作要求、行动是否正常；待接近羊后，再看公羊是否单睾、隐睾，母羊乳房是否正常等，以确定该羊有无进行个体鉴定的价值。凡应进行个体鉴定的羊只都要按规定的鉴定项目和顺序严格进行。为了便于现场记录和资料统计，每个鉴定项目以其汉语拼音第一个字母作为记录符号，对有关鉴定项目附以“十”“一”表示多和少、强和弱，有的项目上还附以其他特殊符号，如“∧”“×”等都有其不同含义。

2. 根据系谱进行选择　系谱是反映个体祖先生产力和等级的重要资料，是一个十分重要的遗传信息来源。在养羊业生产实践中，常常通过系谱审查来掌握被选个体的育种价值。如果被选个体本身好，并且许多主要经济性状与亲代具有共同点，则证明遗传性稳定，可以考虑留种。当个体本身还没有表型值资料时，则可用系谱中的祖先资料来估计被选个体的育种值，从而进行早期选择。其公式是：

$$\hat{A}_X=\left[\frac{1}{2}(P_F+P_M)-\overline{P}\right]h^2+\overline{P}$$

式中，$\hat{A}_X$ 指个体 X 性状的估计育种值；P_F 指个体父亲 X 性状的表型值；P_M 指个体母亲 X 性状的表型值；$\overline{P}$ 指与父母同期羊群 X 性状平均表型值；h^2 指 X 性状的遗传力。

系谱选择，主要考虑对被选个体影响最大的亲代，即父母代的影响，血缘关系越远，对子代影响越小。因此，在养羊业生产实践中，一般对祖父母代以上的祖先资料很少考虑。

3. 根据半同胞表型值进行选择 根据个体半同胞表型值进行选择，是利用同父异母的半同胞表型值资料来估算被选个体的育种值而进行的选择。这一方法在养羊业生产实践中更有特殊意义。第一，由于人工授精繁殖技术在养羊业中的广泛应用，同期所生的半同胞羊只数量大，资料容易获得，而且由于同年所生，环境影响相同，因此结果也比较准确可靠；第二，可以进行早期选择，在被选个体无后代时即可进行。根据半同胞资料估计个体育种值的公式是：

$$\hat{A}_X = (\overline{P}_{HS} - \overline{P})h^2_{HS} + \overline{P}$$

式中，$\hat{A}_X$ 指个体 X 性状的估计育种值；$\overline{P}_{HS}$ 指个体半同胞 X 性状平均表型值；h^2_{HS} 指半同胞均值遗传力。

因所选个体的半同胞数量不等，因而对遗传力需作加权处理。其公式是：

$$h^2_{HS} = \frac{0.25Kh^2}{1+(K-1)0.25h^2}$$

式中，K 指半同胞只数；0.25 指半同胞间遗传相关系数；h^2 指 X 性状遗传力。

4. 根据后裔测验成绩选择 后裔测验就是通过后代品质的优劣来评定种羊的育种价值，这是最直接最可靠的选种方法。因为选种的目的是为了获得优良后代，如果被选种羊的后代好，就说明该种羊种用价值高，选种正确。后裔测验方法的不足之处是需要较长的时间，要等到种羊有了后代，并且生长到后代品质充分表现能够作出正确评定的时候。例如，细毛羊、绒山羊要等到后代到周岁龄时，肉用羊要等后代长到 6～8 月龄时，滩羊要在出生后 1 月龄左右，羔皮羊在出生后 3 天内。虽然如此，此法在养羊业中仍被广泛应用，特别是种羊场和规模较大且有育种任务的养羊专业户。

在养羊业中，对公羊进行后裔测验较为广泛，但也不能忽视母羊对后代的影响。根据后代品质评定母羊的方法，是用母羊与不同公羊交配，都能生产优良羔羊，就可以认为该母羊遗传素质优良；若与不同公羊交配，连续两次都生产劣质羔羊，该母羊就应由育种群转移到一般生产群去。母羊的多胎性状是一个很有价值的经济性状，当其他条件相同时，应优先选择多胎母羊留种。

第五节　羊的杂交改良技术

在养羊生产实践中，为了改造绵羊、山羊品种，改变其遗传性，并创造新的品种或新的类型，以及为了利用杂种优势，生产更多更好的养羊业产品，常常采用杂交的方法。因为通过杂交，能够将不同品种的特性结合在一起，创造出亲本原来不具备的特性，并能提高后代的生活力。为了使杂交获得较为理想的效果，应根据杂交的目的选择相应的杂交方法；同时，在具体进行杂交时，必须注意选择参与杂交的品种，研究杂交组合效果，为杂种后代创造良好的饲养管理条件。在我国养羊业中常用的杂交方法主要有级进杂交、育成杂交、导入杂交、经济杂交、远缘杂交。

一、级进杂交

当一个品种生产性能很低，又无特殊经济价值，需要从根本上改造时，可应用另一优良品种与其进行级进杂交。例如，将粗毛羊改变为专门化肉用羊，应用级进杂交是比较有效的方法。

级进杂交是两个品种杂交，即以优良品种公羊连续同被改良品种母羊及各代杂种母羊交配。一般说来，杂交进行到第三代、第四代时，杂种羊才接近或达到改良品种的特点和特性，与改良品种基本相似，但这并不意味着级进杂交就是将被改良品种完全变成改良品种的复制品。在进行级进杂交时，仍需要创造性地应用，被改良品种的一些特性应当在杂种后代中得以保留。例如，对当地生态环境的适应能力，某些品种的强繁殖力等特点。因此，级进杂交并不意味着级进代数越高越好。这里要根据杂交后代的具体表现和杂交效果，并考虑到当地生态环境和生产技术条件。当基本上达到预期目的时，这种杂交就应停止。进一步提高生产性能的工作则应通过其他育种手段去解决。

级进杂交的模式是：

被改良种♀

× → F_1♀

改良种♂ × → F_2♀

改良种♂ × → F_3♀

改良种♂ × → F_4♀

改良种♂

改良种♂

在组织级进杂交时，要特别注意选择改良品种。当引入的改良品种对当地生态条件能很好地适应，并且对饲养管理条件的要求不甚高，或者是经过努力能够基本满足改良品种的要求时，则往往容易达到级进杂交的预期目的。否则，应考虑更换改良品种。另外，在级进杂交过程中，特别是级进到二代以后，要认真观察、研究杂种羊的性能和表现，如果杂种羊接近或达到杂交目的要求，则应停止级进杂交，转而改用其他繁育手段。

二、育成杂交

当原有品种不能满足市场经济需要时，则利用两个或两个以上的品种进行杂交，最终育成一个新品种。用两个品种杂交育成新品种的称为简单育成杂交；用三个或三个以上品种杂交育成新品种的称为复杂育成杂交。在复杂育成杂交中，各品种在育成新品种时起的作用和影响大小必然有主次之分，这要根据育种目标和在杂交过程中杂种后代的具体表现而定。育成杂交的基本出发点，就是要把参与杂交的品种优良特性集中在杂种后代身上，而使缺点得以克服，从而创造出新品种。例如，澳洲美利奴羊、萨福克羊、特克塞尔羊、南江黄羊、新疆细毛羊等品种均是用育成杂交的方法培育而成的。

应用育成杂交创造新品种时一般要经历三个阶段，即杂交改良阶段、横交固定阶段和发展提高、建立品种的整体结构阶段。当然这三个阶段有时是交错进行的，很难截然分开。当杂交改良进行到一定阶段时，便会出现理想型的杂种个体，这样就有可能开始进入第二个阶段即横交固定阶段，但第一阶段的杂交改良仍在继续。应当做到杂种理想型个体出现一批，横交固定一批。因此，在实施育成杂交过程中，当进行前一阶段的工作时，就要为下一阶段工作做好准备条件。这样可以加快育种进程，提高育种工作效率。

（一）杂交改良阶段

这一阶段的主要任务，是改变原有品种的遗传性，吸收改良品种的优点，创造新类型。为了做好杂交育种工作，必须对本地绵羊、山羊的现状及优缺点进行比较全面的调查和分析，同时对当地自然条件和饲养管理水平（包括现有水平和一定时期内能达到的水平），以及养羊业基本生产技术条件等进行详细的了解和正确的估计。然后在此基础上，根据国内外市场的发展需要和当地的生态经济条件，确定培育新品种的育种方向和育种目标。根据育种方向和育种目标，拟定详细的育种计划。在育种计划拟定的过程中，必须依靠有经验的专家和技术人员，充分听取各育种单位广大群众的意见，做到集思广益。

组织参加杂交改良的基础母羊数不能过少，才以利于对杂种羊进行选择。首先对杂种羊的体型外貌、生产性能和生活力进行详细的观察和认真的测定，然后从杂交效果的分析中找出最理想的杂交组合。在大规模的群众性绵羊、山羊杂交育种工作中，要选择一些生产基础条件好、技术力量强的单位为固定的育种基点，逐步建立和完善各种育种记录，并注意随时总结杂交育种工作中的经验和教训。

当杂种羊已有相当数量，并出现了理想型的羊只时，应及时进行横交固定的试验工作。进行横交固定时必须要有理想型公羊，因此应及早注意对理想型公羊的选择和培育工作。过去，我国有一些进行绵羊、山羊杂交育种的单位，由于不重视理想公羊的选择和培育，而使一些已经具备横交条件的母羊继续杂交下去，从而影响了杂交育种工作的进程，这一点必须引以为戒。

（二）横交固定阶段

这一阶段的主要任务是，用理想型杂种公羊与理想型杂种母羊进行交配。一方面是为了迅速固定已经获得的优良性状，另一方面是为了扩大理想型羊数。对非理想型母羊，既可再用纯种公羊杂交，也可用理想型公羊与之交配。要特别注意选择符合育种目标要求的优秀横交公羊，有好公羊时可采用包括亲缘选配在内的选配方法，并采用人工授精技术加以扩大利用。

在横交固定工作中，横交所产生的后代会出现一定的变异。因此，要注意观察、测定和分析，对某些不明显的微小的有益变异要充分利用，并通过选种选配，使之逐渐积累起来。对羊群中出现的一些有害性状，应追溯其产生的原因，并采取有效措施及时加以根除。在这个阶段，应按羊只品质的不同，将羊群分成育种核心群和一般繁殖群，尽快提高羊群品质。同时，可以采用包括胚胎移植在内的繁殖新技术，迅速增加理想型羊只个体的数量。

（三）发展提高、建立品种的整体结构阶段

杂种羊经过横交固定阶段以后，已具有独特的类型和比较稳定的遗传性。这一阶段的主要任务是建立品种的完整结构，增加品种个体的数量，扩大品种的分布地区，并采用纯种繁育的方法，不断改进和提高。

在这个阶段，应该着手建立品系的工作。绵羊、山羊品系的建立，是在选择了优秀的种公羊作为系祖以后，通过严格的选种选配、良好的饲养管理条件、精心的定向培育及巧妙地运用亲缘繁育等方法而逐步形成的。品系形成以后，通过品系繁育，使最优秀种公羊的有益性状在后代中加以积累、保持和发展，造成品种内部高生产水平下的差异，增加品种内部的异质性；然后通过品系间的杂交，以达到结合品系的优点，创造新的品系和进一步改进品种的目的。

在这个阶段，除品系羊群以外，在选配上一般应尽量采用非亲缘选配，以提高生活力。

但是，上述三个阶段并不是截然分开的，常常交叉进行，即使新品种育成以后，育种工作也并没有结束，而是在新的水平上又开始了新的育种工作。

具备什么条件才能成为一个新品种？在我国现阶段，作为一个培育的绵羊、山羊新品种的基本条件，必须经过理想型杂种羊自群繁育以后，做到几点：①体型外貌一致；②生产性能指标和主要产品品质达到该品种育种计划所设定的要求；③遗传性能稳定，用本品种特、一级公羊与特、一级母羊配种，其所生后代必须有2/3为特一级羊；④关于品种形成时的数量，在牧区和半农半牧区应要求一级基础母羊在8 000只以上，其中特级羊比例不能低于10%，并有足够自群繁育用的特级公羊；在农区，一级基础母羊应在3 000只以上，其中特级羊比例不能低于20%，并有足够的自群繁育用的特级公羊。为了保证品种的自群繁育和不断发展提高，新品种的基础母羊不宜太分散。在牧区、半农半牧区，每个参加育种的单位，一级基础母羊应在1 000只以上；在农区，也应根据育种地区的具体条件，至少做到一级基础母羊成群，以群为单位相对集中。

关于绵羊、山羊新品种批准的权限及手续问题，对于各省、市、自治区培育的新品种，确已具备形成新品种的条件，应当由育种主持单位向所在省、市、自治区业务主管部门或农业部提出申请，然后由省、市、自治区业务部门或农业部派出验收鉴定工作组进行认真验收和鉴定，并提出验收鉴定报告，再经过省、市、自治区或国家品种审定委员会审定通过，最后经省、市、自治区人民政府或农业部批准，方能成新品种。

三、导入杂交

当一个品种基本上符合市场经济发展的需要，又存在个别缺点，用纯种繁育方法不易克服时，可采用导入杂交的方法。

导入杂交的模式是，用所选择的导入品种的公羊配原品种母羊，所产杂种一代母羊与原品种公羊交配，一代公羊中的优秀者也可配原品种母羊，所得含有1/4导入品种血统的第二代，如经过测定符合育种计划要求时，就可进行横交固定；或者用第二代的公、母羊与原品种继续交配，获得含导入品种血1/8的杂种后代，若达到理想标准，再进行横交固定。因此，导入杂交的结果在原品种中导入品种血含量一般为1/8～1/4。

导入杂交时，要求所用导入品种必须与被导品种是同一生产方向。导入杂交的效果在很大程度上取决于导入品种及其具体所用公羊的选择、杂交中的选配及幼畜的饲养管理条件等因素。

四、经济杂交

经济杂交在绵羊、山羊生产中获得了广泛应用，目的在于生产出更多更好的肉、毛、奶等养羊业产品，而不是为了生产种羊。因此，一般是采用两个品种进行杂交，以获得一代杂种。一代杂种具有杂种优势，其生产力和生活力都比较高，而且生长快、成熟早、饲料报酬比较高。因此，在商品养羊业中被普遍采用，尤其是在肉用养羊业中，但这种杂种优势并不总是存在的。所以，经济杂交效果的好坏也要通过不同品种杂交组合试验来确定，以发现最佳组合，不能认为任何两个品种杂交都会获得满意结果。

经济杂交过程中，如何度量杂种优势，是十分重要的，常用公式是：

$$\text{杂种优势}=\frac{F_1\text{代}\times\text{性状平均数}-\text{双亲}\times\text{性状平均数}}{\text{双亲}\times\text{性状平均数}}\times 100\%$$

五、远缘杂交

远缘杂交是指动物学上不同种、属，甚至不同科动物间的一种繁育方式。种、属间差别较品种为大，其杂交后代通常表现出有较强的生活力，故宜加以利用。这种动物如果具有正常的繁殖能力，也可创造出新品种。远缘杂交虽然有利用和育种价值，但由于交配双方在遗传上、生理上和生殖系统构造上的巨大差异，因此并非任何种间动物都能进行杂交；即使能杂交，其后代也未必都具有正常的生殖能力。

（石国庆）

第三章

饲料与饲养技术

羊是草食动物，饲料是羊养殖产业发展的重要基础和保障，也是获得养殖效益的关键。在羊的饲养中，饲草料的质量直接影响羊的健康成长。针对羊的各个不同生长阶段所需营养浓度，科学调配不同营养价值的饲草料，从而保证羊从饲料中获取相应的营养。因此，做好羊饲草料的科学配制，合理开展饲养工作，以期为加快我国饲草料生产和畜牧业持续健康发展提供保障。根据羊的营养需求、饲草料和饲养管理特点，我们从羊的消化特点入手，包括饲草料分类、饲草料的饲喂方法、不同生长阶段羊的饲养管理三大类。以下通过对羊的饲料与饲养技术进行问答式叙述，用以帮助相关人员更好地利用饲草料资源、科学合理地开展羊的饲养工作。

第一节　羊的消化特点

一、羊的消化及营养需求

1. 羊的消化器官有什么特点？ 羊是反刍动物，有瘤胃、网胃、瓣胃、皱胃四个胃。瘤胃最大（约占整个胃容量的79%），能保证在较短时间内采食大量饲料，瓣胃最小。瘤胃、网胃、瓣胃没有腺体，统称前胃。皱胃有腺体，能分泌消化酶，又称为真胃。羊采食后，大量饲料进入瘤胃，进行暂时贮存，在休息时再反刍进行二次咀嚼。经反刍过的稀、细食物连同瘤胃微生物一起进入网胃、网瓣口到达瓣胃，最后进入真胃。饲料在真胃中胃液和微生物的共同作用下进行化学性消化。

羊的小肠很长，消化吸收能力很强，是主要消化吸收器官。小肠能产生足够的蛋白酶、转糖酶和脂肪酶，将营养物质分解吸收，构成体内成分。大肠仅有小肠长度的1/10，功能主要是吸收水分和形成粪便。

2. 羊的营养需求特点是什么？ 羊维持的营养需要包括碳水化合物、蛋白质、矿物质、维生素、水等。

（1）碳水化合物 碳水化合物是组成羊日粮的主体，饲料中碳水化合物是供绵羊维持和生产的主要能源物质。绵羊依靠瘤胃微生物的发酵，将碳水化合物转化为挥发性脂肪酸，以满足羊对能量的需要。绵羊日粮中粗纤维的最适宜水平为20%左右。

（2）蛋白质 绵羊的器官组织及毛绒等都由蛋白质组成，蛋白质是羊体组织生长和修复的重要原料。同时，羊体内的各种酶、内分泌、色素和抗体等大多是氨基酸的衍生物；离开了蛋白质，生命就无法维持。羊日粮中缺少蛋白质时，不仅影响其生长发育和繁殖，降低其生产能力及产品品质，还会导致绵羊发生贫血症，降低对疾病的抵御能力。在放牧吃青草时，绵羊一般不缺乏氨基酸。但枯草期饲草、饲料中蛋白质的含量低，应注意给羊补充蛋白质饲料。一般认为，绵羊日粮中蛋白质含量以13%～15%为宜。

(3) **脂肪** 脂肪也是饲料中供给羊热能的一个来源，也是羊体组织的重要成分，羊日粮中一般不会缺乏脂肪。

(4) **矿物质** 为维持正常的代谢活动，绵羊需要消耗一定的矿物质。日常饲养中必须保证一定水平的矿物质量。钙、磷、钠、氯、硫、镁、钾等均占羊体重的0.01%以上；铁、铜、锰、锌、硅、硒、钴等均占羊体重的0.01%以下。绵羊最易缺乏的矿物质是钙、磷和食盐，绵羊对钙和磷的需求量较大，占其体内矿物质总量的65%～70%。若羊缺乏钙和磷，则会导致食欲减退，生长停滞，消瘦，异嗜，产乳量下降，繁殖率降低或产死胎。严重缺乏钙和磷时，骨骼就会松软变形，瘫痪，甚至死亡。此外，还应补充必要的矿物质微量元素。

(5) **维生素** 绵羊在维持饲养时也要消耗一定的维生素，必须由饲料中补充，特别是维生素A和维生素D。饲料中缺乏维生素时，会影响羔羊正常生长发育，造成组织的破坏现象，如佝偻症、眼病。在羊的冬季日粮中搭配一些胡萝卜或青贮饲料，能保证羊的维生素需要。

(6) **水** 各种营养物质的消化、吸收、运输、排泄及羊体内各种生理过程，均需要水参与。缺乏时，会使羊丧失食欲，影响体内代谢过程，降低日增重和饲草利用率。提供充足、卫生的饮水，是保证绵羊正常生产和生存的重要条件。羊失去体内水分的20%就会危及生命。

3. 羊的采食习性有哪些？ 由于羊的嘴皮薄，运动灵活，牙齿锐利，采食方便，可以啃食很短的牧草，因此马、牛不能放牧的短草牧场可以用来放羊。羊可以吃的植物种类很广泛，天然牧草、灌木、农副产品及多种树叶，都可作为其饲料。

羊的采食性随季节的变化而变化。春季一般草刚萌发，树枝变青绿，此时羊采食不挑剔；到夏季草类繁茂时会有选择性地采食；秋季植物由青变黄，这时羊先挑青绿的植物吃；冬季山羊以吃落叶、秸秆、豆科牧草的老枝条为主，绵羊以吃落叶、杂草为主。

二、羊的反刍及微生物作用

1. 什么是羊的反刍？ 反刍是指羊采食饲草料以后，未经充分咀嚼就吞咽进入瘤胃，由瘤胃水分和唾液浸润消化。羊休息时，饲草直接逆呕上行至口，在口腔中细致咀嚼后再次咽回瘤胃。反刍是羊的一种生理本能，可以分为三个阶段，逆呕、再咀嚼、再吞咽的过程，可以再次重复进行，直至彻底嚼碎食物。羊白天或夜晚都有反刍现象，每天反刍时间 8 小时。一般白天 7～9 次，夜间 11～13 次，每次持续 40～60 分钟。当羊生病时，反刍减少或停止。

2. 羊的瘤胃有什么主要特点？ 瘤胃是供厌氧性微生物繁殖的良好天然环境，是一个可容纳大量消化物的发酵罐。瘤胃内所进行的一系列复杂的消化代谢过程，微生物起着主导地位。

① 瘤胃为微生物的生长和繁殖提供了丰富的食物。不断有食物和水分进入瘤胃，供给微生物所需的营养物质。

② 节律性的瘤胃运动，将微生物和食物充分搅拌混合（瘤-网胃食物交换）。

③ 瘤胃内温度在 38～40 ℃。由于微生物发酵作用产生大量的热，瘤胃内温度往往超过动物的体温，有时高达 39～42 ℃。由于瘤胃微生物发酵产生的酸，被随唾液进入的大量碳酸氢盐和磷酸盐所中和，发酵产生的大量挥发性脂肪酸随时被吸收，以及瘤胃内容物和血液系统间的离子平衡，使得瘤胃内 pH 通常维持在 6.0～7.0，并使瘤胃内容物保持和血液一样的渗透压。

④ 瘤胃具有高度厌氧条件，氧化还原电势保持在 250～450 毫伏。瘤胃背囊的气态，通常含 CO_2 50%～70%、甲烷 20%～45%及少量氮、氢、氧等，其中少量的氧迅即被需氧微生物所利用。这些气体由微生物发酵所产生，一昼夜达 600～700 升，除了一部分气体为微生物所利用外，大部分通过嗳气排出，当气体产生量超过排出量时，就形成臌气。瘤胃的缺氧环境有利于一些特殊细菌种类生长，其中包括那些可降解植物细胞壁（纤维）为简单糖类（葡萄糖）的菌株，微生物发酵葡萄糖从而获得能量以维持自身的生长，其发酵终产物为挥发性脂肪酸，挥发性脂肪酸通过瘤胃壁吸收成为反刍动物主要的能量来源。

3. 瘤胃微生物有什么作用？ 瘤胃不但是羊采食大量饲料的“贮藏库”，而且含有多种微生物，这些微生物对羊有营养作用。瘤胃微生物包括细菌和原虫，起主要作用的是细菌。1 毫升瘤胃液中含 5 亿～10 亿个细菌，20 万～400 万个原虫。瘤胃的环境对微生物的繁殖非常有利。瘤胃内温度 40 ℃左右，pH6～8。微生物与绵羊共生，彼此有利。

微生物对羊的营养作用首先表现在对粗纤维的消化上。羊能消化粗纤维，而羊本身不能产生水解粗纤维的酶，而是利用微生物产生的纤维水解酶把粗饲料中的粗纤维分解成容易消化吸收的碳水化合物，然后被羊体利用。这就成为羊的主要能量来源。其次，微生物的作用可以把低质量的植物蛋白合成高质量、更符合羊营养生理需要的菌体蛋白，甚至可以把非蛋白氮（如尿素等）合成高质量的菌体蛋白。菌体蛋白进入小肠后，被消化吸收，构成羊体蛋白。研究表明，由瘤胃转移到真胃的蛋白质约82%属于菌体蛋白。此外，通过微生物还可以合成B族维生素和维生素K，因而羊的饲料中不用另外添加这几种维生素，其合成数量足可以维持羊体健康、生长发育及生产所需。

瘤胃的发酵类型对羊来说有特殊的地位。丙酸发酵不产生甲烷，可以向羊提供较多的有效能量，提高饲料利用率。因此要尽量提高瘤胃内的丙酸比例，通过增加谷物类精饲料、粗饲料粉碎、压粒、日粮中添加瘤胃素等来调节瘤胃发酵，提高丙酸比例，向羊供给更多的有效能，促进羊的生长。对于羔羊，尤其是哺乳前期羔羊，其瘤胃微生物区系尚未形成，因而不能像成年羊那样大量利用粗饲料，其饲料要求纤维素要少，蛋白质质量要高。

第二节　饲草料分类及饲喂方法

一、饲草料分类

1. 绵羊的饲草料来源有哪些？　绵羊的饲草料99%的来源为植物性饲料，包括各种牧草、作物秸秆、作物籽实及各种农副产品；动物性饲料包括鱼粉、骨粉、贝壳粉、羽毛粉、血粉、肉骨粉等。

2. 绵羊的饲料包括哪些？　按国际饲料分类法分类，绵羊的饲料有9种，即粗饲料、青绿饲料、青贮饲料、能量饲料、蛋白质饲料、矿物质饲料、维生素饲料、饲料添加剂和配合饲料。

按物理化学性状分类，绵羊的饲料有4类，即粗饲料、青绿多汁饲料、精饲料和添加剂。

二、常用饲料

（一）精饲料

1. 绵羊常用的精饲料有哪些？　青饲料和粗饲料中能量和蛋白质含量较低，不能完全满足羊生长发育的营养需要，尤其是种羊和短期育肥羊。只喂青粗饲料会导致羊生长发育缓慢、抵抗力下降、母羊繁殖和泌乳量下降、产肉力下降等，因此需要喂精饲料。精饲料是粗纤维含量少、能量或蛋白质较高的饲料，用来调整羊饲料能量和蛋白质水平，以满足羊生长发育、繁殖、泌乳、育肥需要的主要饲料。绵羊常用的精饲料有麦类、谷物、玉米、豆类等籽实及其加工副产物，如玉米、高粱、黄豆、豆饼、葵花饼、棉籽饼、燕麦、麸皮等。

2. 谷实类饲料有什么营养特性？ 谷实类饲料是精饲料的主体，其含有大量的碳水化合物（淀粉含量高），粗纤维含量少，适口性好，粗蛋白质一般不到10%，淀粉占70%以上。由于淀粉含量高，因此饲料中的能量较高，故将谷实类的饲料又称为能量饲料。能量饲料是各种配合饲料中最基本和最重要的原料，也是用量最大的饲料。

谷实类饲料在羊的饲料中占的比例虽不大，但却是羊的主要补充饲料。最常用和较经济的谷实饲料有玉米、高粱、大麦、燕麦、米糠、麸皮等。

3. 常用的精饲料在饲料配合中有哪些注意事项？ 玉米适口性好，易消化，是能量饲料，含淀粉70%以上；另外，还含有少量脂肪及胡萝卜素，是很好的补充饲料。

高粱也是一种能量饲料，含淀粉也多，其他养分比玉米差些。因含有鞣酸，所以适口性较差，若长期饲用应和其他精饲料搭配。

大豆是很好的蛋白质补充饲料，含蛋白质36.9%，而且含脂肪量也较高。大豆中含有抗胰蛋白酶物质，喂前必须煮熟，以免影响吸收，制成豆浆喂哺乳母羊最好。另外，豌豆、黑豆、秣食豆也都是羊的蛋白质饲料。

豆饼含蛋白质30%以上，营养物质齐全，营养价值高，做蛋白质补充饲料比大豆经济适用。

葵花饼含有较多的蛋白质，有香味，是适口性较好的蛋白质饲料。

棉籽饼含有较为丰富的蛋白质，品质也较好，同时还含有相当丰富的维生素B及维生素E。缺点是含有毒物质棉酚，故在饲喂时，一是不可多喂，二是喂前应蒸煮，并与其他饲料混拌，以免中毒。

燕麦营养价值高，含蛋白质较多，具有质地轻、含粗纤维多的特点，在胃内可轻松疏散，易消化，吃多了也不会发生消化障碍。

（二）粗饲料

1. 绵羊的粗饲料有哪些？ 粗饲料指天然水分含量在45%以下，干物质中粗纤维含量在18%以上的一类饲料，主要包括干草、秸秆、秕壳、糟渣类、树叶类及其他农副产品。绵羊常用的粗饲料主要包括干草或秸秆两大类。其中常见的有干青草、干苕藤、豆秸、玉米秆等。

以上这些粗饲料豆科类比禾本科干草营养价值高，应优先考虑。应注意的是，人工干制的干草维生素损失较大，使用时应考虑在饲料中相应添加维生素或专用多种维生素。

粗饲料中用干草喂羊比秸秆饲料好。粗饲料一般是粉碎后与精饲料混合使用（制成颗粒或拌湿）。优质禾本科干草可喂羊，粉碎时不宜过细，过细的粉末反而不利于羊的正常消化和排泄，其细度以便于和其他精饲料混匀，羊喜欢采食。

2. 如何收集贮备优质干草？ 野生牧草刈割后经风、日光等自然干燥制成的干草，成本低，制作简便，容易贮藏且营养价值较好。其营养价值因干草的组成、收割时期和晒制保存方法而有很大差异，即使同样的干草，因调制不同营养价值的差别也很大。

（1）刈割 应确定合理的刈割期。刈割过早，产草量降低；刈割过晚，牧草的粗蛋白质含量逐渐降低，粗纤维则显著增加。禾本科牧草适宜的刈割期是抽穗期，而豆科牧草则为现蕾至初花期。刈割时一般留茬 5～8 厘米，这有利于牧草的生长。

（2）晒制干草 根据当地气候条件，选择晴天进行。刈割后就地平摊，晴天晾晒一天，待叶片凋萎、含水量为 45%～50%时集成高约 1 米的小堆。经过2～3 天，禾本科牧草揉搓草束可发出沙沙声，叶卷曲，茎不易折断；豆科牧草叶、嫩枝易折断，弯曲茎易断裂，不易用手指甲刮下表皮时，即含水量为18%左右，运回羊圈附近堆垛贮存。在晒制豆科牧草时，避免叶子的损失是至关重要的，运送豆科牧草最好利用早晨时间。晒制时避免雨水淋湿、霉变，以保证干草的质量。堆垛后应特别注意草垛不要被水渗透，以致干草腐烂发霉。

干草的贮备量可以按每只羊全年平均 200 千克贮备，越冬期长的地方还可以增加 50～100 千克。

3. 秸秆类饲料的营养特性是什么？

（1）玉米秸 玉米秸按收获方式可分为收获籽实后的黄玉米秸（或干玉米秸）和青刈玉米秸（籽实未成熟即行青刈）。青刈玉米秸的营养价值高于黄玉米秸，青嫩多汁，适口性好，胡萝卜素含量较多。可青喂、青贮和晒制干草供冬春季饲喂。生长期短的春播玉米秸秆比生长期长的玉米秸秆的粗纤维含量少，易消化。同一株玉米，上部比下部的营养价值高，玉米秸秆的营养价值又稍优于玉米芯。

（2）稻草 稻草是我国南方农区主要的粗饲料来源，其营养价值低于麦秸、谷草，粗纤维的含量为 34%左右，粗蛋白的含量为 3%～5%。稻草中的硅含量较高，占 12%～16%，因而消化率降低。钙质缺乏，单纯饲喂稻草效果不佳，应进行饲料的加工处理。

（3）麦秸 麦类秸秆是难消化、质量较差的粗饲料。小麦秸秆是麦类秸秆中产量较多的秸秆饲草，其中粗纤维的含量较高，并有难利用的硅酸盐和蜡质。羊单纯采食麦秸类饲料时，饲喂效果不佳，有的羊易诱发口角溃疡，群众俗称“上火”。麦秸饲料中，燕麦秸、荞麦秸的营养价值较高，适口性也好，是羊的好饲草。

(4) 谷草　谷草就是粟的秸秆，也就是谷子的秸秆，质地柔软厚实，营养丰富，可消化粗蛋白质、可消化总养分较麦秸、稻草高。在禾谷类饲草中，谷草主要用作制备干草供冬、春季饲用，是品质最好的饲草，特别是骡、马的优质饲草。但对于羊来说并不是最好的饲草，长期饲喂谷草的羊不上膘，有的羊可能消瘦。按照群众的说法，谷草属凉性饲草，羊吃了会拉膘（即掉膘）。

(5) 豆秸　豆秸是各类豆科作物收获籽粒后的秸秆总称，包括大豆、黑豆、豌豆、蚕豆、豇豆、绿豆等的茎叶。它们都是豆科作物成熟后的副产品，叶子大部分都已凋落，即使有一部分叶子但也已枯黄，茎也多木质化，质地坚硬，粗纤维含量较高，但其中粗蛋白质的含量和消化率较高，仍是羊的优质饲草。谷实在收获的过程中，经过碾压，豆秸被压扁，豆荚仍保留在豆秸上，这样豆秸的营养价值和利用率都得到了提高。青刈的大豆秸的叶的营养价值接近紫花苜蓿。在豆秸中，蚕豆秸和豌豆秸的粗蛋白质含量最多，品质较好。

(6) 花生藤、甘薯藤及其他蔓秧　花生藤和甘薯藤都是收获地下根茎后的地上茎叶部分，这部分藤类虽然产量不高，但茎叶柔软、适口性好，营养价值和采食利用率、消化率都高。甘薯藤、花生藤干物质中的粗蛋白质含量分别为16.4%和26.2%，是羊极好的饲草。其他蔓秧类，如西红柿、南瓜藤、豆角秧、豇豆藤、马铃薯藤等藤秧类，无论从适口性还是从营养价值方面都可以作为羊的饲草，应当充分利用。

4. 如何科学调制秸秆饲料？　秸秆的特点是长、粗、硬，不方便羊采食，且消化率不高，一般为40%～50%。除切短饲喂外，可采用多种调制方法。

(1) 浸泡　将秸秆切成2～3厘米长，清水浸泡使其软化。这样可以提高适口性，增加采食量。用淡盐水浸泡，羊更爱采食。

(2) 氨化　将秸秆切短，每100千克秸秆中加入12～20千克25%氨水，或加入3～5千克尿素与30～40千克水配制成的溶液，喷洒均匀，用塑料袋装封或用塑料薄膜盖封，10～20天后启封，自然通风12～24小时后饲喂。

(3) 碱化　将秸秆切短，用3倍量1%的石灰水浸泡2～3天，捞出后沥去石灰水即可饲喂。为提高处理效果，可在石灰水中按秸秆重的1%～1.5%添加食盐。也可使用氢氧化钠溶液处理，每千克切短的秸秆，喷洒5%的氢氧化钠溶液1千克，搅拌均匀，24小时后即可饲喂。

(4) 发酵　常用的方法是EM菌发酵。取EM菌原液2千克，加红糖2千克、水320千克，充分混合均匀后，喷洒在1 000千克粉碎的秸秆上，并装填在发酵池内，密封20～30天后，开窖取用。

也可使用干秸秆生物调制剂进行发酵处理。将8克菌种（1袋）倒入400毫升1%的白糖水中，放置2～3小时，然后倒入0.77%的食盐水，搅拌均匀后，喷洒在 1 000 千克切短的秸秆上，装填在发酵池内，30 天后取用。

5. 棉花秸秆能否用作羊的饲料？ 棉花秸秆用作羊饲料，其适口性、营养价值和利用率都不高。研究报道，棉花秸秆中粗蛋白质含量为 6.5%，半纤维素、纤维素和木质素含量分别达到 10.7%、44.1%和 15.2%，高于其他农作物秸秆；干物质有效降解率较低，分别为玉米秸秆、稻草和小麦秸秆的 54.1%、67.7%和 88.3%，而且含有 0.03%的游离棉酚。棉酚是一种有毒成分，对动物的健康有害。虽然瘤胃微生物可以降解棉酚，使其毒性降低，但长期或大量饲喂对羊的健康有一定危害。因此，应谨慎使用棉花秸秆。

6. 怎样利用秸秆饲喂羊？

(1) 绵羊能利用的秸秆类饲料 主要包括玉米秸、稻草、麦秸、谷草、豆秸、花生藤、甘薯藤及其他蔓秧等。

(2) 饲喂方法 将秸秆和牧草粉碎，按秸秆粉 2/3、豆科草粉 1/3 混合，用 35～40 ℃温水拌湿、上堆，加盖塑料薄膜，发酵 20～24 小时，当草堆内温度达到 43～45 ℃，能闻到曲香味即发酵成功。以后制作每次都要留些发酵好的草粉作引子，可以缩短发酵时间，饲喂前可适当加些微量元素、盐、精饲料、胡萝卜拌匀。每次做的发酵草粉，应在 1～2 天内喂完，以免发霉变质。

7. 如何利用糟渣类饲料？ 对于糖饴渣、甜菜渣、酒糟、啤酒糟，以及豆腐渣、酱渣、粉渣，绵羊都能利用。糖渣中的干物质含量为 22%～28%，饲喂时应逐渐增加，让绵羊适应。甜菜渣易引起羊下泻，应控制饲喂量。酒糟刚出厂时，含水量很高，为 64%～76%，为了保存，常常晒干或青贮。豆腐渣、酱渣、粉渣这类副产品中，因水分含量高，不易贮藏，尽可能新鲜使用。豆类中含有抗胰蛋白酶和产生甲状腺肿的物质——皂素与血凝集素等物质，使用时最好经适当的热处理。

(三) 青绿饲料

1. 绵羊青绿饲料的营养特性是什么？ 青绿饲料是指水分含量高于 60%的青绿多汁植物性饲料，包括天然牧草、栽培牧草、田间杂草、菜叶类、水生植物、嫩枝树叶、非淀粉质的块根块茎、瓜果类。

青绿饲料含水量高达 75%～95%，含粗纤维较少，柔嫩多汁，可以直接大量用来喂羊，其中的有机物质消化率可达到 75%～85%。

青绿饲料中蛋白质含量丰富，在一般禾本科和叶菜类中含量为 1.5%～3.0%（干物质中 13%～15%），豆科青饲料中含量为 3.2%～4.4%（干物质中 18%～24%）。其中氨化物占总氮的 30%～60%，绵羊可利用。青饲料的氨基酸组成比较完全，含赖氨酸、色氨酸和精氨酸较多，营养价值高。

维生素含量丰富，其中 B 族维生素、维生素 C、维生素 E、维生素 K 含量较多，胡萝卜素含量高达 50～80 毫克/千克，但青绿饲料缺乏维生素 D 和维生素 B_6。

青绿饲料是矿物质的良好来源，钙、磷比较丰富，但各种青饲料的钙、磷含量差异较大。以干物质计，青饲料中钙含量为 0.2%～2.0%，磷为 0.2%～0.5%。豆科植物的钙含量较高。青饲料中的钙、磷多集中在叶片内。一般秸秆、糠麸、谷实、糟渣等都缺钙，以这些饲料为主喂羊时，要注意钙的添加。

2. 如何合理利用青绿饲料？ 青绿饲料是绵羊不可或缺的优良饲料，属于营养价值相对平衡的饲料，其幼嫩多汁，适口性好，消化率高。不仅可大大降低饲料成本，又可为羊提供较全面的营养物质。不足的是，天然青饲料含水分较高，营养浓度低，干物质少，能量含量相对较低，限制了其充分发挥潜在营养优势的作用。在羊生长期可用优良的青绿饲料作为饲料来源，但对育肥羊、妊娠母羊、哺乳母羊、种公羊则需要补充谷物、饼粕等能量饲料和蛋白质饲料。

幼嫩的青绿饲料蛋白质含量和消化率较高，但生长后期特别是结籽后有所下降；青草茎叶的营养含量上部优于下部，叶优于茎。因此要充分利用生长早期的青绿饲料，收贮时尽量减少叶部损失。萝卜叶、白菜叶等叶菜类含有硝酸盐，堆放时间过长，腐败菌能把硝酸盐还原为亚硝酸盐引起羊中毒；玉米苗、高粱苗、亚麻叶等含氰甙，羊采食后在瘤胃中会生成氢氰酸发生中毒，应晒干或制成青贮饲料饲喂；有些青绿饲料要注意适口性，如沙打旺营养价值较高，但有苦味，最好与秸秆或青草混合青贮，或者与其他牧草混合饲喂。防风、独活、野棉花、野烟、蓖麻、土豆茎叶等，大量饲用喂羊时也会导致羊中毒。

3. 青绿饲料喂羊有哪些要点？

① 少喂勤添，若一次添加过多，羊吃不完，饲料会受到污染，导致羊消化道疾病增多。

② 注意同蛋白质、能量较高的饲料搭配使用。

③ 做到“五不喂”，即有毒有害的不喂、发霉变质的不喂、含沙石泥土和沾农药的不喂、新割的有露水或霜的不喂、受热腐烂的不喂。特别是青饲料混有寄生虫或其卵，若不清洗干净则易导致羊患寄生虫病。

④ 保证饮水。

4. 紫花苜蓿如何利用？ 紫花苜蓿为豆科多年生牧草，营养丰富，适口性良好，对绵羊来说是良好的蛋白质和维生素补充饲料。可以鲜喂，也可以调制青贮、干草，加工草块、草颗粒和草粉。用苜蓿草粉代替秸秆育肥羔羊，日增重可提高 75%。用苜蓿青草喂绵羊时，应控制采食量，以防止出现瘤胃臌胀病。

5. 如何饲喂常用的多汁饲料？ 绵羊常用的多汁饲料有胡萝卜、甘薯、马铃薯、甜菜、芜青甘蓝、萝卜、西葫芦、南瓜及青贮饲料、大麦芽等。这类饲料含水分多，清脆多汁，含有丰富的维生素和糖类，粗纤维少，适口性好，容易消化，能促进泌乳，增进健康，是绵羊越冬期间不可缺少的饲料。饲喂时，应先洗净，切成小块，或切成片状、丝状，块大时容易造成食管梗塞。染有黑斑病的甘薯和发芽的马铃薯，不能喂绵羊，否则容易使绵羊发生黑斑病中毒或龙葵中毒。

6. 块根、块茎和瓜类饲料有何特性？ 块根、块茎类饲料适口性较好、水分含量较高，常用于羊的冬季补饲，但不是羊主要的饲料。此类饲料可分为薯类饲料和其他块根、块茎饲料两类。

薯类是我国的主要杂粮品种，包括甘薯、马铃薯和木薯，属于能量饲料，具有产量高、水分含量高、淀粉含量高、适口性好、生熟饲喂均可的特点。由于保管、存放不当，甘薯出现黑斑后有苦味，含有毒性酮；马铃薯表皮发绿，会使有毒的茄素（龙葵精）含量剧烈增加，饲喂后会出现中毒现象；木薯中含有一定的氢氰酸，过多食用也会引起中毒。

萝卜是蔬菜品种，为羊的常用饲料，具有产量高、水分大、适口性好、维生素含量丰富的特点。特别是胡萝卜，其维生素含量较高，含有蔗糖和果糖，故具甜味，是羔羊和冬季母羊维生素的主要来源，饲喂效果很好。

甜菜是优良的制糖和饲料作物品种，根、茎、叶的营养价值均较高，是羊的优良多汁饲料。

块根、块茎类饲料还有菊芋（洋姜、姜不辣、鬼子姜）、蕉藕、芜菁、甘蓝等，它们都是多汁、适口性好和营养价值较高的饲料品种。在瓜类饲料中最常用的是南瓜，其无氮浸出物的含量较高，在60%以上，糖类含量较多，适口性好，常被用作羊冬季的补充饲料。

（四）青贮饲料

1. 绵羊能利用的青贮饲料有哪些？ 绵羊能利用的青贮饲料，有玉米、向日葵、黍属作物、栽培牧草、豆科与禾本科混合草、杂草和野草等。

2. 青贮饲料的调制方法有哪些？

（1）常规青贮

青贮条件：青贮原料含糖量不低于1.5%，含水量65%～75%，缺氧环境，温度19～37℃。

建筑要求：坚实、不透气、不漏水、不导热，高出地面水位0.5米以上，内壁光滑且上宽下窄。

青贮步骤：原料收割时期要适宜；原料要铡短、装填于压紧；青贮窖封顶。

(2) 半干青贮 将青贮原料水分降到45%左右，方法同常规青贮。

(3) 添加剂青贮 一般的青贮饲料是玉米秸秆，其蛋白质含量低。添加剂青贮时，每吨青贮料均匀混拌3～5千克添加剂；同时加进适量的碳酸钙和磷酸，使青贮料含钙、磷分别达到0.06%和0.04%。

3. 怎样制作青贮饲料?

(1) 适时收割 玉米秸的收贮时间，一是看籽实成熟程度：乳熟早，秸熟迟，蜡熟正当时；二是看青黄叶比例：黄叶差，青叶好，各占一半就嫌老；三是看玉米生长天数：一般中熟品种110天就基本成熟，应该收割青贮。苜蓿一般以10%开花期收割为好，甘薯秧的青贮应采取霜前割秧，霜后出薯的办法。保证青贮原料有足够的含糖量，确保乳酸菌正常发酵，生成乳酸并降低pH，抑制丁酸发酵，并防止蛋白质被降解，因此青贮原料中的含糖量应不低于3%。一般情况下，只要在收割时2/3茎叶为绿色，其糖分含量就没有问题。

(2) 晾晒 青贮水分要适宜，若收割后的青贮原料水分含量较高，可适当摊晒2～6小时，使水分含量降低到65%～70%，以适合乳酸菌的繁殖。若水分过低，不易压实，则窖内空气难以排出；水分过高，糖类被稀释，发酵时间会延长。

(3) 切短 青贮前用铡草机将青贮草切短，玉米秸切1～2厘米，或者用揉碎机揉碎，鲜甘薯秧和苜蓿草2～4厘米。切得越短，装填时可压得更结实，以缩短青贮过程中微生物有氧活动的时间。此外，青贮原料切得较短，有利于挖取，便于采食，减少浪费。

(4) 装窖 切短后的青贮原料应及时装入青贮窖内，可采取边切短边装窖边压实的办法。装窖时，每装20～40厘米时就要踩实一次，特别要注意踩实青贮窖的四周。若有两种以上的原料混合青贮时，应把切短的原料混合均匀装入窖内。另外，要检查原料的含水量，用手紧握原料，手指缝露出水珠而不往下滴，则说明水分适当。

(5) 封顶 由于青贮原料在装窖数天后仍会下沉，因此青贮原料装满后，还需再继续装至高出窖边沿40～60厘米的原料，然后用整块塑料薄膜封盖，再在其上盖上一层5～10厘米厚的、铡短的湿麦秸或稻草，最后用泥土压实，泥土厚30～40厘米，并把表面拍打光滑，窖顶隆起成馒头形状。

4. 青贮饲料的感官鉴定标准是什么? 开启青贮容器时，根据青贮料的颜色、气味、口味、质地、结构等指标，通过感官评定其品质好坏，这种方法简便、迅速。

(1) 优良 颜色呈青绿或黄绿色，有光泽，近于原色；气味呈芳香酸味，给人以好感；酸味浓；结构湿润、紧密，茎叶花保持原状，容易分离；pH4.0～4.2。

(2) 中等 颜色呈黄褐色或暗褐色；气味有刺鼻酸味，香味淡；酸味中等；结构呈茎叶花部分保持原状，柔软、水分稍多；pH4.6～4.8。

(3) 低劣 颜色呈黑色、褐色或暗墨绿色；具特殊刺鼻腐臭味或霉味；酸味淡；腐烂、污泥状、黏滑或干燥或黏结成块；无结构；pH5.5～6.0。

5. 如何预防青贮饲料的二次发酵？ 青贮窖启封后在青贮挖取的断面常有酸败青贮出现，热天尤其容易发生酸败，这是二次发酵造成的，原因如下：

① 青贮饲料制作时乳酸化程度不够，原料未能被乳酸酸透。

② 青贮饲料启用后草层断面面积较大，空气充足，喜氧的杂菌迅速繁殖，特别是霉菌的作用过大所致。

③ 青贮饲料制作时未能被压实。

④ 青贮窖建造时底宽、上口宽、壁深与窖长的比例欠妥。断面形成的开口越小，窖越长，贮草的安全度就越大。

⑤ 青贮饲料断面开口的大小与羊只的采食速度有关，即羊只多，断面停留的时间就短，酸败就轻微，故开窖后供应青贮饲料的快慢也应合理。

6. 制作青黄贮饲料时如何使用添加剂？ 在制作青黄贮饲料时，最好进行乳酸菌活菌制剂的活性检验，以防假冒伪劣产品，检验标准是每千克饲料原料添加的活菌是50万～100万单位。

7. 饲喂青贮饲料的注意事项有哪些？

① 青贮饲料贮后1个月即可饲用，打开后应连续使用，否则就会发霉腐烂。通常在青贮后40～60天就可开窖起用。品质好的青贮料为黄绿色，有酒香味，无霉烂味又酸度适中。在饲喂时首先要注意青贮料的质量，颜色变绿、变黑、有腐烂味的青贮料应禁止喂羊。

② 青贮饲料的喂量应根据羊的年龄不同而增减。青贮料乳酸含量高，适口性较差，喂得过多不仅影响饲料的适口性，还可能因酸度高而影响酸碱平衡或胃酸过度，因此必须与其他混合饲料搭配饲喂。

③ 青贮窖开封后，先去泥土和霉层，现取现用。取料时不宜掏洞，应按垂直面自上而下一层一层均匀使用，取后应立即把青贮料填好，并密封，以免空气混入导致青贮料腐败。

④ 羊饲喂青贮饲料有一个适应过程，应由少到多地添加，喂青贮料需有4～6天的适应期。每只羊日饲喂量1～1.5千克，怀孕母羊产前15天停喂。补饲青贮饲料的羔羊可以很好地生长和发育；成年羊能加速育肥和促进羊毛生长。每只成年绵羊每天可饲喂2～4千克，羔羊按年龄每天可饲喂400～600

克。补饲青贮饲料应在白天饲喂，以防有臌气现象发生。

（五）能量饲料

1. 什么是能量饲料？ 能量饲料指干物质中粗纤维含量在18%以下、粗蛋白质含量在20%以下、消化能含量在10.5兆焦/千克以上的饲料。这类饲料的基本特点是无氮浸出物含量丰富，可利用的能值高，含粗脂肪7.5%左右（主要为不饱和脂肪酸），蛋白质中赖氨酸和蛋氨酸含量少。钙含量不足，一般低于0.1%。磷较多，可达0.3%～0.45%，但多为植酸盐，不易被消化吸收。缺乏胡萝卜素，但B族维生素比较丰富。这类饲料适口性好，消化利用率高。常用的能量饲料有玉米和高粱等。

2. 糠麸类饲料有何营养特性？ 糠麸类饲料是谷物的加工副产品，制米的副产品称为糠，制粉的副产品称作麸，是羊很好的饲料来源之一。其营养特点为：

① 无氮浸出物比谷实要低，占40%～50%，与豌豆、蚕豆相近。

② 粗蛋白质的数量与质量，均居于豆科籽实与禾本科籽实之间。

③ 粗纤维含量比籽实多，约占10%。

④ 米糠中脂肪含量较多，约占10%。

⑤ 矿物质方面，磷的含量较多（1%以上），钙的含量很少（约为0.1%）。

⑥ 维生素 B_1、烟酸等的含量较丰富。

3. 糠麸类饲料有哪些？如何利用？ 常用的糠麸类饲料有麦麸、米糠、稻糠、玉米糠。

麦麸适口性好、质地蓬松、营养价值高、使用范围广，并有轻泻作用。其中粗蛋白质含量为11%～16%，含磷多、含钙少，维生素的含量也较丰富。在夏季可适当多喂些麸皮，以起到清热泻火的作用。

由于麦麸中的磷含量多，因此羊采食过多会引起尿道结石，特别是公羊表现比较明显。麦麸在饲料中的用量一般控制在10%～15%范围之内，公羔的用量要少些。

（六）蛋白质饲料

1. 什么是蛋白质饲料？ 蛋白质饲料指干物质中粗纤维含量在18%以下、粗蛋白质含量在20%以上的饲料。包括植物性蛋白质饲料、动物性蛋白质饲料、单细胞蛋白质饲料及非蛋白氮饲料。常见的蛋白饲料有：饼粕类、酒糟、鱼粉、饲料酵母等。

2. 常见的饼粕类蛋白质饲料有什么营养特性？ 饼粕类饲料是富含油的籽实经加工榨（浸）取植物油后的加工副产品，蛋白质的含量较高（30%～45%），是蛋白质饲料的主体。蛋白质饲料是羊饲料中必不可少的饲料成分之一，特别是对于羔羊生长发育期、母羊妊娠前期显得特别重要。常见的饼粕类饲料主要有以下几种：

（1）豆饼、豆粕 豆饼、豆粕营养价值高，价格又较鱼粉及其他动物性蛋白质饲料低，是畜禽较为经济和营养较为合理的蛋白质饲料。一般来说，豆粕的营养价值比豆饼的营养价值高，含粗蛋白质较豆饼高8%～9%。大豆饼（粕）较黑豆饼的饲喂效果好。在豆饼（粕）的饲料中含有一些有害物质，如抗胰蛋白酶、尿素酶、血球凝集素、皂角苷、甲状腺诱发因子、抗凝固因子等，其中最主要的是抗胰蛋白酶，因此饲喂时应进行加工处理。最常用的办法是在一定的水分条件下进行加热，经过加热后这些有害物质将失去活性，但不宜过度加热，以免影响和降低一些氨基酸的活性。

（2）棉籽饼 棉籽饼是棉籽提取油后的副产品，一般含粗蛋白质32%～37%，产量仅次于豆饼，是反刍家畜的主要蛋白饲料来源。与豆饼相比，棉籽饼中的蛋白质含量为豆饼的79.6%，消化能也低于豆饼，粗纤维的含量较豆饼高。但因棉籽饼含有有毒物质——棉酚，所以在一定程度上应用受到了限制。不过，对于牛、羊来说，只要饲喂不过量就不会发生中毒，且饲料的成本较豆饼便宜，故在养羊生产中使用相对较为广泛。

（3）菜籽饼 菜籽饼是菜籽经加工提炼后的加工副产品，粗蛋白质的含量在20%以上，营养价值较豆饼低。其也是畜禽的蛋白质饲料来源之一。菜籽中也含有毒物质，采食过多会引起中毒。虽然羊对菜籽饼的敏感性虽不很强，但饲喂时最好进行脱毒处理。

（4）花生饼 花生饼的饲用价值仅次于豆饼，蛋白质和能量都比较高。其粗蛋白质的含量为38%，粗纤维的含量为5.8%。带壳花生饼含粗纤维在15%以上，饲用价值较去壳花生的营养价值低，但仍是羊的好饲料。花生饼的适口性较好，本身无毒素，但易感染黄曲霉毒素，导致黄曲霉毒素病，因此储藏时要注意防潮发霉。

（5）胡麻饼 胡麻饼是胡麻种子榨油后的加工副产品，粗蛋白质的含量在36%左右，适口性较豆饼差，较菜籽饼好，也是胡麻产区养羊的主要蛋白质饲料来源之一。胡麻饼饲用时最好和其他蛋白质饲料配合，以补充部分氨基酸的不足，单一饲喂容易使羊的体脂变软。

（6）向日葵饼 向日葵饼简称葵花饼，是油葵及其他葵花子榨取油后的副产品。去壳葵花饼的粗蛋白质含量可达46.1%，不去壳葵花饼的粗蛋白质含量为29.2%。葵花饼不含有毒物质，适口性也好。虽然不去壳的葵花饼的粗纤维含量较高，但对羊来说仍是营养价值较好的廉价蛋白质饲料。

3. 怎样合理利用棉籽饼和棉籽壳？ 棉籽粕（饼）是棉籽浸提（榨）取棉

籽油后的残渣，含有22%～50%的粗蛋白质。但棉籽饼内含有游离的棉酚等毒性物质，一般给羊饲喂的棉籽饼和棉籽壳占日粮的比例小于20%，故在喂羊前必须先脱毒。

4. 棉籽饼如何脱毒？ 棉籽饼的脱毒方法有以下几种：

① 每100千克棉籽饼用0.2%～0.4%硫酸亚铁溶液2～3千克，在榨油过程中均匀地喷洒在棉籽饼中即可去毒。

② 用0.5%～1.0%硫酸亚铁溶液，浸泡棉籽饼24小时后，连水一起喂羊，去毒率为50%～90%。

③ 将棉籽饼蒸煮2～3小时可去毒。

④ 棉籽饼中加入1.0%硫酸亚铁和1.5%氢氧化钙，在15℃条件下作用4小时也可去毒。

（七）矿物质饲料

1. 什么是矿物质饲料？ 矿物质饲料包括工业合成的、天然的单一种矿物质饲料、多种混合的矿物质饲料，以及配合有载体的微量、常量元素的饲料。常用的有：食盐、石粉、贝壳粉、蛋壳粉、石膏、硫酸钙、磷酸氢钠、磷酸氢钙、骨粉、混合矿物质补充饲料等。

2. 羊日粮中为什么要补充矿物质？ 矿物质是畜体组织、细胞、骨骼和体液的重要成分。羊的正常营养需要多种矿物质，体内矿物质缺乏会给羊的健康、生长、发育、繁殖和生产带来严重不良影响。某些矿物质元素，如钙、磷、食盐、镁、硫、钾、铜、锌、锰、钴、碘、硒、钼等，在饲料和牧草中的含量往往不能满足羊的需要。因此，在正常生产情况下，一般需要对以上矿物质元素按量在羊的日粮中补充。但是饲料牧草中矿物质元素的含量存在明显的地域性特点，对某一地区的羊而言，一些矿物质元素在当地牧草饲料中可能缺乏，也可能不缺乏甚至过量。这就需要对某一地区的羊矿物质营养状况进行检测，才能确定哪些元素需要向日粮中补饲和它们的适宜补饲量，以及最终达到预期的补饲效果。

掌握正确的矿物质补饲技术和方法也十分重要，生产实践中需根据羊对各种矿物质元素的需要量、矿物质的生物学效价和采食量来确定矿物质的补饲量，也应注意发挥其他营养措施的协同作用。羊常用的钙、磷天然矿物质饲料有贝壳粉、蛋壳粉等。

3. 如何对绵羊补充钙和磷？ 在放牧季节里绵羊采食了大量青绿饲料，植物的种类多，营养成分比较全，钙、磷的含量能满足羊生长发育和生产的需要，一般情况下不需补充。但是当绵羊处于妊娠、哺乳、繁殖或是舍饲、半舍饲喂养时，则需要补充钙、磷。如种公羊每日补饲骨粉5～10克，其他羊3～5克，混在精饲料中喂给。凡不补充精饲料的羊，可用含盐、矿物质和微量元素制成的舔食砖让羊自由舔食。

4. 怎样满足羊对盐的需求？ 盐是绵羊生长发育不可缺少的物质，食盐有助于维持体细胞的渗透作用，能帮助运送养料和排泄废物。食盐中的钠和氯，不仅是血液中不可缺少的成分，也是胃液中胃酸的组成部分，有助于对蛋白质的消化和利用，因此必须经常给羊喂盐。给羊喂盐的方法有以下几种：

① 将盐拌入精饲料中，每日定量饲喂　这种方法常用于舍饲圈养的种羊或经济价值较高的羊。种公羊每天喂 8～10 克，成年母羊每天喂 3～5 克。

② 自由摄取　将盐化成水放于槽内，让羊饮用。或将盐放入竹筒内，加少量水，使盐水渗透在竹筒外结成盐霜，让羊舔食。也可将盐块放在槽内，让羊自由舔食。

③ 制舔食砖　将维生素、盐、矿物质、微量元素等混合，压成舔食砖给羊舔食。

④ 定期炒盐喂羊　炒盐喂羊的喂量和次数根据季节、气候、牧草质量和羊的大小、肥瘦而定。方法是：先将盐炒黄，铲起来化成水，然后将切碎的草料放进锅里，撒上盐水充分拌匀，炒干，让盐在草上结成盐霜。盐草炒好以后，带至放牧地，待羊放到半饱，将盐草倒在草地上分成小堆喂。春、秋两季，每 7～10 天啖盐一次，每次每头羊 6～10 克，羔羊减半；冬季每半月啖盐一次，每次 10～15 克，羔羊减半；伏天每 7 天啖盐一次，每次 10～15 克。由于每次给盐量大，容易引起食盐中毒，因此必须炒黄化水，撒在草上炒干结成盐霜。空腹吃盐，对胃刺激大，羊饲喂半饱后喂盐，再放一阵后饮水，应避免饮水过量。

5. 舔食砖的使用方法是什么？ 舔食砖可以维持机体的电解质平衡，促进羊的生长，提高饲料报酬，促进羊的繁殖。也可以防治羊的矿物质营养缺乏症，如异嗜癖、白肌病、多胎羊产后瘫痪、羔羊佝偻病、营养性贫血等。舔食砖的使用方法如下：

① 舔食砖为易溶于水的物品，因此严禁湿水，不能直接放入食槽和水槽中。

② 个别羊只开始时可能不舔，不要误认为羊不需要，一般 3 天后即开始舔食。

③ 舔食砖呈扁圆柱体或扁正方体，中间有孔，饲喂时可吊挂于羊食槽上方或羊休息的地方，由其自由舔食。

（八）维生素饲料

1. 什么是维生素饲料？ 维生素饲料是指由工业合成或提纯的单一或复合

维生素制品，包括脂溶性维生素饲料和水溶性维生素饲料。脂溶性维生素饲料包括维生素A、维生素D、维生素E、维生素K，水溶性维生素饲料包括维生素C和B族维生素。羊需要补充维生素A、维生素D、维生素E，羔羊还需要补充B族维生素和K族维生素。维生素易失效，应现用现配。在饲料添加剂中维生素的添加比例一般为0.01%～0.05%。

2. 羊容易缺乏的维生素有哪些？ 羊在正常代谢过程中需要各种维生素。羊瘤胃微生物和体组织可合成多种维生素，如B族维生素、维生素K、维生素C，合成的维生素能满足羊本身的需要，如维生素D可以完全合成或部分合成，维生素E合成量有限。羊体不能合成维生素A，需要从饲料中摄取，可以通过饲喂青绿饲料来满足，一般不需要额外补充，但长期饲喂劣质干草（如黄玉米秆）会缺乏维生素A。日粮中维生素D供应不足、光照不足或消化吸收有障碍时，可导致羊钙、磷的吸收或代谢障碍，发生以骨骼发育受阻为特征的维生素D缺乏症，如软骨症或骨骼变形。

（九）饲料添加剂

1. 什么是饲料添加剂？ 饲料添加剂是在配合饲料中加入的各种微量成分，其作用是完善饲料的营养成分，提高饲料的利用率，促进生长和预防疾病，减少饲料在贮存期间的营养损失，改善产品品质。常用的有补充饲料营养成分的添加剂，如氨基酸、矿物质和维生素；促进饲料利用和有保健作用的添加剂，如生长促进剂、驱虫剂和助消化剂等；防止饲料品质降低的添加剂，如抗氧化剂、防霉剂、结剂和增味剂等。

2. 营养性饲料添加剂使用中应注意哪些事项？ 为确保维生素、矿物元素、氨基酸单体等营养性饲料添加剂的使用效价，应选用有国家批文的产品，使其有害元素的含量低于行业标准。若使用复合维生素、矿物元素产品，应严格按产品说明逐级预混添加。考虑维生素与矿物微量元素混合效价降低的同时，也要预防微量营养素过量添加产生的中毒反应或生长阻滞。使用成品预混料，应根据不同的饲养阶段选用不同的产品。

（十）配合饲料

1. 什么是配合饲料？ 配合饲料是指在动物的不同生长阶段、不同生理要求、不同生产用途的营养需要，以及以饲料营养价值评定的试验和研究为基础，按科学配方把多种不同来源的饲料，依一定比例均匀混合，并按规定的工艺流程生产的饲料。

2. 配合饲料是怎样分类的？ 按营养成分和用途，配合饲料可分为：全价配合饲料、浓缩饲料、精饲料混合料、添加剂预混料、超级浓缩料、混合饲料、人工乳或代乳料。

按饲料形状，配合饲料分为：粉料、颗粒料、破碎料、膨化饲料、扁状饲料、液体饲料、漂浮饲料、块状饲料。

三、饲喂注意事项

1. 如何合理搭配绵羊的饲草料?

(1) 遵循青粗为主、精饲料为辅、先粗后精的饲养方法 避免两种倾向：一种认为羊是草食动物，只给喂草，不喂精饲料也能养好，结果造成羊的生长缓慢，生产性能下降，效益差；另一种认为要使羊快长高产，饲喂大量精饲料，甚至不喂青粗饲料，结果导致消化道疾病，甚至死亡，饲养成本增高。

(2) 合理搭配，力求多样 由于羊生长快、繁殖力高、体内代谢旺盛，因此需要从饲料中获得多种养分。多种饲料合理搭配，实现饲料多样化，可使各种养分取长补短，以满足羊对各种营养物质的需要，获得全价营养。

(3) 注意品质，科学调制 注意饲料品质，不喂霉烂变质、不喂打过农药、不喂有毒有害的饲料，是减少羊病和羊死亡的重要前提。对各种饲料按不同的特点进行合理调制，可提高消化率和减少浪费。籽实类、油饼类饲料和干草，喂前宜经过粉碎，粉料应加水拌湿饲喂，有条件的最好加工成颗粒饲料。块根、块茎类饲料应洗净、切碎，单独或跟精饲料一起饲喂。

(4) 更换饲料，逐渐过渡 更换饲料时，无论是饲料数量的增减或饲料种类的改变，都必须坚持逐步过渡的原则。变化前应逐渐增加新换饲料的比例，每次不宜超过1/3。否则可引起消化机能紊乱，导致肠胃疾病或出现腹泻。

(5) 定时定量，看羊喂料 每天喂羊，要定次数、定时间、定顺序和定数量，每天喂2～3次，饮水1～2次。以养成羊定时采食、休息和排泄的习惯，有规律地分泌消化液，促进饲料的消化吸收。喂料的顺序、次数、数量，应根据品种、羊的月龄、不同生理状况、季节、气候、粪便等情况作适当调整。如羝羊、幼羊消化力弱，生长发育快，就必须做到少吃多餐。

(6) 保证饮水，注意卫生 日供水量可根据家羊的年龄、生理状态、季节和饲料特点而定。羔羊处于生长发育旺期，饮水量往往高于成年羊；妊娠母羊需水量增加，尤其是产后易感口渴；当喂给较多青饲料时，羊的饮水量可能减少，但绝不能不供水。集约化养羊场使用颗粒料喂羊，最好采用自由饮水；在农村，也可就地取材，如用瓷盅、瓦罐、石碗、竹槽等代作饮水器，随时保证供给羊清洁的饮水，特别要注意随时清洗饮水器，防止细菌滋生。

2. 羊饲喂饲草料时应注意哪些事项?

① 做好饲草、饲料的贮备工作，保障供给，同时要选用良好的饲草调制和贮存方法，以保证饲草料的质量。

② 喂草喂料时，应准备简单草架和饲槽，减少饲草的浪费，以提高饲料的利用率。饲喂胡萝卜、马铃薯、甜菜等块茎块根多汁饲料时，均要洗掉污泥等杂质，切碎后饲喂。不论干草、青贮或多汁饲料，如有霉烂变质，均不可用来饲喂羊只。

③ 不论实行何种饲养方式，都应该做到精粗饲料定时饲喂。如是放牧饲养的绵羊，应实行早晚两次补饲，即早晨放牧前饲喂干草，傍晚时再饲喂精饲料，然后才给予适量的秸秆。

④ 圈养的绵羊在夏季、秋季主饲豆科青草，如苜蓿、毛苕子、草木樨等，要经切碎后饲喂。

⑤ 育肥羊舍应保持通风、干燥、温暖、卫生，并配备简易食槽、草架及饮水设施。如条件允许，可对羔羊育肥圈舍加盖塑料棚进行暖棚饲养。

⑥ 棚圈必须勤打扫、勤垫土。完全舍饲育肥者，每日饮水两次，一般在上午、下午各一次。对放牧羔羊，一定要选较近的优良草地，不可游走太远，以免能量消耗过大。

3. 舍饲羊如何进行补饲？

① 应用预混料、精饲料补充料和全价混合日粮配方，适时补给氮、硫、蛋白质和能量，以确保绵羊生产性能的正常发挥。

② 采取定时定量、少给勤添、先粗后精的饲喂方式。

③ 粗饲料应该铡短，但不要制成草粉饲喂；精饲料也不能整粒饲喂，但也不可粉碎得过细。草料过细不但会降低适口性，还会因通过消化道过快而降低消化率。

4. 如何降低常见饲料原料中的有毒有害物质？ 部分饲料原料中存在有毒有害物质，这些物质降低了饲料的可利用性。在饲料生产中可以通过不同方式降低有毒有害物质含量或将其完全除去，从而提高饲料的可利用性。

例如，在豆科饲料中往往自然存在一些能抑制蛋白酶活性的蛋白酶抑制剂，可以通过加热处理的方式使这类酶抑制剂失去活性；单宁是高粱中存在的一种主要抗营养因子，可以通过机械脱壳、水浸或煮沸、碱液处理、氨化法等脱单宁处理方法降低高粱中的单宁含量；影响棉籽饼粕这一饲料资源潜力发挥的因素是棉酚，生产中可以运用化学去毒法、加热处理法和微生物发酵法降低棉籽饼粕中的棉酚含量，从而可以使之更好地应用于饲料生产。

5. 如何处理饲料中的抗营养因子？ 饲料中抗营养因子的研究是目前国际国内动物营养和饲料科学方面的一个十分活跃的领域。生产实践证明，饲料中的抗营养因子可导致饲料营养价值降低，甚至使畜禽中毒死亡，可造成巨大的经济损失。

饲料中营养成分的消化、吸收和利用受到两方面因素的影响：一方面是动物消化道内缺乏合适的消化酶；另一方面是饲料中存在一些阻碍营养成分消化、吸收和利用的物质即抗营养因子。

饲料中存在多种抗营养因子，对动物健康和生产性能产生不利影响。根据对热的反应，将饲料中的抗营养因子分为两大类：热不稳定抗营养因子和热稳定抗营养因子。热不稳定抗营养因子主要有胰蛋白酶抑制因子、植物凝集素、脲酶等；热稳定性抗营养因子主要有抗原性蛋白（球蛋白和β-聚球蛋白）、非淀粉多糖、寡糖、植酸盐等。加热能改善饲料的营养价值，这主要是由于胰蛋白酶抑制因子和凝集素被加热而变性，而热处理不能使某些抗营养因子，如抗原蛋白、低聚糖、植酸盐等失活。

抗营养因子的失活目前常用的加工处理方法主要有物理法、化学法、生物法等。

四、全混合日粮

1. 什么是全混合日粮？ 全混合日粮（total mixed rations，TMR）是一种将粗饲料、精饲料、矿物质、维生素和其他添加剂充分混合，能够提供足够的营养以满足羊需要的饲养技术。TMR 饲养技术在配套技术措施和性能优良的 TMR 机械的基础上能够保证羊每采食一口日粮都是精粗比例稳定、营养浓度一致的配合日粮。

2. 全混合日粮饲养工艺有哪些优点？

① 粗饲料均匀混合，避免羊只挑食，维持瘤胃 pH 稳定，防治瘤胃酸中毒。羊单独采食精饲料后，瘤胃内产生大量的酸，而采食有效纤维能刺激唾液的分泌，降低瘤胃的酸度，有利于瘤胃健康。

② TMR 日粮为瘤胃微生物同时提供蛋白、能量、纤维等均衡的营养物质，加速瘤胃微生物的繁殖，提高菌体蛋白的合成效率。

③ 增加羊干物质采食量，提高饲料转化效率。

④ 充分利用农副产品和一些适口性差的饲料原料，减少饲料浪费，降低饲料成本。

⑤ 简化饲喂程序，减少饲养的随意性，使管理的精准程度大大提高。

⑥ 实行分群管理，便于机械饲喂，提高劳动生产率，降低劳动力成本。

3. 全混合日粮饲养技术要点有哪些？

(1) 拌料顺序 TMR 的配制要求所有原料均匀混合，青贮饲料、青绿饲料、干草需要专用机械设备进行切短或揉碎。为了保证日粮营养平衡，要求有性能良好的混合和计量设备。其拌料顺序依次为：粗饲料（野干草、羊草、苜蓿草等）→糟类（糖糟、啤酒糟等）→精饲料类（包括添加剂）→干粕类→青贮玉米→水。

（2）投料　TMR通常由搅拌车进行混合，并直接送到羊的饲料槽中，需要一次性投入成套设备，设备成本较高。投料按日粮方案，必须力求准确，这点非常关键。

（3）搅拌时间　一般情况下边投料边搅拌，耗时7～8分钟，投料完毕再搅拌3～4分钟。具体情况根据车辆内刀片磨损程度及粗饲料的长短予以调节，原则是要防止搅拌不均和拌得过细过烂。

（4）营养浓度控制　每周应对副料、青贮玉米等水分变化较大的饲料和完全混合日粮进行一次湿度测试，湿度要求在50%～60%，偏湿偏干的日粮均会限制采食量。每月对全混合日粮进行营养成分分析，随时监控日粮的质量。

五、饲料配方

1. 绵羊的饲料配方设计有哪些计算方法？　绵羊常用的饲料配方设计计算方法包括手工法和电子计算机法。其中手工法又分为代数法、方框法等。电子计算机设计法的原理是采用线性规划、目标规划和模糊线性规划，将绵羊对营养物质的最适需要量和饲料原料的营养成分及价格作为已知条件，把满足动物营养需要量作为约束条件，再把最小饲料成本作为配方设计的目标函数。电子计算机设计法是目前最先进也是使用最广泛的饲料配方设计方法。

其中借助计算器的手算法较为普遍，常用的有试差法（又称为凑数法）、交叉法（又称四角法、方形法、对角线法或图解法）、联立方程法、线性规划法（又简称LP法）、多目标规划法、影子价格、灵敏度分析、安全裕量线性模型、模糊线性规划法、非线性的概率配方设计等。

2. 绵羊饲料配方设计的原则有哪些？　饲料配方的设计涉及许多制约因素，为了对各种资源进行最佳分配，配方设计应基本遵循以下原则。

（1）科学性原则　饲养标准是对动物实行科学饲养的依据，因此经济合理的饲料配方必须根据饲养标准所规定的营养物质需要量的指标进行设计。在选用的饲养标准基础上，可根据饲养实践中动物的生长或生产性能等情况作适当的调整。一般按动物的膘情或季节等条件的变化，对饲养标准作适当的调整。

（2）经济性和市场性原则　经济性即考虑经济效益。饲料原料的成本在饲料企业中及畜牧业生产中均占很大比重，在追求高质量的同时，往往会付出成本上的代价。营养参数的确定要结合实际，饲料原料的选用应注意因地制宜和因时制宜，要合理安排饲料工艺流程和节省劳动力消耗，降低成本。

（3）可行性原则　即生产上的可行性。配方在原材料选用的种类、质量稳定程度、价格及数量上都应与市场情况及企业条件相配套。产品的种类与阶段划分除应符合养殖业的生产要求外，还应考虑加工工艺的可行性。

（4）安全性与合法性原则 按配方设计出的产品应严格符合国家法律法规及条例，如营养指标、感观指标、卫生指标、包装等。尤其是违禁药物及对动物和人体有害物质的使用或含量应强制性遵照国家规定。

（5）逐级预混原则 为了提高微量养分在全价饲料中的均匀度，原则上讲，凡是在成品中的用量少于1%的原料，均首先进行预混合处理。

第三节 不同生产阶段的饲喂技术

一、羊的基本生活习性

1. 绵羊有什么样的生活习性和行为特点？

（1）较强的合群性 绵羊受到侵扰时，会互相依靠和拥挤在一起。驱赶时，有跟“头羊”的行为和发出保持联系的叫声。但由于群居行为强，羊群间距离近时容易混群。

（2）爱清洁 羊喜吃干净的饲料，饮清凉卫生的水。草料、饮水一经污染或有异味，羊就不愿采食、饮用。因此，在舍内补饲时，应少喂勤添，以免造成草料浪费。平时要加强饲养管理，注意绵羊饲草饲料的清洁卫生。饲槽要勤扫，饮水要勤换。

（3）适宜在干燥、凉爽的环境中生活 羊舍潮湿、闷热，牧地低洼潮湿时，都容易使羊感染寄生虫病和传染病，导致羊毛品质下降，腐蹄病增多，影响羊的生长发育。

（4）性情温驯，胆小易惊 绵羊性情温驯，自卫能力差。受突然的惊吓，就容易“炸群”。羊一受惊就不易上膘，管理人员平常对羊要和蔼，不应高声吆喝、扑打，以免使羊受到惊吓。

（5）嗅觉灵敏 母羊主要凭嗅觉鉴别自己的羔羊，视觉和听觉起辅助作用。分娩后，母羊会舔干羔羊体表的羊水，并熟悉羔羊的气味。羔羊吮乳时母羊总要先嗅一嗅羔羊的后躯部，通过气味识别是不是自己所产的羔羊。利用这一特点，寄养羔羊时，只要在被寄养的孤羔和多胎羔羊身上涂抹保姆羊的羊水，寄养多会成功。个体羊有其自身的气味，一群羊有群体气味，一旦两群羊混群，羊可由气味辨别出是否是同群的羊。在放牧中一旦离群或与羔羊失散，羊会靠长叫声互相呼应。

（6）抗病力较强 一般来说，粗毛羊的抗病力比细毛羊和肉用品种羊要强，山羊的抗病力比绵羊强。体况良好的羊只对疾病有较强的耐受能力，病情较轻时一般不表现症状，有的甚至临死前还能勉强跟群吃草。因此，在放牧和舍饲管理中必须细心观察，才能及时发现病羊。如果等到羊只已停止采食或反刍时再进行治疗，效果往往不佳，会给生产带来很大损失。

2. 山羊有什么样的生活习性和行为特点？

① 山羊活泼、好动、喜攀登高，除了采食、反刍外，大部分时间都在活动，尤其是羔羊更显活泼好动。在山区绵羊不敢攀登陡坡和悬崖，而山羊则行动自如。

② 喜食新鲜草料。

③ 山羊比绵羊耐热耐湿，特别是分布在南方省区的山羊更是如此。

④ 抗病力强，少有患病。

⑤ 胆大易调教，山羊行动敏捷顽强，对外界反应敏感，易于领会人意，故易于训练，常用山羊作领头羊。

⑥ 合群性强，不论放牧或反刍卧息，都喜欢群居。

二、公羊的饲养管理

1. 种公羊的饲养管理要求是什么？ 种公羊饲养的好坏，对提高绵羊羊群品质、外形、生产性能和繁育育种关系很大。对种公羊必须精心饲养管理，要求常年保持中上等膘情。健壮的体质、充沛的精力、旺盛的精液品质，能保证和提高种羊的利用率。种公羊的饲料要求是营养价值高，有足量的蛋白质、维生素和矿物质，且易消化，适口性好。对配种任务繁重的优秀公羊，可补动物性饲料。

2. 种公羊非配种期如何饲养？ 为完成配种任务，非配种期就要加强饲养，加强运动，有条件时要进行放牧，为配种期奠定基础。配种期以前体重要比配种旺季增加10%～15%，如完不成该指标，配种就要受到影响。在非配种期，除放牧外，冬季每日一般补喂精饲料0.5千克、干草3千克、胡萝卜0.5千克、食盐5～10克、骨粉5克；夏季以放牧为主，适当补加精饲料，每日喂3～4次，饮水1～2次。

3. 种公羊配种期如何饲养？ 配种期饲养分配种预备期（配种前1～1.5个月）和配种期两个阶段。配种预备期应增加饲料量，按配种喂量60%～70%给予，逐渐增加到配种期的精饲料给量。饲料品质要好，必要时可补喂一些鱼粉、鸡蛋、羊奶，以补充配种时期大量的营养消耗。配种期如蛋白质量不足，品质不良，会影响公羊性能、精液品质和受胎率。配种期每日饲料定额大致为：混合精饲料1.2～1.4千克、苜蓿干草或野干草2千克、胡萝卜0.5～

1.5千克、食盐15～20克、骨粉5～10克、血粉或鱼粉5克。分2～3次给草料，饮水3～4次。每日放牧或运动时间约6小时。种公羊要远离母羊，不然母羊一叫，公羊就站在门口或爬在墙上，东张西望，影响采食。种公羊舍应选择通风、向阳、干燥的地方。每只公羊约需面积2米^2。夏天高温、潮湿时，对精液品质会产生不良，这时期应在凉爽的高地放牧，在通风良好的阴凉处歇宿。

三、母羊的饲养管理

1. 空怀期母羊如何饲养管理？ 繁殖母羊空怀期的饲养应引起足够重视，这一阶段的营养状况对母羊的发情、配种、受胎及以后的胎儿发育都有很大关系。在配种前1～1.5个月要给予优质青草，或到茂盛牧草的牧地放牧。据羊群及个体的营养情况，给以适量补饲，保持羊群有较高的营养水平。

2. 妊娠期母羊如何饲养管理？ 妊娠前期（约3个月）因胎儿发育较慢，需要的营养物质少，一般放牧或给予足够的青草，适量补饲即可满足需要。妊娠后期是胎儿迅速生长之际，初生重的90%是在母羊妊娠后期增加的。若这一阶段营养不足，羔羊初生重小，抵抗力弱，极易死亡。且因膘情不好，到哺乳阶段没做好泌乳的准备而会出现缺奶。此时应加强补饲，除放牧外，每只羊每天需补饲精饲料450克、干草1～1.5千克、青贮料1.5千克、食盐和骨粉各15克。给怀孕母羊的必须是优质草料，同时要注意保胎。发霉、腐败、变质、冰冻的饲料都不能饲喂，不饮温度很低的水。管理上要特别精心，出牧、归牧、饮水、补饲都要有序慢稳，防止拥挤、滑跌，严防跳崖、跳沟，以防造成不应有的损失，因此应尽可能选平坦的牧地放牧。特别应注意，不要无故捕捉、惊扰羊群，及时阻止羊间角斗，以防造成流产。

3. 如何给母羊接产？

① 母羊卧在平坦或前高后低处，便于产羔。

② 母羊努责时，接产者抓住羔羊顺势轻拉。接着撕断脐带（距腹约3.3厘米），挤出血水，用碘酒消毒，经防出现破伤风等。

③ 让母羊舐干羔羊，以增强其保姆性和利于胎衣排出，必要时可用干净垫草协助轻擦羔体多量的黏液和胎水。冬、春和晚秋产羔时产房需保温外，其他季节不必生火保温。

④ 剥去胎蹄，让羔羊站起，人工协助其吃第一口奶，半小时后称下初生重量。

⑤ 多胎的小尾寒羊每羔产出时间间隔不等，快则几分钟，慢则近1小时或更长，待最后一羔产出后，给母羊饮温水、盐水，5天之内不饮冷水。精饲

料逐渐增多，到第 10 日达规定量，以后酌情增加精饲料量。

⑥ 给羔羊在 5 日内注射破伤风类毒素或抗毒素。

4. 哺乳期母羊如何饲养管理？ 母乳是羔羊生长发育所需营养的主要来源，特别是产后头 20～30 天，母羊奶多，羔羊发育好，抗病力强，成活率高。如果母羊养得不好，消瘦，产奶量少，会影响羔羊的生长发育。

刚产后的母羊腹内空虚，体质衰弱，体力和水分消耗很大，消化机能较差，要给其饲喂易消化的优质干草，饮盐水、麸皮汤。虽然青贮饲料和多汁饲料有催奶作用，但不可给得过早、太多。产后的 1～3 天内，如果母羊膘情好，可给其少喂精饲料，以喂优质干草为主，防止出现消化不良或发生乳房炎。

哺乳前期，一般哺乳母羊每天需补混合精饲料 500 克、苜蓿干草 3 千克、胡萝卜 1.5 千克。冬季尤其要注意补充胡萝卜等多汁饲料，确保奶汁充足。

哺乳后期，母羊泌乳能力逐渐下降，且羔羊能自己采食饲草和精饲料，不依赖母乳生存，对母羊的补饲标准可降低，一般精饲料可减至 0.3～0.45 千克、干草减至 1～2 千克、胡萝卜减至 1 千克。

羔羊吃奶时，要防止其将奶吃偏。羔羊吃的次数多的乳房，以后奶包小；吃的次数少的乳房，以后奶包大。乳房过大或过小、乳房下垂，均影响羔羊吃奶。要人为控制羊，使其将母羊两侧乳房的奶吃得均匀，保持母羊奶头大小、高低适中。

母羊和羔羊放牧时，时间要由短到长，距离由近到远，要特别注意天气变化。

断奶前要减少母羊多汁饲料、青贮料和精饲料的喂量，防止发生乳房炎。母羊圈舍，要勤换垫草，经常打扫，污物要及时清除，保持清洁干燥。

四、育成羊的饲养管理

1. 育成羊是哪个阶段的羊只？ 育成羊是指羔羊从断奶后到第一次配种的公、母羊，在 3～18 月龄，其特点是生长发育较快，营养物质需要量大。如果此期营养不良，就会显然影响以后的生长发育，从而形成个头小、体重轻、四肢高、胸窄、躯干浅的体型。同时还会使体型变弱、被毛疏落且品格不良、性成熟和体成熟推延、不能按时配种，而且会影响一生的生产性能，甚至失去种用价值。

2. 育成羊如何饲养管理？ 羔羊断乳以后，按性别、大小、强弱分群，加强补饲，按饲养标准采取不同的饲养计划，按月抽测体重，依据增重情况调整饲养计划。羔羊在断奶组群放牧后，仍需延续补喂精饲料，补饲量要依据牧草情况决定。

刚断奶整群后的育成羊，正处在早期发育阶段，这一时期是育成羊生长发育最旺盛时期，而且此时也正值夏季青草期。应充分利用青绿饲料，因为其营养丰盛全面，十分有利于增进羊体消化器官的发育，能够培养出个体大、身腰长、肌肉均匀、胸围圆大、肋骨之间距离较宽、全部内脏器官发达，而且具备各类型羊体型外貌的特点。因此夏季青草期应以放牧为主，少量补饲。放牧时要留意训练头羊，节制好羊群，不要养成好游走、挑好草的不良习惯。放牧距离不可过远。在春季由舍饲向青草期过渡时，正值北方牧草返青时期，应节制育成羊跑青。放牧要先阴后阳（先吃枯草树叶后吃青草），节制游走，增长采草时间。

在枯草期，尤其是第一个越冬期，育成羊还处于生长发育时期，而此时饲草干涸、营养品格拙劣，加之冬季时间长、气候冷、风大、耗费能量较多，因此需要摄取大批的营养物质能力抵挡寒冷的侵袭，保障生长发育，必须加强补饲。在枯草期，除坚持放牧外，还要保证有足够的青干草和青贮料。精饲料的补饲量应视草场情况及补饲粗饲料情况而定，通常每天喂混杂精饲料 0.2～0.5 千克。因为公羊通常生长发育快，需要营养多，所以要比母羊多喂些精饲料，同时还应留意对育成羊补饲矿物质，如钙、磷、盐及维生素 A、维生素 D。

对于舍饲饲养的育成羊，若有品格优质的豆科干草，其日粮中精饲料的粗蛋白以 12%～13%为宜。若干草品格通常，可将粗蛋白质的含量提高到 16%。混杂精饲料中能量以不低于全部日粮能量的 70%～75%为宜。

五、羔羊的饲养管理

1. 羔羊如何饲养管理？ 出生至断奶（一般为 3.5～4 月龄）这一阶段的羊叫羔羊。羔羊是一生中生长发育最快的时期，羔羊的消化机能还不完善，对外界适应能力差，且营养来源从血液、奶汁到草料的过程，变化很大。羔羊的发育又同以后的成年羊体重、生产性能密切相关。因此，必须高度重视羔羊的饲养管理，把好羔羊培育关。

2. 羔羊饲养的关键点是什么？

① 羔羊出生后 1～3 日内，一定要让其吃上初乳。初乳系指母羊分娩后 1～3 日内分泌的乳。初乳不同于正常的乳，初乳黄色浓稠，含丰富的蛋白质、脂肪；氨基酸组成全面；维生素较为齐全和充足；含矿物质较多，特别是镁多，有轻泻作用，可促进胎便排出；抗体含量多，是一种自然保护品，具有抗病作用，能抵抗外界微生物侵袭。初乳对羔羊的生长发育和健康起着特殊而重要的作用。初乳没吃好，将给羔羊带来难以弥补的损失。

② 羔羊吃上3天初奶后，一直到断奶是哺喂常乳阶段。羔羊生后数周内主要靠母乳为生。首先要加强哺乳母羊的补饲，适当补加精饲料和多汁饲料，保持母羊良好的营养状况，促进泌乳力，使其有足够的乳汁供应。要照顾好羔羊吃好母乳，对一胎多羔羊力求均匀哺乳，防止强者吃得多，弱者吃得少。

③ 为了使羔羊生长发育快，生长性能好，除吃足初乳和常乳外，还应尽早补饲。这不但使羔羊获得更完善的营养物质，还可以提早锻炼羔羊胃肠的消化机能，促进胃肠系统的健康发育，增强体质。小尾寒羊生后1周，开始跟着母羊学着吃嫩草和饲料。在羔羊10～15日龄后开始给予鲜嫩的青草和一些细软的优质干草、叶片，也可将草打成小捆，挂在高处羔羊能够吃到的架上，供其随时舔食。为了能让羔羊尽快吃料，最初可把玉米面和豆面混合煮成稀粥或搅入水中让羔羊饮食；也可将炒过的精饲料盛在盆内，使羔羊先闻其香，再舔食；或将精饲料粉料涂在羔羊嘴上，让其反复磨食，等其嗅到味香尝到甜头后就会和大羊一样抢着吃料。

3. 羔羊是否可以随母羊放牧饲养？ 羔羊适当运动，可增强体质，提高抗病力。初生羔最初几天在圈内饲养5～7天后可以到日光充足的地方自由活动。初晒半小时至1小时，以后逐渐增加，3周后可随母羊放牧。开始走近些，选择地势平坦、背风向阳、牧草好的地方放牧。以后逐渐增加放牧距离，母羔同牧时走得要慢，羔羊不恋群，注意不要丢羔。30日龄后，羔羊可编群放牧，放牧时间可随羔羊日龄的增加逐渐增加。不要去低湿、松软的牧地放牧，羔羊舔啃松土易得胃肠病，在低湿地易得寄生虫病。放牧时注意从小就训练羔羊听从口令。

4. 羔羊什么时侯断奶合适？ 羔羊断奶时，应根据生长发育情况科学进行。发育正常的羔羊，3～4月龄已能采食大量牧草和饲料，具备了独立生活能力，可以断乳转为育成羔。如果羔羊发育比较整齐一致，则可采用一次性断奶。若发育有强有弱，可采用分次断奶法，即强壮的羔羊先断奶，弱瘦的羔羊仍继续哺乳，断奶时间可适当延长。断奶后的羔羊留在原圈舍里，母羊关入较远的羊舍，以免羔羊念母，影响采食。断奶应逐渐进行，一般经过7～10天完成。开始断乳时，每天早晨和晚上仅让母羔一起哺乳2次，以后改为哺乳1次。

5. 羔羊早期断奶的好处有哪些？ 一般情况下，羔羊的正常断奶时间为4月龄。早期断奶可以使母羊尽快复壮，使母羊早发情、早配种，提高母羊的繁殖率；也可以促使羔羊肠胃机能尽快发育成熟，增加对纤维物质的采食量，提高羔羊体重和节约饲料。羔羊在3月龄起，母乳只能满足羔羊营养需要的一小部分。早期断奶时间要视羔羊体况而定，一般为2～3月龄。

6. 羔羊早期断奶的技术要点主要有哪些?

(1) 尽早补饲 羔羊出生后一周开始跟着母羊学吃嫩叶或饲料，15～20日龄就要开始设置补饲栏训练其吃青干草，以促进瘤胃发育。1月龄后让其采食开食料，开食料为易消化、柔软且有香味的湿料。并单设补充盐和骨粉的饲槽，促其自由采食。

(2) 逐渐进行断奶 羔羊计划断奶前10天，晚上羔羊与母羊在一起，白天将母羊与羔羊分开，让羔羊在设有精饲料槽和饮水槽的补饲栏内活动。羔羊活动范围的地面等应干燥、防雨、通风良好。

(3) 防疫 羔羊育肥常见的传染病有肠毒血病和出血性败血病等，可用三联四防灭活干粉疫苗在产羔前给母羊注射预防，也可在断奶前给羔羊注射。

7. 羔羊缺奶的补饲方法有哪些? 对于无奶吃的羔羊，可用鲜鸡蛋、鱼肝油、食盐三种物品，与开水兑到一起搅拌均匀饲喂。对于少奶的羔羊，可用挤下的羊奶与以上物质混合饲喂，效果更好。

其具体方法为：鲜鸡蛋1个、鱼肝油4毫升或1粒、食盐2克、开水100毫升，把鲜鸡蛋、鱼肝油、食盐共入一杯，冲入开水搅拌均匀，待凉至38～40℃时即可给羔羊饲喂。出生后7天内的羔羊，每日应补喂4～6次，每次50毫升，或者是每日喂量为初生重的1/5～1/4，以后逐日增加。到生后第8天，喂量可增加到0.8～1.0千克。随着羔羊的不断长大，15天左右开始训练其吃草吃料，并可逐渐减掉鱼肝油。1个月后逐步减少喂量，增加补饲草料。

六、羔羊的育肥

1. 如何进行育肥羊的生产管理? 育肥羊羊舍，要求通风干燥，夏季能遮雨挡光，冬季能躲避风雪。每只羔羊占羊舍面积0.8～1.5米^2，运动场1.6～2米^2。进羊前先清扫，再用石灰或消毒液喷洒消毒。

选择3～4月龄断奶的杂交代公羔作为育肥羊，体重在18～20千克以上，健康无病、被毛光顺、上下颌吻合好。选留的羔羊应在断奶前去势、驱虫、免疫，并按月龄、体格、体重和强弱分组、分栏，每栏8～10只。定期称重，为调整配料配方和饲养管理提供依据。

2. 如何进行羔羊育肥? 羔羊育肥分预饲期和育肥期。

(1) 预饲期（20～30天） 每只绵羊每天添加的配合饲料由50克增加到250克，分早晚2次饲喂，配合饲料以玉米、豆粕、麸皮为主，添加5%的酵母蛋白、3%磷酸氢钙、2%食盐和4%牛（羊）预混料添加剂，粗蛋白质达到16%。因羔羊采食能力弱，牧草幼嫩，干物质和粗蛋白质含量低，故应在中午1时和晚上10时，再添加优质青干草和青草，以满足羔羊生长发育所需。

（2）育肥期（100～200 天） 羔羊 5 月龄开始育肥，放牧时间控制在 6 小时左右，避免吃露水草和防止日射病。前期 60 天左右，根据草场的牧草质量等情况，决定添加青干草量，精饲料由 250 克逐渐增加到 400 克。育肥后期为了促进脂肪沉积，提高肌肉的色泽和品质，应适当减少放牧时间，增加精饲料用量，精饲料增加至 500 克。

3. 育肥羔羊何时出栏最好？ 当羔羊日龄超过 8 个月、体重达到 35 千克左右、增重缓慢时，应及时出栏屠宰；对体重达不到 30 千克的羔羊，可适当延长育肥期，但不宜超过 10 月底。

七、四季饲养的管理特点

1. 春季饲养有哪些注意事项？ 春季是绵羊疫病高发期，为防治羊肺炎应注射羊四联疫苗（即快疫、猝死、羊痢、肠毒），圈舍、用具等要用甲醛、石灰粉等消毒一次。补精饲料，羔羊 200 克、母羊 250 克、公羊 600 克，孕羊适当多补。注意保暖，放牧宜晚出早归，谨防羊吃到毒青草。

2. 夏季饲养有哪些注意事项？ 抓紧时间进行剪毛，注意舍内通风，切忌潮湿、拥挤。及时清除舍中粪草，防羊受热。至霜降每天早晨清扫圈舍并注意粪中有无血丝和寄生虫。舍内注意通风并彻底消毒一次。羊吃饱青草后，体力瘦弱羊和孕羊一般不再日补精饲料但也不应骤停应渐减之。放牧应早、晚放牧，避开中午温度最高时期，并备好草料以备阴雨天喂羊。

3. 秋季饲养有哪些注意事项？ 秋季是羊发情配种时期，抓紧放牧积累营养以备越冬。深秋气候转凉，草已枯黄，天短夜长，放牧时间不够用，只靠白天放牧羊吃不饱，应适当延长放牧时间。下霜后要晚出晚归，使每只羊都能吃上草、吃得饱。秋收后，要及时把羊群赶到收过庄稼的地里，遛秋茬，捡食杂草和散落的粮食。这样结合起来，就能使羊群尽快增膘复壮，为安全过冬打个好基础。不吃雪草，以防流产。冬至加紧补草补料，特别是对怀孕母羊，每只羊要贮备 400 千克越冬草。

饮水的温度：若水的温度低于羊的体温，水要吸收羊本身由饲料转化来的热量，达到与体温一致时才发挥作用，这样会降低饲料的利用率。因此，冬春季节羊饮水的温度最好以 20～30 ℃为宜。

饮水的形式：为了促进羊只多喝水、喝足水，应给羊饮用精饲料水。方法是：先用开水把精饲料冲开，并搅拌均匀，使之变成糊状，然后兑上一定数量的凉水，搅拌均匀给羊饮用即可。

4. 冬季饲养有哪些注意事项？ 羊是草食动物，应以喂草为主，为保住羊冬季不掉膘，就要给其备足过冬的草料，这是保证羊群过冬的物质基础。精饲料中，玉米、大麦、麸皮、饼粕和农副产品酒糟等都是喂羊的好饲料，但要搭配喂，做到多样化。

入冬前一定要把羊圈修缮好，羊舍要保暖，防止贼风侵入，门窗要用塑料薄膜封闭好，夜间挂草帘，地面要干燥，不上冻，防止阴冷潮湿。因为羊舍多处透风、过冷，羊体养料的消耗就要增加，即使喂得再好，也难保冬膘。因此，减少羊体损失热量最有效的办法就是修好暖舍。在严寒的冬季，只要让羊住进温暖的圈舍里，就能大大减少羊体热量的散失，避免羊着凉，防止感冒，这样羊过冬也就有了保证。

冬季羊大多已怀孕，天气虽冷，但也不能总在圈里卧着不动。这对孕羊和胎儿生长发育都不利，应结合放牧进行适当的运动，另外还节省饲草。冬牧羊群，应在背风向阳、低洼暖和的沟里放牧，以防大风侵袭。冬牧羊应晚出早归，要顶风出牧，顺风归牧，因为晚出早归是一天中较暖的一段时间。冬季放牧牧草枯黄，适口性差，白天放牧吃不饱，晚上回来要喂夜食补料。羊是反刍动物，消化能力强，可加喂夜草和补喂精饲料并适量加喂矿物质饲料，以满足种羊、孕羊和胎儿营养的双重需要。进入冬季，天寒雪大路滑，正是母羊怀孕期，要注意保胎。放牧时要注意防惊吓、跌滑，不走陡坡，不过沟，不走险路。禁止野狗干扰，以免惊群炸群。孕羊出入圈门防止拥挤、挤压和顶架，以保证孕羊安全，避免流产。放牧孕羊，不要离家太远，防止其过累或产羔。遇有大风雪天，可不出牧，以保证孕羊的安全和顺利分娩。

八、繁殖管理

1. 营养物质供给对绵羊的繁殖有什么影响？ 营养物质对羊正常生理机能的发挥是必需的，对羊的繁殖有直接或间接的影响。临床上常见的营养缺乏导致的繁殖障碍原因有饲料料量不足、蛋白质缺乏、维生素缺乏和矿物质缺乏等。同时，营养过剩也会使羊的生育力下降，导致羊出现营养性不育。

羊在不同的生理阶段对营养的需求不尽相同，在生长、发育及泌乳等阶段都有各自的独特需要，尤其是繁殖期间对营养条件有更严格的要求。营养缺乏时，繁殖首先受到影响。对维持正常繁殖功能来说，母羊的营养需要较公羊更为严格。通常营养物质摄入不足、过量或比例失调都可以延迟初情期，降低排卵率和受胎率，引起胚胎或胎儿死亡，产后乏情期延长。

羊在配种前及排卵前后的营养水平对胚胎生存起着关键的作用，营养水平过高或过低都会严重妨碍胚胎的生存和生长。在限制母羊的能量摄入时，体况差的青年母羊及老年母羊受到的危害最大，能延缓胚胎的发育；妊娠早期营养水平过高，则会引起血浆孕酮浓度下降，也会影响胚胎的发育，甚至引起死亡，注射外源性孕酮可以消除这种影响。

营养状况对产后母羊起着十分重要的作用。母羊产后为了泌乳、子宫恢复、维持体况及重新恢复生殖机能，对营养的需求较为迫切。如果这一阶段营养供给不足，则往往会引起不育，产后至配种间隔时间延长，出现营养性乏情。过肥的母羊不宜受孕，肥胖可引起脂肪组织在卵巢上沉积，使卵巢发生脂肪变性，临床上表现不发情。查明营养性不育的原因，必须调查其饲养管理制度，分析饲料的成分及来源。瘦弱或肥胖引起不育时，母羊往往在发生生殖机能紊乱之前就已表现出全身变化，因此不难作出诊断。饲养不当引起的不育，只要为时不长，在消除不育的原因之后，病羊的繁殖机能一般可恢复。如果长期饲养不当，特别是在发育期间，由于饲料不足、营养不良而使生殖器官受到影响，即使改善饲养往往也难使母羊的生殖机能恢复正常。

2. 营养和饲养方式对绵羊发情、妊娠有什么影响？ 绵羊是季节性繁殖动物。一般配种季节在日照缩短、气温下降的 9～11 月份，但在纬度较低而饲养管理较好的地方，也能全年发情配种。发情持续期 1～2 天，发情周期平均 17 天，妊娠期 151～152 天（142～155 天）。初生重 3.5～4.5 千克，多为单羔，但双羔和三羔亦常见。性成熟和初配年龄因品种类型和饲养管理而异：母羊 4～10 月龄性成熟，1～2 岁初配，繁殖年限 6～8 岁；公羊 5～7 月龄性成熟，18～20 月龄初配，繁殖年限 6～8 岁。适宜的配种期依当地的气候、牧草条件、母羊膘情和最适宜的接羔时间而定；同时也考虑饲料、羊舍和劳力等因素，而以产冬羔为最佳。

九、剪毛

1. 绵羊什么时候适合剪毛？ 绵羊剪毛次数：细毛羊、半细毛羊及生产同质毛的杂种羊，一年内一般只在春季进行一次性剪毛；粗毛羊和生产异质毛的杂种羊，可在春、秋季各剪毛一次。绵羊剪毛的具体时间依当地的气候条件而定。春季剪毛多在气候变暖并趋于稳定时进行。我国西北牧区春季剪毛一般在 5 月下旬至 6 月上旬进行，青藏高寒牧区在 6 月下旬至 7 月上旬进行，农区在 4 月中旬至 5 月上旬进行。秋季剪毛多在 9 月份进行。

2. 绵羊剪毛工作如何进行？ 剪毛前，应准备好剪子、磨刀石、席子、秤、碘酒和记录本等。如采用剪毛机剪毛，应先培训相关技术人员，检修机械，以保证羊毛质量。

剪毛应选择在晴天上午进行，剪毛前 12 小时停止放牧、喂料和饮水，以免在剪毛过程中粪尿弄脏羊毛或因饱腹在翻转羊体时引起胃肠扭转等。剪毛前使羊群拥挤在一起，使油汗熔化，便于剪毛。雨后因羊毛潮湿，不应立即剪毛，否则剪下的羊毛包装后易霉烂。

3. 绵羊剪毛工作场所如何准备？ 剪毛场地应根据具体条件而定。若羊群小，可采用露天剪毛，场地应高燥清洁，地面为水泥地或铺晒席，以免弄脏羊毛；羊群数量大，可设置剪毛室，要求宽敞、干净，室内光线要好。剪毛室由三部分组成，即羊只等候剪毛的待剪羊只室、剪毛室和羊毛分级包装室。剪毛时要有规格合适的剪毛台，便于剪毛技术人员操作。一般剪毛台长 2.5～3.0 米，宽 1.5～1.7 米，高 0.3～0.8 米。

4. 绵羊剪毛具体操作？ 绵羊剪毛方法步骤：首先，使羊左侧卧在剪毛台或席子上，背靠剪毛员，从右后胁部开始，由后向前，剪掉腹部、胸部和右侧前后肢的羊毛。再翻羊使其右侧卧下，腹部向剪毛员。剪毛员用右手提直绵羊左后腿，从左后腿内腿到外侧，再从左后腿外侧到左侧臀部、背部、肩部，直至颈部，纵向长距离剪去羊体左侧羊毛。然后使羊坐起，靠在剪毛员两腿间，从头顶向下，横向剪去后侧颈部及右肩部羊毛，再用两腿夹住羊头，使羊右侧突出，再横向由上向下剪去右侧被毛。最后检查全身，剪去遗留下的羊毛。

5. 剪毛时应该注意哪些事项？

① 剪毛剪应均匀地靠近皮肤把羊毛一次剪下，留茬高度 0.3～0.5 厘米。若毛茬过高，也不要重剪，以免造成二刀毛，影响羊毛利用。

② 不要让粪土、草屑等混入毛被。毛被应保持完整，以利羊毛分级分等。

③ 剪毛动作要快，时间不宜太久。翻羊要轻，以免引起瘤胃臌气、肠扭转而造成不应有的损失。

④ 剪毛要小心仔细，不要剪破皮肤。万一剪破要立即涂以碘酊等消毒药消毒，或进行外科缝合，以防感染，生蛆溃烂。

⑤ 剪毛后要防止绵羊暴食，并在剪毛后的最初几天要防止雨淋和暴晒，以免引起疾病。

十、断尾

1. 绵羊断尾的目的是什么？ 绵羊断尾目的是保持羊体清洁卫生，保护羊种品质，便于配种。绵羊断尾适合长瘦尾型的绵羊品种，如纯种细毛羊、半细毛羊及其杂种羊。断尾应在羔羊出生 1 周后进行，将尾巴在距离尾根 4～5 厘米处断掉，所留长度以遮住肛门及阴部为宜。

2. 常用哪些方法对绵羊断尾？ 绵羊常用断尾方法有结扎法和热断法两种：

(1) 结扎法　结扎法就是用橡皮筋或专用橡皮圈，套在羔羊尾巴的适当部位（第 3～4 尾椎间），断绝血液流通，使下端尾巴因断绝血流而萎缩、干枯，经 7～10 天而自动脱落。此方法优点是不受条件限制，不需专门工具，不出血，无感染，操作简便，安全可靠。

(2) 热断法　术前，用带缺口的木板卡住羔羊尾根部（距肛门约 4 厘米），并用烧至暗红的断尾铲将尾切断。下切的速度不易过快，用力要均匀，使断口组织在切断时受到烧烙，起到消毒、止血的作用。尾断下后，如再有少量出血，用断尾铲烫一下便可将血止住，最后用碘酒消毒。

（杨永林　杨华　张云生）

第四章

繁殖与人工授精技术

近年来，随着国家加大对农村产业结构调整的力度，发展畜牧业已成为各级政府调整农村产业结构的重点扶持方向。大力发展畜牧业，一要依靠推广优良品种，二要依据畜牧业的科学技术进步。畜禽良种是发展畜牧业的第一要素，推广畜禽优良品种，大力发展畜牧业，是农牧民增收的主要途径。

畜禽人工授精技术是当今畜牧业生产中的一次重大新技术革命，是提高良种畜禽利用效率的有效途径。由于我国畜牧技术推广体系还不健全，尤其是新品种、新技术的推广应用还需要普及。因此，为了满足当前畜牧业的发展需要，解决繁殖与人工授精技术普及率低的技术问题，笔者在总结新疆生产建设兵团多年来人工授精推广工作取得较好成绩的基础上，吸取国内外先进的技术和经验，编写了繁殖与人工授精技术的新方法、新进展和新成绩，重点介绍了畜禽生殖器官构造及生殖生理、人工授精技术操作要点、提高人工授精受胎率的措施、动物激素应用、不孕症及繁殖疾病的治疗等，具有较强的实用性和可操作性。

（一）公羊生殖系统的构成

公羊的生殖系统包括性腺（即睾丸）、输精管道（即附睾、输精管和尿生殖道）、副性腺（即精囊腺、前列腺和尿道球腺）、外生殖器（即阴茎）。

1. 睾丸主要有哪些机能？ 睾丸的机能：一是产生精子，曲精细管的生精细胞经多次分裂后形成精子，精子随精细管的液流输出，并经直精细管、睾丸网、输出管而到附睾。二是分泌雄激素，睾丸间质细胞分泌的雄激素能激发公羊的性欲及性兴奋，刺激第二性征，刺激阴茎及副性腺的发育，维持精子的发生及附睾精子的存活。

2. 附睾的主要形态特征及主要功能？ 附睾附着于睾丸的附着缘，分头、体、尾三个部分。附睾头由10多条睾丸输出管组成，后者呈螺旋形，借结缔组织联结成若干附睾小叶。这些附睾小叶联结成扁平而略呈杯状的附睾头，贴附于睾丸的前端或上缘。各附睾小叶的管子汇成一条弯曲的附睾管。附睾体由弯曲的附睾管沿睾丸的附着缘下行逐渐变细，延续为细长的附睾体。在睾丸的远端附睾体转为附睾尾，其中附睾管弯曲减少，最后逐渐过渡为输精管。附睾是精子最后成熟的地方，也是储存精子的场所。

3. 输精管的结构和功能？ 附睾管在附睾尾端延续为输精管，在睾丸系膜内侧的输精褶中，与血管、淋巴管、神经、体睾内肌等同包于睾丸系膜内而组成精索，沿腹股沟进入腹腔，折向后进入盆腔，在生殖褶中沿精囊腺内侧向后延伸、变粗形成输精管壶腹；其末端变细，穿过尿生殖道起始部背侧壁，与精囊腺的排泄管共同开口于精阜后端的射精孔。输精管的肌肉层较厚，交配时收缩有力，能将精子送入尿生殖道。

4. 副性腺主要有哪些？ 包含精囊腺、前列腺及尿道球腺。

5. 尿生殖道的构成与功能？ 公羊的尿生殖道是尿和精液共同的排出通道，分为两部分：一是骨盆部，为一长的圆柱形管，外面包有尿道肌；二是阴茎部，外面包有尿道海绵体和球海绵体肌。在坐骨弓处，尿道阴茎部在左右阴茎脚之间稍膨大形成尿道球。射精时从壶腹聚集来的精子，在尿道骨盆部与副性腺的分泌物相混合。在膀胱颈的后方，有一个隆起即精阜，在其顶上有壶腹和精囊腺导管的共同开口。精阜主要由海绵组织构成，在射精时可以关闭膀胱颈，从而阻止精液倒流。

6. 阴茎的主要功能？ 阴茎为公羊的交配器官，主要由勃起组织及尿生殖道阴茎组成，自坐骨弓沿中线向前延伸，达于脐部。阴茎体由被侧的两个阴茎海绵体及腹侧的尿道海绵体组成。阴茎头为阴茎前端的膨大部，亦称龟头，主要由海绵体组成。

（二）母羊生殖系统的构成

母羊的生殖器官主要由卵巢、输卵管、子宫、阴道及外生殖道等部分组成。

1. 卵巢的主要构成及功能有哪些？ 母羊的卵巢是主要的生殖腺体，位于腹腔肾脏的下后方，由卵巢系膜悬在腹腔靠近体壁处，左右各 1 个，呈卵圆形，长 0.5～1.0 厘米，宽 0.3～0.5 厘米。卵巢组织分内外两层，外层叫皮质层，可产生滤泡、生产卵子和形成黄体；内层是髓质层，分布有血管、淋巴管和神经。

卵巢的功能是产生卵子和分泌雌性激素。

2. 输卵管的结构及作用有哪些？ 输卵管位于卵巢和子宫之间，为一弯曲的小管，管壁较薄。输卵管的前口呈漏斗状，开口于腹腔，称输卵管伞，接纳由卵巢排出的卵子。输卵管靠近子宫角的一段较细，称为峡部。

输卵管的功能是使精子和卵子受精结合和开始卵裂的地方，并将受精卵输送到子宫。

3. 子宫的形态结构和生理功能有哪些？ 子宫由两个子宫角、子宫体和子宫颈构成。位于骨盆腔前部，直肠下方，膀胱上方。子宫颈为子宫与阴道的通道。不发情和怀孕时子宫颈收缩得很紧，发情时稍微开张，便于精子进入。

子宫的生理功能：一是，发情时子宫借肌纤维有节律、且强而有力地收缩将精液运送至受精部位；分娩时，子宫强有力地阵缩能够顺利排出胎儿。二是，胎儿发育生长的地方，子宫内膜形成的母体胎盘与胎儿胎盘结合成为胎儿与母体交换营养和排泄物的器官。三是，在发情期前，内膜分泌的前列腺素对卵巢黄体有溶解作用，以致黄体机能减退，在促卵泡素的作用下引起母羊发情。

4. 阴道的形态结构及功能有哪些？ 阴道是交配器官和产道。前接子宫颈口，后接阴唇，靠外部 1/2 处的下方为尿道口。

生理功能是排尿，发情时接受交配，分娩时是胎儿产出的通道。

（三）生殖激素

生殖激素也叫性激素，主要包括雄性激素、雌激素和孕激素。

1. 雄性激素主要有哪些？ 雄性激素主要为睾酮及少量的脱氢异酮及雄烯二酮。

2. 雄性激素来源有哪些？ 雄性激素主要由睾丸间质细胞分泌，雌性动物由卵巢门细胞分泌。

3. 雄性激素生理作用是什么？

（1）决定生殖器的分化 雄性激素可以使外生殖器分化成阴茎，如果胚胎时期缺乏雄性激素的刺激，原始生殖器就会向雌性型转化。

（2）刺激雄性器官的发育 刺激雄性器官的发育，并使它们保持于成熟状态。阴茎、前列腺、精囊的发育增大，都需要雄激素的刺激。

（3）促进和维持性功能 公羊的性行为、性兴奋的发生和勃起的能力，都需要雄性激素作为动力。

（4）促进蛋白质合成 肌肉和骨骼的生长都需要蛋白质的合成，雄性激素能促进体内代谢的正氮平衡，故具有促进蛋白质合成的作用。

（5）对丘脑下部及脑垂体的作用 抑制丘脑下部释放促性腺激素释放激素，从而减少垂体促性腺激素的分泌。

（6）对新陈代谢的作用 有明显促进蛋白质合成的作用，增长肌肉，促进机体和骨骼的生长，可引起氯、钠、水潴留。

4. 雌性激素主要有哪些？ 主要有雌二醇、雌酮、雌三醇、马烯雌酮和马奈雌酮等。

5. 雌性激素来源有哪些？ 主要来源于卵泡内膜细胞、卵泡颗粒细胞、肾上腺皮质、胎盘和雄性动物睾丸等。

6. 雌性激素生理作用是什么？

① 可促进子宫、输卵管、阴道、外阴等生殖器官的发育和成熟，并维持其正常状态。

② 使雌性动物发生并维持第二性征。

③ 刺激卵泡发育。

④ 作用于中枢神经系统，诱导发情行为。

⑤ 刺激子宫和阴道腺体上皮增生、角质化，并分泌稀薄黏液，为交配活动做准备。

⑥ 刺激子宫和阴道平滑肌收缩，促进精子运行。

⑦ 刺激乳腺腺泡和管状系统发育，并对分娩启动具有一定作用。

⑧ 与催产素有协同作用，刺激子宫平滑肌收缩，有利于分娩。

⑨ 在泌乳期间，雌激素与催乳素有协同作用，可以促进乳腺发育和乳汁分泌。

⑩ 雌激素对雄性动物的生殖活动主要表现为抑制效应。大剂量雌激素可引起雄性胚胎雌性化，并对雄性第二性征和性行为发育有抑制作用。还可引起睾丸和附性器官萎缩，精子生成减少，雄性特征消失。

7. 孕激素主要有哪些？ 动物体内以孕酮（又称黄体酮）的生物活性最高。孕激素通常以孕酮为代表。除此之外，天然孕酮还有孕烯醇酮、孕烷二醇和脱氧皮质酮等。人工合成的孕激素有甲基乙酸孕酮（甲孕酮）、乙酸氯地孕酮（氯地孕酮）、甲地孕酮和炔诺酮等。

8. 孕激素来源有哪些？ 主要来源于卵泡内膜细胞、颗粒细胞、黄体细胞、胎盘、睾丸和肾上腺皮质。

9. 孕激素生理作用是什么？

① 孕激素能促进生殖道发育。生殖道收到雌激素的刺激而开始发育，但是必须经过孕激素作用后，才能发育完全。

② 少量孕激素能与雌激素共同作用，使母畜出现发情的外部表现，大量孕激素能抑制发情和排卵，对抗雌激素的作用。

③ 通过刺激子宫内腺体分泌和抑制子宫肌肉收缩而促进胚胎着床并维持妊娠。

④ 孕激素对雄性动物生殖活动的作用主要通过生物合成雄激素和雌激素来体现。

（四）养羊生产中的常用激素

主要有孕马血清促性腺激素、氯前列烯醇、促黄体素和促卵泡素。

1. 孕马血清促性腺激素来源有哪些？ 由妊娠母马的子宫内膜杯状结构所分泌。

2. 孕马血清促性腺激素的作用有哪些？

① 具有类似促卵泡素和促黄体素的双重活性，但以促卵泡素的作用为主，因此有着明显的促卵泡发育作用，同时有一定的促排卵和黄体形成的功能。

② 对孕马没有促性腺作用，对孕马卵巢有强烈的抑制作用。

③ 对雄性动物具有促使精细管发育和性细胞分化的功能。

3. 孕马血清促性腺激素的用途有哪些?

① 孕马血清促性腺激素是一种经济实用的促性腺激素。在生产上常用以代替较昂贵的促卵泡素而广泛应用于动物的诱发发情、超数排卵或增加排卵率(如提高双羔率)。

② 对卵巢发育不全或雄性生精能力衰退等也都可收到一定疗效。

4. 氯前列烯醇的作用有哪些?

① 溶解黄体，促使母畜发情。

② 促进子宫收缩，发动分娩。

③ 促进排卵。

④ 可提高精液品质，参与射精过程，有利于受精。

5. 氯前列烯醇的用途有哪些?

① 用于治疗持久黄体和黄体囊肿。

② 调节发情周期，用于同期发情。

③ 用于子宫积脓、严重子宫内膜炎的辅助治疗。

④ 用于排出死胎和人工引产或诱导分娩。

⑤ 可以增加公畜的射精量，精液中适当添加可提高受胎率。

⑥ 以子宫内给药较好。

6. 促黄体素的作用有哪些?

① 在促卵泡素作用的基础上，促进卵泡成熟并排卵和形成黄体，维持黄体分泌孕酮功能。

② 刺激卵泡内膜细胞分泌雄激素，扩散到卵泡液中被颗粒细胞摄取而芳构化为雌二醇。

③ 对公畜可促进睾丸间质细胞分泌孕酮，促进精子最后成熟。

7. 促黄体素有哪些作用?

① 用于治疗卵巢囊肿、促进母畜成熟卵泡排卵。

② 治疗黄体过早萎缩或卵泡交替发育引起的性周期紊乱。

③ 治疗黄体发育不全引起的胚胎早期死亡、习惯性流产，配种时及配种后连续注射 2～3 次。

④ 与促卵泡素合用治疗卵巢静止、卵泡中途萎缩。

⑤ 与促卵泡素合用诱发季节性发情母畜在非繁殖季节的发情和排卵。

⑥ 用于同期发情，增进群体母畜发情和排卵的同期率。

8. 促卵泡素有哪些作用?

① 促卵泡素对雄性动物的主要作用，是促进生精上皮细胞发育和精子

生成。

② 促卵泡素可促进精细管的增长，促进生精上皮分裂，刺激精原细胞增殖，并在睾酮的协同下促进精子形成。

9. 使用促卵泡素需要注意什么？

① 最好与促黄体素配合使用。

② 注意掌握剂量，宁小勿多。

③ 掌握时机，缩短治疗时间。

（五）公羊的性行为和性成熟

① 公羊的性行为主要表现为兴奋、求偶、交配。公羊的交配动作迅速，时间仅为数十秒。

② 性成熟是指公羊的睾丸内出现成熟的精子并具有受精能力的精子时，即为公羊的性成熟，公羊的性成熟年龄一般为5～7月龄。

（六）生殖激素对公羊生殖的调节作用

主要有：①促进雄性生殖器、副性腺及第二性征的发育；②刺激精子发生；③刺激并维持雄性动物的性行为；④促进蛋白质合成代谢，促使氮沉积和增加肌纤维厚度等；⑤通过负反馈作用抑制下丘脑或垂体分泌促卵泡素和促黄体素，保持体内激素平衡。

（七）精子的发生及形态结构

（1）精子发生 以精原细胞为起点，在精细管内由精原细胞经过精母细胞到精细胞的分化过程为精子发生。

（2）精子的形态和结构 精子分头尾两个主要部分。长50～70微米。头尾连接处为颈部，头和尾的重量大致相等。尾部分为中段、主段和末段三部分。

（八）精子的活力

（1）精子的活力 精子与副性腺分泌物混合，具有了活动能力。冷冻时活力停止，但代谢并不停止。温度升高精子活力增强，存活时间越短（精子活力与代谢能力有关）。

（2）精子运动特性

① 向流性 向逆流方向运动（雌性生殖道内）。

② 向触性 精液或稀释液中有异物存在（上皮细胞、空气泡、卵黄颗粒等），向异物边缘运动趋向，表现其头顶住异物做摆动运动。

③ 向化性 精子有趋向某些化学物质的特性，卵母细胞可能分泌某些化学物质，能吸引精子向其运动。

（九）外界因素对体外精子有哪些影响？

（1）温度　温度在 40 ℃以上时，精子代谢、运动异常增进；54.5～56 ℃时，精子死亡。低温：0～10 ℃时，精子代谢、运动力很低，是维持生命的最好温区。体温突然急剧降至 10 ℃以下，使精子很快失去活力，而且不能复苏，这种情况称为冷休克。在－196 ℃液氮和－79 ℃干冰的超低温下，精子的代谢和活动力基本停止。0～60 ℃ 是对精子生存不利的温区。－25 ℃～－15 ℃ 最有害的危险温区。－60 ℃ 以下水分子移动受到限制，对细胞的有害程度减少。－30～0 ℃ 冰晶生存，能损伤活细胞。

（2）光线和辐射　光刺激能促进氧化，产生代谢的中间产物 H_2O_2 对精子有害。

（3）pH　影响代谢和活动力，精子呼吸适宜的 pH 绵羊为 7.0～7.2。

（4）渗透压　精子对渗透压有逐渐适应的能力，但有一定的限度（328 毫渗透摩尔）。低渗液比高渗液对精子的影响严重。

（5）离子浓度

① 阳离子　精子中 K^+ 比 Na^+ 含量高，而精清中则相反。

② 阴离子　Cl^- 与 Na^+ 一起主要维持渗透压。

（6）稀释　精液经适当稀释后活力更高，但高倍稀释有不良影响。

（7）气相　氧对精子呼吸是必不可少的，缺氧情况下 CO_2 积累能抑制精子的活动。

（8）药品的影响　抗生素、磺胺类药能抑制微生物的繁殖，延长精子的存活时间；甘油能保护（防冻）精子；酒精等一些消毒品可直接杀死精子；振动可加速精子的呼吸作用，对精子危害增加；烟雾对精子有毒性。

（十）母羊的初情期、性成熟和适配年龄

（1）初情期　是指母羊达到一定年龄和体重时出现的第一次发情和排卵。初情期阶段母羊虽有发情表现，但是发情周期往往并不正常。

（2）性成熟　是指母羊到达一定年龄，生殖器官已发育完全，具有繁殖能力，称为性成熟期。性成熟后就能够参加配种，怀胎并繁殖后代。一般肉用品种的性成熟年龄为 6～8 月龄。

（3）适配年龄　是指母羊到性成熟时，并不等于达到适宜的配种繁殖年龄。母羊适宜的初配年龄应以体重为依据，即体重达到正常成年体重的 70% 以上时可以开始配种，此时配种繁殖一般不影响母体和胎儿的生长发育。适宜的初配时期也可以考虑年龄，绵羊和山羊的适宜初配年龄一般为 1～1.5 岁。

（十一）繁殖季节

繁殖季节是最适宜动物（野生动物）和鸟类进行繁殖的季节，往往有着良好的繁殖条件及充足的食物和水。繁殖季节对于野生动物和鸟类而言，最有可能实现成功繁殖。由于不同的野生动物和鸟类品种对繁殖条件和食物有不同的条件，因此它们的繁殖季节也不同。

（十二）发情周期及发情持续期

① 母羊发情从一次发情开始到下次发情开始，或从一次发情结束到下次发情结束所需要的时间，称为发情周期。

② 每次发情后所持续的时间称为发情持续期。

（十三）发情及发情表现

① 发情是指母羊到一定阶段所表现出的一种周期性的性活动现象。

② 发情表现主要有兴奋不安、食欲减退、鸣叫、喜欢接近公羊。从外部看，外阴松弛、充血、肿胀、阴道充血、分泌黏液等。

（十四）季节性发情

有些品种，如牧区绵羊品种发情发生在某一特定季节，这种发情称为季节性发情。

（十五）非季节性发情

农区的绵山羊品种，如小尾寒羊、黄淮山羊，在全年均可发情，称为非季节性发情。

（十六）产后发情

产后发情是指绵羊产犊后一段时间内，卵巢恢复正常的、周期性的卵泡发育，子宫复旧基本完全，并表现一定的外部特征性变化，如外阴红肿、流稀薄黏液等。

（十七）卵泡发育和排卵

（1）**卵泡发育** 是指在正常发情周期中，卵子的排出大概经历征集或募集、选择、优势化、周转或排卵等过程，卵泡发育是以“卵泡波或似波”的动态方式进行。这个过程可能在各种因子通过内分泌、自分泌、旁分泌等多种途径共同作用下，有序而平稳地进行着，称为卵泡发育。

（2）**排卵** 是指在一个发情周期中，优势卵泡发育成熟，并排出成熟卵子的过程，这一复杂的生理活动过程称为排卵。

（十八）生殖激素对发情周期的调节

动物的发情周期受神经激素的调节和外界环境条件的影响。外界环境条件是通过不同的途径影响中枢神经系统而起作用的，如松果腺分泌的褪黑色素，可以将外界的光照刺激转变成内分泌信号。下丘脑收到刺激，释放促性腺激素释放激素，由垂体门脉系统运输到垂体前叶，刺激垂体前叶分泌促性腺激素并运输到卵巢，进而促进卵巢分泌甾体激素。卵巢分泌的甾体激素和垂体前叶分泌的促性腺激素相互作用维持平衡协调，就能使发情周期正常进行。因此，发情周期的循环可以说是下丘脑-垂体-卵巢轴所分泌的激素之间相互作用的结果。

（十九）乏情与异常发情

（1）**乏情**　是指环境应激，如气候恶劣、畜群密集、畜舍条件太差、长途运输、突然变更饲料等均可抑制母畜发情、排卵和黄体功能。这一阶段表现不发情，称为乏情。

（2）**异常发情**　多见于初情期后、性成熟前及繁殖季节的开始阶段，营养不良、内分泌失调及环境温度突然变化等原因也都可引起异常发情。

（二十）母羊的发情鉴定

母羊发情鉴定主要采用以下三种方法：

（1）**外部观察**　观察母羊的外部表现和精神状态，如母羊是否兴奋不安，外阴部的充血肿胀程度；另外，还要看其黏液的量、颜色和黏性等，看其是否爬跨别的母羊及是否出现摆尾、鸣叫等。

（2）**试情**　用公羊来试情，根据母羊对公羊的表现判断发情是较常用的方法之一。此法简单易行，表现明显，易于掌握，广泛用于各种家畜的发情鉴定。试情公羊应健壮、无疾病、性欲旺盛、无恶癖。在大群羊中多用试情方法定期进行鉴定，以便及时发现发情母羊。在配种站，试情应在配种前进行。

（3）**阴道检查法**　通过用开膣器检查阴道内的黏膜颜色、润滑度、子宫颈颜色、肿胀情况、开张大小，以及黏液量、颜色、黏稠度等来判断母羊的发情程度。此法不能精确判断发情程度，现已不多用，但有时可作为母羊发情鉴定的参考。

（二十一）发情控制

发情是母畜繁殖过程中一个十分重要的环节。通过人为方法改变母畜的发情，从而控制母畜生殖的技术叫发情控制。发情控制包括同期发情和诱导发情。

（1）**同期发情**　是指使母畜在一个短时间内集中统一发情，并能正常排卵、受精的技术。

（2）**诱导发情**　是指采用外源生殖激素等方法诱导单个母畜发情并排卵的技术。

（二十二）发情鉴定的方法

常用的有外部观察法、阴道检查法和试情法。

(二十三)自由交配的优点和缺点

(1) 优点 羊群公、母比例适时，省工省事，受胎率高。

(2) 缺点 有：①无法确定产羔时间；②公羊追逐母羊，不安心采食，影响健康；③无法掌握交配情况，后代血统不明，容易造成近亲交配和早配；④种公羊利用率低，不能发挥优秀公羊的作用。

(二十四)人工辅助交配的定义

是将公、母羊分群隔离饲养，在配种期内用试情公羊试情，有计划地安排公、母羊配种。

(二十五)受精、妊娠和妊娠诊断

(1) 受精 精子和卵子结合形成合子的过程就称为受精。合子是新个体发育的起点。

受精分为阴道型受精和子宫型受精。牛、羊等精液射在母畜阴道前庭及子宫颈阴道部，属于阴道型受精；马、猪等精液可直接射入子宫颈或子宫体内，属于子宫型受精。

(2) 妊娠 是指胚胎和胎儿在母体内发育成长的过程。

(3) 妊娠诊断 是指借助必要的仪器设备，如B超仪等检测绵羊配种后30～60天的妊娠情况。

(二十六)附植或着床

胚泡在子宫腔内游离一段时间以后由于泡腔内液体增多，胚泡变大，在子宫内的活动受到限制，位置逐渐固定下来，开始与子宫建立密切的联系，这一过程称为附植或着床。

(二十七)不同动物的附植时间

牛受精后60天左右；猪受精后22天左右；绵羊受精后10～20天；马受精后3～3.5月。

(二十八)着床必备条件

(1) 孵出

① 透明带必须消失，晚期囊胚发育到一定程度时就从透明带中出来，这个过程称为孵出。

② 囊胚细胞滋养细胞必须分化出合体滋养细胞。

③ 囊胚和子宫内膜必须同步发育并相互配合。

④ 孕畜体内必须有足够量的孕酮，子宫有一个极短的敏感期允许受精卵着床。

(2) 着床必备的条件 受精卵产生早孕因子抑制母体淋巴细胞的活性，防止胚胎被排斥。受精卵着床后，子宫内膜迅速发生蜕膜变。

（二十九）胚胎的早期发育

多细胞有机体的个体发育开始于精子和卵子的融合，通过受精激活发育程序，开始复杂的胚胎发育过程。主要阶段是：受精-卵裂-原肠形成-神经管形成-器官形成发育成幼体。

（三十）妊娠的识别

在妊娠初期，孕体发出信号（类固醇激素或蛋白质）传递给母体，母体随即产生反应，以识别孕体的存在。由此，母体和孕体建立密切联系，促进孕体进一步发育，这一生理过程叫妊娠识别。

（三十一）胎儿发育的过程

绵羊的胎儿都将在怀孕 20 周诞生，但真正能准确地在预产期出生的羔羊只有 5%，提前几天或推迟几天都是正常的。但如果推迟时间过长而无临产迹象，那就需要采取催产等措施，否则胎盘过熟也会有一定危险。胎儿在子宫内的发育过程是一个极其复杂而富于神奇的演变过程，其生命开始于一个小小的受精卵，在子宫内逐步发育成羔羊。

（三十二）妊娠的维持和妊娠母畜的变化

1. 妊娠如何维持的？ 正常妊娠的维持有赖于垂体、卵巢和胎盘分泌的各种激素的相互配合，受精与着床之前，在腺垂体促性腺激素的控制下，卵巢黄体分泌大量的孕激素与雌激素，导致子宫内膜发生分泌期的变化，以适应妊娠的需要。如未受孕，黄体按时退缩，孕激素与雌激素分泌减少，引起子宫内膜剥脱流血；如果受孕，在受精后第 6 天左右，胚泡滋养层细胞便开始分泌绒毛膜促性腺激素，分泌逐渐增多，刺激卵巢黄体变为妊娠黄体，继续分泌孕激素和雌激素。胎盘形成后，胎盘成为妊娠期一个重要的内分泌器官，大量分泌蛋白质激素、肽类激素和类固醇激素以最终完成妊娠过程。

2. 妊娠母畜的变化主要包括以下几个方面？

（1）生殖激素的变化

①孕酮　妊娠母畜血液中，孕酮含量一直维持在较高水平，是妊娠维持的主要激素。母猪、母牛的孕酮主要来自黄体，母羊妊娠的后期、末期主要来自胎盘，马在妊娠前 150 天由主黄体分泌，150～180 天由副黄体分泌，180 天以后主要由胎盘分泌。其作用有以下几个方面：

a. 抑制 E_2OXT 对子宫肌的收缩作用。

b. 促进子宫栓的形成，防止病原微生物进入。

c. 抑制促卵泡素释放，进而抑制卵泡发育和母畜发情。

d. 后期孕酮降低，利于分娩发动。

②松弛素　多肽激素，主要由黄体（母猪、牛）和胎盘产生（马、绵

羊），对妊娠维持和分娩具有重要作用。妊娠早期，它使子宫结缔组织松软，利于子宫随胎儿生长而扩展；妊娠后期，引起骨盆腔开张。各种家畜在分娩前，松弛素水平都有上升。

③ 雌激素　雌激素在妊娠早期水平低，而在妊娠中后期血液中的浓度越来越高，母马在妊娠后期雌激素水平很高。妊娠期的雌激素主要来自胎盘。E_2 在妊娠期的主要功能是与孕激素协同作用，促进乳腺的发育，为产后的泌乳做准备。

④ 其他激素　促乳素，由胎盘产生，促进乳腺和胎儿发育；甲状腺素、甲状旁腺素和肾上腺素等对维持母畜妊娠期的代谢水平有重要作用，为胚胎和胎儿发育提供良好环境。

(2) 生殖器官变化

① 卵巢　出现妊娠黄体，卵巢的周期活动基本停止。

② 子宫　子宫腔不断扩大，子宫肌不发生收缩或蠕动，处于相对静止状态。

③ 子宫颈　出现子宫栓，子宫颈括约肌处于收缩状态。

④ 外生殖道　母畜妊娠以后，阴唇收缩，阴门紧闭，阴道黏膜苍白、发干。妊娠后期，阴唇逐渐水肿，变柔软。

⑤ 子宫阔韧带　子宫阔韧带逐渐松弛，同时韧带平滑肌纤维和结缔组织增生，韧带变厚。

⑥ 子宫动脉　妊娠后，子宫动脉血流量增大，血管内壁增厚，脉搏变成不明显的颤动，称作妊娠脉搏。

(3) 母畜行为变化　妊娠后，母畜新陈代谢旺盛，食欲增加，毛色光润，性情安静。

（三十三）接产和新生羔羊护理

羔羊出生后将其嘴、鼻、耳中的黏液掏出，羔羊身上的黏液让母羊舔干，这样做是为了让母羊识别自己所产的羔羊，并对调节体温有好处。尤其是在寒冷、有风的环境下，对初产母羊或恋羔性弱的母羊，可将胎儿黏液涂在母羊嘴上，让其舔食，以促进母仔感情。在寒冷天气用干而柔软的牧草或毡片擦干羔羊，将母仔关在一个分娩栏中。受冻羔羊可灌热奶茶 50 毫升，暂时放在暖炕上，待羔羊浑身温暖后，绑上护腹带放在母羊身旁。羔羊生后，脐带让其自然断裂；有的羔羊脐带不断时，可用手将血液挤送到胎儿体中后将脐带拧断，然后消毒。羔羊分娩完毕后，用剪刀剪去或用手拔去乳房周围的长毛，然后挤出最初几滴奶汁，帮助羔羊及早吸到母乳，产后 24 小时对羔羊进行称重、出生鉴定并佩带耳号。为了母仔哺乳和管理方便，可用颜色在母仔身上编上同一号放入母仔栏。

母羊产羔后 1 小时左右，胎衣自然排出。接产人员应注意观察胎衣是否排干净。排净后要实时拿走，免得母羊吞食，养成吃羔、咬尾等恶癖。产后 3～4 小时胎衣仍不见排出时，应及时处理。

（三十四）优秀种公羊的选择

主要根据个体表型、系谱考查、后代品质等方面来进行种公羊的选择。

(1) 个体表型　依据绵羊的外型表现和生产性能，通过鉴定选出体型外貌符合品种标准的优秀个体。

(2) 系谱考查　根据细毛羊种羊父母代或同胞、半同胞的生产性能，选留优秀公、母羊作为种用。种羊祖父母、父母或其同胞、半同胞兄妹的羊品质良好，则其本身的性能也可能良好。

(3) 后裔测定　通过后裔测验和系谱考查得出结论。

（三十五）怀孕母羊的临产特征

母羊临产前因阵痛常表现起卧不安；乳房充奶、膨大、乳头直立，挤时有少量乳流出；外阴红肿，有时流出稠黏液；肷窝下陷，产前 2～3 小时更为明显。行动困难，排尿次数增多，时时回顾腹部，接着卧地不起，后肢伸直，呻吟努责。子宫颈口露出外阴部时，很快就要产羔。在产羔期间，昼夜都要有人值班。尤其是夜间如发现临产母羊，应及时将其圈入羊舍，并照顾其生产（一般气候可在运动场）。白天羊群出牧前进行检查，放待产母羊羊群的牧工应携带接羔袋、护腹带及碘酒、预防药稀释用水；每晚归牧后，可利用补饲对妊娠母羊进行观察。

（三十六）产羔过程

正常分娩时，羊膜破裂后几分钟至半小时羔羊就会出生。先看到前肢的两个蹄，随着是嘴和鼻，到头顶露出后羔羊便出生了。产双羔时，先产出一只羊，先后间隔 5～30 分钟，多到几小时排出另一只羔羊。双手在羊腹下推举，能触到光滑的胎儿。胎衣在产后 0.5～3 小时排出后，应及时取走，不让母羊吞食。产后 7～10 天母羊常有恶露排出。产羔时周围要安静，不要惊动母羊。

（三十七）母羊生产时的助产

一般正常母羊不需助产，但为了减少母仔的痛苦，必要时可在羔羊头露出母羊外阴部时，将羔羊前肢向外向下轻轻拉直，羔羊头就会顺利而出。但有时可因胎儿及母体的原因出现难产，这就要判明情况，采取相应的措施进行助产。

（三十八）助产的基本原则

当发现难产时应及时采取助产措施，使母羊呈前低后高或仰卧姿势，把胎儿推回子宫内进行矫正，以利操作。如胎膜未破，最好不要过早将其弄破。因为胎儿周围为液体时，比较容易产出。如胎膜破裂时间较长，产道干燥，就需要注入石蜡油或其他油类，以利于助产手术进行。对待所有助产动物都不能粗鲁，向外牵拉胎儿时要缓缓拉出，不能粗鲁强拉硬扯，以免造成子宫穿孔或破裂。实行截胎术时用手保护好刀、钩等锐利器械，以免损伤产道。

（三十九）母羊引起的难产

（1）阵缩及努责无力 胎衣未破时，先轻轻按摩腹壁，并将腹部下垂部分向上后方推压，以利子宫收缩。经半小时仍不分娩时，可行助产，在胎水已流出时可皮下注射垂体后叶注射液2～3毫升或麦角注射液10～20毫升或口服新麦角粉2.0～5.0毫升（使用麦角必须在子宫颈完全开张、胎儿排出不受障碍的情况下，胎儿位置姿势不正或母羊盆腔窄时不能用麦角，否则可发生子宫破裂），也可肌内注射苯甲酸求偶二醇。子宫颈完全张开时，可用手拉出胎儿；在子宫颈开张很小时，及早进行剖腹手术，取出胎儿。

（2）阵缩及努责过强 首先要使羊的后躯高于前躯，以减轻子宫对盆腔壁的接触和压迫，而使阵缩减弱，口服白酒，80～100克或静脉注射水合氯醛或手抓羊背部皮肤。母羊骨盆狭窄（硬产道狭窄）；可在产道内注入石蜡油、软皂水或任何一种植物油，然后强行拉出胎儿。头部前置可轮流拉两个前腿；骨盆前置时可先将纵轴扭转，使其成为侧位，然后拉出。如软产道有骨质突出时，可根据情况及早进行截胎。

（3）软产道狭窄 阴门狭窄时，先涂抹消毒油类，用手小心伸入阴门，在会阴上部慢慢扩张阴门，然后拉出胎儿。如上法无效，则应切开会阴。手术方法：将剪刀带有钝头的一支伸入阴道，沿会阴缝剪开多层组织拉出胎儿后，对会阴上的切口进行两边结节缝合，先缝合黏膜及肌肉层，再缝合皮下及皮肤组织。

（4）阴道狭窄 可在阴道内灌入大量植物油、肥皂水或石蜡油，在胎儿前置部分上拴上绳子向下拉，同时用手扩张阴道。如上法无效，则可切开阴道狭窄处黏膜。

（5）子宫颈口狭窄 起初应耐心等待，并不时检查子宫颈扩张的程度。如阵缩强烈时可口服白酒200克或给子宫颈上涂上颠茄浸膏，也可用手进行扩张，但此法只适应于子宫颈口已稍开张时。先伸入食指，并钻开了子宫颈，随之伸入第2～3手指，在阵缩的影响下，可使子宫颈继续开张。上述方法无效时，在对羊保定及麻醉后消毒外阴及阴道，手拿隐刃刀伸入子宫颈口中，由前向后切开管壁（只切开环状肌层），条件许可时可进行剖腹产。

（四十）羔羊引起的难产

正常分娩时，胎儿的长轴和母体一致（纵向），背部向上（上位），头及两前肢进入产道，下颌在两前肢之间（正生）或两后肢伸入产道（倒生）。发生难产时，可有多种不同的表现形式：姿势不正（胎头弯转、前肢的横向）、其他部位胎儿过大、双胎难产及胎儿畸形，碰到上述情况应将母羊后躯垫高或由助手倒提两后肢，以免胃肠压迫羔羊。方法是：剪去指甲，用2%来苏儿浴液洗手，涂上油脂，待母羊阵缩时，将胎儿推回腹腔，手伸入阴道，中食指伸入子宫探明胎位、胎向、胎势，并予纠正，然后再产出。对实在无法拉出或矫正的胎儿，可行截胎术或剖腹术。

（四十一）羊截胎术

羊截胎术是指当胎儿无法完整拉出时，将胎儿的某些部分截断取掉，减少拉出障碍的一种方法，一般指取出死胎。对无法拉出的活胎先切断颈动脉或脐带，肢动脉而处死后截取出来。截胎母羊取前低后高站立保定，以利操作。锐利器械进入产道时，要避免造成产道严重损伤。一般都用皮下截胎法，即在皮下截除1～2个前腿或截除畸形部分，然后拉出胎儿。也可在阴门处施行头部截胎术，然后将胎儿推回子宫，找到前肢，拉出胎儿，取出死胎后将子宫内的残存胎儿碎块及胎膜尽量取干净。用0.1%的过锰酸钾或雷夫努尔液清洗子宫，并注入青霉素40万～80万国际单位或链霉素100万单位。此种方法只是产道和子宫没有受到严重损伤，一般容易恢复。

（四十二）剖腹取胎手术?

指经过腹壁及子宫切口取出胎儿，以解救难产的一种手术。遇有适应证时，如能正确施术，常能收到良好的效果。适应证是：无法矫正的子宫转扭，骨盆狭窄、畸形及肿瘤、子宫颈狭窄及闭锁，软产道严重水肿，胎儿过大，畸形及无法矫正的多种姿势及胎位异常等情况。不能或无法施行截胎术时，均可实行剖腹产。术前准备：手术部位在腕结节上角与脐部之间的假想线上，左右侧均可，但因瘤胃充满，一般选择右侧，切口越往下越好，但切口下端与乳静脉隔着一定距离。母畜侧卧保定，身躯垫高，术部剪毛、消毒，用腹旁神经干传导麻醉分层用0.5%普鲁卡因浸润麻醉，电针麻醉取穴百会及六脉（倒数第1～3肋，髋结节水平线上，左右各三穴，针向内下刺入1～2厘米）。百会接阳极，六脉接阴极，诱导时间20～40分钟。手术方法：沿腹内斜肌方向切开腹壁，切口应距髋结节10～12厘米，切口长度18厘米左右，然后用几根长线拉住腹膜与腹肌，使腹壁切口扩大。术者手伸入腹腔，转动子宫，使孕角的大转弯靠近腹壁切口，然后切开子宫角（注意不可损伤子叶及到子叶的大血管），并用剪刀切大切口的长度，在胎膜上做一小切口，插入橡皮管，取稍大的注射器吸出羊水及尿水，然后扩大胎膜上的切口，抓住胎儿后肢拉出胎儿（胎儿如活着时，与接羔方法相同处理）。静脉注射垂体素或肌内注射麦角碱，子宫腔内注满5%～10%氯化钠溶液，停留1～2分钟；然后用橡皮管排出，剥离胎衣；再用生理盐水冲洗子宫，逐层缝合切口，子宫壁的浆膜及肌肉层用肠线缝合两次（一次连续缝合，一次双内翻缝合）。并向子宫内注射青霉素20万～40万国际单位，对腹膜及腹肌连续缝合，并在缝完前腹腔内注入青霉素或磺胺双甲基嘧啶，最后用丝线对皮肤进行结节缝合。术后护理：注意强心补液、解毒及采用抗生素疗法，伤口愈合良好时10～14天可拆线。

（四十三）组织产羔

产羔时，可将母羊分成三群进行管理，即未产母羊群、生产后1～3天的初产母仔群（其中包括病弱羔羊和需要人工帮助哺乳的羔羊与母羊）和已产2～4天以上的母仔群。待产群是早出晚归，到离羊舍较远的地方放牧，下午补饲。母仔群的放牧员带上水瓶、装上保健箱等护理工具，到较近、避风、保暖、平坦的草场放牧，随时驱赶羊群运动，防止长时间的卧地，早晚两次补饲。初生及病弱群留圈内补饲，天暖时赶出运动，放牧2～5小时，对其中病弱羔及保姆性差的要经常检查，勤配奶，并会同兽医做好预防、治疗、护理工作。晚上3个放牧员轮流值班，初产母仔群控制在20只以内，较健壮羔羊自己能吃上奶，认奶的及时转移到待产母羊群，10天后强壮羔羊随同母羊逐步放牧，晚间三群羊分别圈在羊舍的大小圈内和运动场内。为了重点检查配奶及护理，产羔期间的草料和饮水也按3个小群分别进行，这就是产羔时的“三段管理”。

（四十四）羔羊生产中“三防”

（1）防潮　产羔棚舍多修在干燥、向阳、不受水涝的地方，屋顶不漏雨，运动场易排水，周围不积水。春季出圈后，羊粪全部挖走，地面晾晒一段时间后，垫上5寸多厚的干土。接羔前1个月再把羊粪晒干，地面撒上生石灰，吸水消毒后临用前铺上3～4寸的干羊粪。一些经验丰富的养羊户从入冬起晒积干羊粪蛋，产羔时羊舍内铺上3～4寸羊粪。这样通气好，羊舍能始终干燥、清洁，应大量推广。产羔中发现潮湿及时换晒羊粪，特别是在分娩栏和出生病弱羔小圈内的羊粪更应勤换。羊舍内要每天清除草、毛、胎衣等脏湿东西，舍窗白天多敞开，使羊舍有阳光，通风，解潮。

（2）防冻　羊舍内湿度保持在0℃左右，窗户依气候情况进行密封和敞开，室内外湿度不要太大，母仔群进出羊舍都是温差产后羔羊体壮，母羊认羔好的可让其母舔干，配奶，早晨出羊舍前绑上腹带，羔羊体弱小的要立即用毡片、野草擦干羔羊，包入接羔袋，留出头部让母羊舔，直到羔羊吃到初乳，羔羊精神好，自己要出接羔袋时，即穿给护腹衣，放出接羔袋，出外放牧则依气候，掌握出收牧时间，在避风向阳的干燥牧草地上放牧。

(3) 防饿　从以下两个方面注意：

① 防止母羊瘦弱缺奶，羔羊被饿死，应及早补饲、找义母、喂牛奶。

② 防止因羔羊体弱、患病、母羊不认或半不认，羔羊自己吃不上奶而被饿死。凡有上述情况的一天人工协助哺乳 4～6 次，一次不要吃得太饱，按体况吃个半饱或多半饱即可。

(四十五) 羔羊生产中的“四勤”

(1) 勤检查　只做到勤检查，才能知其温寒、饥饱，明其病弱，做到有寒保暖、饥饿配奶、有病治疗、免疫预防。因此不论技术人员或工人家属，检查要勤要细，不能有漏洞，重点检查“三防”工作，检查羔羊健康状况、病羊护理等。

(2) 勤配奶　主要强调在防饿措施上的基础上做到准时、适量、及时配好初乳，病羔按兽医要求做到多次数、少奶量。

(3) 勤治疗　主要做到预防为主、治疗为辅的原则，有病羊发现早治疗，正确诊断，注意病情发展，按时服药打针，遵循疗程，善始善终，不能稍有好转就停止治疗。

(4) 勤消毒　羊舍分娩栏内、羊圈门口尽早做到定期消毒，尤其是发生传染性痢疾及其他疾病时，更应严格消毒。栅圈内外经常打扫，保持干净卫生。产羔期间凡出现问题多、死亡多的地方，主要根源是一个“乱”。由于乱，工作头绪不清，有的工作被忽略，母仔羊对不上号。因此，工作上有条不紊是防止以上事故发生，提高羔羊成活率的要点。

(四十六) 羔羊护理中的注意事项

(1) 吃初乳　羔羊出生半小时，一定让其吃上初乳（焦奶）。初乳营养价值很高，维生素、矿物质、镁含量很多，具有轻泻作用，有利于胎粪排出；同时还有较多抗体，可预防肠道疾病。对于失去母羊的孤羔羊也设法让其从别的已产母羊那里吃到点初乳。

(2) 配认义母　在生产过程中常会出现羔羊失母及母羊丧羔的现象，这时就要给丧羔母羊配仔，认一只双羔母羊的羊羔或失母羊羔。方法是将死羔皮很快剥下来，披绑在义子身上，也可将义母的乳汁抹在义子臀部，将义子的尿抹在义母的鼻子上，连同母羊一起放进母仔栏内。配义母最好在晚上进行，让羔羊自己找奶吃。在最初几天，最好是人工哺乳。配认义母的条件是羔羊分娩时间差不多，日龄越小越容易成功。

(3) 有条不紊地搞好"三防""四勤" 三防、四勤是多年来大家积累总结出来的一套提高羔羊成活率的有效措施，必须认真实施并不断地总结提高。"防潮、防冻、防饿"相互联系，缺一不可，潮则易冷，饿则易冻，受饥则生病。

(4) 提前补饲 羔羊生后10日龄左右即开饲，训练其采食粗精饲料的能力，可增加营养，以满足羔羊生长发育的需要。方法是跟母羊一块补饲，让羔羊学着吃料、草、舔盐，学会吃草料。羔羊消化能力强，对粗饲料利用率高，体格健壮，生产性能高，断奶体重大。对双羔及弱羔加强管理，也可另立小灶补饲，哺乳期间要充分供给清洁的饮水，防止饮脏水及冰冷水。

(5) 运动 生后羔羊，在天气暖和时可及早在运动场自由运动，逐步适应环境，增强抗病力。羔羊吃饱喝足后，常在运动场的墙根下或向阳处睡觉，易发生感冒或消化不良，因此放牧员每隔一定时间就要把它赶起来。

(四十七) 假死羔羊的处理

难产可造成分娩时间过长，子宫内缺乏氧气，羔羊吸入羊水等羔羊假死情况。遇到这种情况时，首先用手握住羊嘴，挤出口腔、鼻腔和耳朵内的胎水和黏液，再将羔羊两后肢提起来，使羔羊悬空后轻拍其背胸部，或让羔羊仰卧做人工呼吸。假死时间不长的羔羊一般都能苏醒过来。

(四十八) 胎盘移除

羊的胎盘通常在分娩后2～4小时内排出。胎盘排出的时间一般需要0.5～8小时，但不能超过12小时，否则会引起子宫炎等一系列疾病。母羊产羔后有疲倦、饥饿、口渴的感觉，产后应及时给母羊饮喂一些掺进少量麦麸的温水，或饮喂一些豆浆水，以防止母羊舔食胎衣。

(四十九) 羔羊寄养

羔羊出生后，如果母羊死亡，或母羊一胎产羔过多、母羊奶水过少影响羔羊成活时，应给羔羊找保姆羊寄养。产单羔而且乳汁多的母羊和羔羊死亡的母羊都可充当保姆羊。寄养配认保姆羊的方法是将保姆羊的胎衣或乳汁抹擦在寄养羔羊的臀部或尾根；或将羔羊的尿液抹在保姆羊的鼻子上；也可将已死去的羔羊皮覆盖在需寄养的羔羊背上；或于晚间将保姆羊和寄养羔关在一个栏内。经过短期熟悉，保姆羊便会让寄养羔羊吃奶。

(五十) 公羊的繁殖障碍及防治

(1) 检查公羊 待处理的无性欲公羊四肢健壮，无睾丸疾病或其他疾病，睾丸发育正常，双侧均匀，包皮口宽松，阴茎勃起能够正常伸出。平均体重70千克。

(2) 补充精饲料　处理前一周开始每只公羊每天补饲添加维生素 A、亚硒酸钠维生素 E 的全价精饲料 0.6 千克。

(3) 增强运动　被处理公羊群体每天运动 2 小时。

(4) 提高人和羊的亲和力　每天采精操作员用小盆盛精饲料逐只饲喂公羊，公羊吃料时，采精操作员要抚摸其头部，使公羊消除对人的恐惧感。饲喂的精饲料中，每只公羊应加一枚鸡蛋。

(5) 物理刺激　每天用热毛巾擦拭睾丸，同时按摩 10 分钟。

(6) 行为刺激　激素处理后第 1 天，向公羊群放入一只发情母羊；处理后第 2 天，放入一只发情母羊和两只能正常配种的公羊，任公羊争夺配种，刺激无性欲公羊；处理后第 3 天开始，每天让无性欲公羊单独观摩正常羊采精操作。

(7) 采精调教　当激素处理后的公羊出现嗅舔母羊、翻出上唇、抽动阴茎等动作时，应将发情母羊阴道分泌物抹在公羊鼻孔处，扭动发情母羊臀部。此时，操作员要耐心地诱导公羊爬跨，切勿粗暴对待。当公羊爬跨母羊时，应让公羊顺利本交射精，并在 12 小时后再让其本交射精，次日就可实施采精；若公羊不配合，还可让其继续本交射精。

(8) 精液检查　顺利采精后，应让公羊休息 5 天，再采精检测。

(五十一) 是胚胎移植技术

胚胎移植就是把一头雌性动物的早期胚胎从输卵管或子宫内冲洗出来，移植到另一头相同子宫内环境的雌性动物的输卵管或子宫内使其继续发育为胎儿。其目的是使生产性能差的雌性动物能生产出良种后代，迅速增加良种数量，以提高繁殖效率和经济效益。

(五十二) 同期发情技术

同期发情就是对母羊发情进行周期化处理的方法。简单地说，就是利用某些激素制剂人为地控制、调整一群母羊发情周期的进程，使之在预定的时间内集中发情，以便有计划地合理组织配种。

(五十三) 影响胚胎移植成功的因素

供体羊取决于成年母羊体内环境与外界多种措施及胚胎质量。受体羊主要是与供体羊发情同步化程度，受体羊的黄体功能、品种、年龄、手术损伤及外界多方面因素，都影响成功率。胚胎质量和发育期对移植成功率也有直接关系，发育延迟和变性胚胎移植成功率很低，胚胎移植在普通温度下进行成功率高，在高温情况下移植成功率低。因此胚胎回收后，应尽快移植。为了获得较高的胚胎发育率，鲜胚一般在体外保存时间不得超过 4～8 小时。

（五十四）同期发情常用的药物

目前用于羊同期发情的常用药物一般为两类：

一类是抑制发情的制剂，属孕激素类物质，如孕酮、甲孕酮、甲地孕酮、炔诺酮、氯地孕酮、氟孕酮、18甲基炔诺酮等。它们在血液中保持一定水平，都能抑制卵胞的生长发育。

另一类是在应用上述药物基础上配合使用的促性腺激素，如促卵胞素、促黄体素、血清促性腺激素和人绒毛膜促性腺激素等。使用这些激素是为了促进卵胞的生长成熟和排卵，使发情排卵的同期化达到较高程度，得到较好的受胎率。

（五十五）同期发情的处理方法

同期发情的处理方法，最常用的是阴道栓塞法。取一块泡沫塑料，直径和厚度要根据羊只个体的大小而定，一般为2～3厘米，太小易滑脱，太大易被挤出。在泡沫塑料上拴上细线，线的另一端引到肛门之外，便于处理结束时拉出。将泡沫塑料浸以孕激素制剂溶液（与植物油相混），用长柄钳塞至子宫颈外口处。放置13～14天取出，取出当天肌内注射血清促性腺激素330～500国际单位。2～3天后被处理的母羊多数表现发情，发情当天和次日各人工授精一次。

药物参考用量：甲孕酮40～60毫克、甲地孕酮40～50毫克、18甲基炔诺酮30～40毫克、氯地孕酮20～30毫克、氯孕酮30～60毫克、孕酮150～300毫克。

（五十六）同期发情技术的优点

① 可以在较短时间和较大范围内充分发挥人工授精和冷冻精液配种的效率。

② 可以实现集中产羔、集中育羔、集中出售，节省劳力和费用。

（五十七）试情工作

选择身体健康、性欲旺盛、没有疾病、2～5岁的公羊，给其带上试情布（试情布一般长40厘米、宽35厘米，四角系上带子，在试情时拴在腹下，使其无法正常交配）作为试情公羊（也可以用做过输精管结扎或阴茎移位手术的公羊作为试情公羊）。将试情公羊放入羊群，让其找出愿意接受爬跨甚至是主动接触的母羊。试情应在每天清晨进行。

（五十八）训练公羊采精的注意事项

（1）调教方法　首先选择与待调教公羊大小匹配、发情表现明显的经产母羊让其本交。或每天早晨把公羊带上试情布赶到母羊群内，令其寻找发情母羊，激发其性欲。每次15～20分钟，待时机成熟之后再进行采精。

(2) 训练采精时注意事项

① 采精时假阴道的温度一定要控制在 38～40 ℃。

② 对性欲较差的种公羊采取“摇台羊尾巴，模仿发情羊尾巴的‘挥旗’动作；经常更换台羊；让多只公羊一起竞争爬跨台羊”的措施来提高公羊的性欲。

(五十九) 公羊精液的采集

采精前应选好体格大小与采精公羊相适应且发情明显的台羊。将台羊外阴部用 2%来苏儿水溶液消毒，然后再用温水冲洗并擦干。同时清理干净公羊腹下污物。采精时采精人员蹲在母羊右后方，右手握假阴道，贴在母羊尾部，入口斜向下朝向地面。当种公羊爬跨时，用左手轻托阴茎包皮将阴茎导入假阴道中，同时使假阴道与阴茎呈一直线。当公羊用力向前一冲时即为射精。当公羊从台羊身上跳下时采精员应将假阴道继续贴在公羊腹部，不要急于取下。待公羊稳定后方将阴茎从假阴道中推出。把集精杯竖起，拿到验精室内，放出气体，取下集精杯，盖上盖子，准备精液检查。

(六十) 常用精液稀释液

常用的稀释液有以下三种：

(1) 牛奶或羊奶稀释液　将新鲜牛奶或羊奶用几层纱布过滤，煮沸消毒 10～15 分钟，冷却至 30 ℃，去掉奶皮即可。一般可稀释 2～4 倍。

(2) 葡萄糖-卵黄稀释液　在 100 毫升蒸馏水中加入无水葡萄糖 3 克、柠檬酸钠 1.4 克，溶解后过滤 3～4 次，然后再蒸煮 30 分钟，降至 30 ℃左右加入蛋黄 20 毫升，充分混匀即可。一般可稀释 2～3 倍。

(3) 生理盐水稀释液　注射用生理盐水或自行配制的 0.9%氯化钠溶液做成稀释液（此种稀释液只能作即时输精用，不能作保存和运输精液用）。稀释倍数不超过 2 倍。

(六十一) 稀释精液时的注意事项

在对鲜精进行稀释时，二者的温度应保持一致。在 20～25 ℃室温和无菌条件下，将稀释液沿集精杯缓缓倒入，然后轻轻摇动以混匀。精液的稀释倍数应根据精子的密度大小而定。一般镜检为“密”时精液方才稀释。稀释后的精液每次输精量（0.1 毫升）应保证有效精子数在 4 000 万～5 000 万个。

(六十二) 精液保存方法

精液的保存按保存温度可分为常温保存（10～14 ℃）、低温保存（－5～0 ℃）、冷冻保存（－196～－79 ℃）三种。

(1) 常温保存　用于常温保存的精液，可用含有明胶的稀释液进行稀释。将稀释好的精液盛于无菌、干燥的试管中，然后加塞盖严，封蜡隔绝空气即可。该法保存 48 小时后，精子活力为原精液的 70%。

RH 明胶液配方：柠檬酸钠 3 克、磺胺甲基嘧啶钠 0.15 克、后莫氨磺酰 0.1 克、明胶 10 克、蒸馏水 100 毫升。

(2) 低温保存 低温保存时要注意缓慢降温。可以将盛精液的试管外边包上棉花，再装入塑料袋内，然后放入冰箱中。一般此法可保存 1～2 天。

(3) 冷冻保存 将精液用乳糖、卵黄、甘油稀释液按 1∶1～3 稀释后，放入冰箱（3～5 ℃）平衡 2～4 小时。然后在装满液氮的广口保温瓶上，放一铜纱网（距液氮 1～2 厘米）。几分钟后待温度降至恒温时，将精液用滴管或细管逐滴滴在纱网上，滴完后经 3～5 分钟用小勺刮取颗粒，收集好，立即放入液氮中保存。冷冻精粒在超低温条件下，可长年保存而不变质。

(六十三) 公、母羊繁育档案的建立

在种羊场购买良种公、母羊时，必须要求带有种羊卡片。种羊卡片是种羊的档案材料，从卡片中的记录可以了解种羊的品种和来源、本身的生产性能和鉴定记录，以及繁殖和生产情况。

种羊卡片包括四部分内容：生产性能和鉴定成绩、谱系、历年配种情况及后裔品质、历年产毛量及体重记录。谱系来源包括父、母、祖父、祖母和外祖父、母的编号及主要生产性能。

种母羊卡片除系谱和鉴定成绩外，还记录历年的产羔成绩、历年产毛量及体重记录。

(六十四) 选种选配

公、母羊的选配一般根据母羊个体或等级群的综合特征，为其选择最适当的公羊进行配种，以期获得品质较为优良的后代。

公、母羊选配的原则，是用最好的公羊选配最好的母羊，但要求公羊的品质和生产性能必须高于母羊。不好或不太好的母羊，也要尽可能与较好的公羊交配，以使后代得到一定程度的改善。具有某种缺点，如凹背或体质柔弱的母羊，不能用有相反缺点的如凸背和体质粗糙的公羊配种，而应该用背部平直和体质结实的公羊配种。

(六十五) 配种公羊的选择

种公羊配种中，主配公羊要求选择生产性能优良、体质健壮、性欲旺盛、具有较好繁殖遗传力，配种公羊繁殖性能不得低于与之相配的母羊及母羊群。

(六十六) 绵羊配种时间的确定

绵羊的配种时间应根据当地的自然条件和饲养管理条件来确定。绵羊配种后 145～155 天产羔。配冬羔应在 7 月底 8 月初进行；配早春羔应在 9 月中旬

进行；配晚春羔应在10月中旬进行，11月底结束。一般条件好的地方提倡生产冬羔，就是8～9月份给羊配种。此时母羊膘好，发情明显，排卵较多，易受胎，胎儿发育好，初生羔羊大，母羊奶汁多，易成活，到春天羔羊已能充分采食，可以当年出栏。条件差的地方，则以生产春羔（10月以后给母羊配种）为宜。

（六十七）影响绵羊发情的因素

（1）光照　光照时间的长短对绵羊的性活动有较明显的影响。一般来讲，由长日照转变为短日照的过程中，光照时间的缩短可以促进绵羊发情。

（2）温度　温度对绵羊发情的影响与光照相比较为次要，但相对高温会推迟绵羊的发情。

（3）营养　绵羊在进入发情季节之前，采取催情补饲，加强营养的措施可以促进母羊的发情和排卵。良好的营养条件有利于维持生殖激素的正常水平和功能，使母羊提早进入发情季节。

（4）生殖激素　母羊的发情表现和发情周期受内分泌生殖激素的控制，其中起主要作用的是脑垂体前叶分泌的促卵泡素和促黄体素两种。

（六十八）自然交配的利弊

（1）自然交配的定义　是指按一定公母比例，将公羊和母羊同群放牧饲养，一般公母比例为1∶15～20，最多1∶30。

（2）自然交配的好处　这种方法对居住分散的家庭小型牧场很适合，优点是既可以节省大量的人力物力，也可以减少发情母羊的失配率。

（3）自然交配的不足之处

① 公、母羊混群放牧饲养，配种发情季节，性欲旺盛的公羊经常追逐母羊，影响公羊采食和抓膘。

② 公羊需求量相对较大，一头公羊负担15～30头母羊，不能充分发挥优秀种公羊的作用。特别是在母羊发情集中季节，无法控制交配次数，公羊体力消耗很大，将降低配种质量，同时也会缩短公羊的利用年限。

③ 公、母混杂时，无法进行有计划的选种选配，后代血缘关系不清，并易造成近亲交配和早配，从而影响羊群质量，甚至引起品种退化。

④ 不能记录确切的配种日期，也无法推算分娩时间，给产羔管理造成困难，易造成意外伤害和怀孕母羊流产。

⑤ 由生殖器官接触传播的传染病不易预防控制。

（六十九）母羊妊娠

（1）进行妊娠诊断　应尽早对配种后的母羊进行妊娠诊断，发现空怀母羊及时采取补配措施。判断方法为：① 母羊配种后2～3周不再发情，初步断定已经妊娠。② 母羊妊娠 2～3 个月时，用手触摸时乳房有硬块。这时母羊食欲良好，毛色发亮，身体肥胖。妊娠 4～5 个月时，腹内胎儿生长发育快，母羊腹部大，肷窝下榻，乳房增大。行动小心缓慢，性情温驯。这个阶段要加强营养，以防流产。

（2）加强饲养管理 细毛羊的妊娠期 145～155 天，平均 150 天。对已受孕的母羊应加强饲养管理，避免流产，这样可以提高羊群的受胎率和繁殖率。

第五章

羊病防治技术

与大多数家养动物一样，近年来由于养羊饲养方式的转变，规模化、集约化饲养在养殖效益不断提高的同时，也为集约化养羊的疾病防控带来了巨大的挑战。羊作为最早为人类饲养的家畜，其发生的疾病也多种多样。对于羊病的正确认识，以及加强对羊病的了解、疾病的预防和治疗，将有效减少养羊生产所带来的风险和损失。根据羊病发生的原因，通常将羊病分为羊普通疾病、外科病、产科病、中毒性疾病、寄生虫病和传染病六大类。以下通过对羊常见疾病的一般性认识和防治方法进行问答式叙述，用以帮助人们更好地了解、诊断和防治羊病。

第一节　普通性疾病

一、羔羊肺炎

1. 羔羊肺炎的症状是什么？ 由肺炎球菌和羊支原体引起。此病多发生于冬末春初昼夜温差大的季节，并多见于瘦弱母羊产下的羔羊。由温带转入寒带饲养的羊所产羔羊发病率高。

2. 如何防治羔羊肺炎？

(1) 预防 在发病严重地区，给母羊和2月龄以上的幼龄羊注射羊肺炎支原体灭活疫苗2～3毫升。

(2) 治疗

① 胸腔注射青霉素、链霉素各10万～20万单位。在倒数第6～8肋，背部向下4～5厘米处进针深1～2厘米，每天2次，连用3～4天。

② 肌内注射磺胺嘧啶，每天2次，每次2～3毫升，连用3～4天。

③ 枝原净、泰乐霉素口服或注射，每千克体重用药45毫克，每天1次，连用6天。

二、腹泻

1. 羊腹泻的症状是什么？ 羊腹泻主要是因为羊只吃下了难以消化的饲料或者羔羊吃乳过量而引起的胃肠机能紊乱的一种症状。该病多发生于7日龄内羔羊，以2～4日龄羔羊发病率最高。

(1) 羔羊腹泻 病初羔羊精神委顿，不吃奶，腹壁紧张，触摸有痛感，继而发生粥状或水样腹泻。排泄物起初呈黄色，然后转为淡灰白色，含有乳凝块，严重时混有血液；排粪时表现痛苦和里急后重；病羔全身衰弱，精神委顿，食欲废绝，久卧不起，常因脱水而引起死亡。

(2) 成年羊腹泻 排出黄绿色或黑色稀软粪便。严重者粪便呈水样或粥样，臭味或恶臭味，并有黏液。可能继发肠型大肠杆菌或肠道炎症而导致严重脱水或自体中毒，全身恶化而死亡。

2. 如何防治羊腹泻？

(1) 预防 主要是注意饲养管理，常保持圈舍卫生和饮喂用具卫生。饮喂应定时定量，春冬寒冷季节要让圈舍保持一定的温度，舍饲羊要适当运动和阳光照射，同时注意饲喂全价饲料。

(2) 治疗 病羊病情较轻者，只要改善饲喂的草料品质，改善舍饲环境，不治即可自愈。人工舍饲的羔羊应停奶，并于24小时内灌服电解质溶液，然后再逐渐喂奶。如果该病继发肠道炎症，应参照胃肠炎的疗法，口服或注射抗菌药。具体方法如下：

① 口服土霉素、链霉素各0.125～0.25克，也可再加乳酶生1片，每天2次。

② 肌内注射痢菌净，每次1～2毫升，2次即可。

③ 口服杨树花煎剂、增效泻痢宁、维迪康，对病毒引起的腹泻疗效较好。

三、眼病

1. 羊眼病的症状是什么？ 该病多发生在温湿度较高的夏秋季节，且传染速度很快，多呈地方性流行。发病率可达90%～100%，但病死率很低。病羊流泪，羞明，疼痛，结膜充血，浮肿，角膜混浊，严重的角膜呈云雾状，最后视力可能完全丧失。病羊精神沉郁，食欲下降，生长缓慢，掉膘。

2. 如何防治羊眼病？

① 用生理盐水或2%硼酸、0.5%～1%的明矾溶液进行冲洗。

② 用氟哌酸或红霉素、金霉素眼药膏（水）点眼治疗。

③ 用皮脂类固醇药物（如地塞米松、0.1%～0.2%氢化可的松）配合抗生素、麻醉药进行结膜下注射治疗。

四、流感

1. 羊流感的症状是什么？ 羊流感一般由气候变化引起，是呼吸道上部及附近器官的炎症，最容易发生于绵羊及乳用犊山羊。此病本身并无严重性，但如粗心大意，不进行及时治疗就可能引起喉头、气管和肺的严重并发症。

发生流感的羊一般愿意出圈，易患感冒，流鼻涕，常打喷嚏，擦鼻，摇头，发鼻呼吸音；小羊常磨牙，大羊常发出鼾声。表现为精神沉郁，食欲减退或不食，呼吸急促（每分钟 120 次左右），肺部无明显啰音，体温达 40.5 ℃左右。一般用青霉素、链霉素治疗无效。

2. 如何防治羊流感？

（1）预防 注意天气变化，做好御寒保温工作。冬季羊舍的门窗、墙壁要封严，以防止冷风侵袭；夏季要防止在大汗后遭风吹雨林。

（2）治疗

① 将病羊隔离，多给清水，并喂以青苜蓿或其他青饲料，防止继发喉炎及肺炎。

② 每天上午用复方氨基比林 20 毫升、下午用安乃近 20 毫升肌内注射，连用 2 天，另加地塞米松 10 毫升注射。经过治疗，第 3 天可痊愈。为预防继发感染，可每天每 100 千克体重用长效青霉素 10 毫升、卡那霉素 250 万单位分别作肌内注射，每天 2 次。

③ 病初应用复方奎宁波（巴苦能），羊 5～10 毫升（孕羊禁用）。

④ 中药可用“柴胡平胃散”：柴胡 45 克、黄芪 45 克、半夏 18 克、党参 30 克、苍术 24 克、陈皮 30 克、厚朴 24 克、赤苓 21 克、甘草 15 克，研为细末，开水冲调，候温 1 次灌服。

五、肠痉挛

1. 肠痉挛的症状是什么？ 肠痉挛又称肠痛、卡他性肠痛、卡他性肠痉挛，是由于肠平滑肌受到异常刺激发生痉挛性收缩，并以明显的间歇性腹痛为特征的一种腹痛病。该病发作时，病羊表现前肢刨地，后肢踢腹，回顾腹部，起卧不安，卧地滚转，持续 5～10 分钟后便进入间歇期。在间歇期，病羊外观上与健康羊无太大差别，安静站立，有的尚能采食和饮水。但经过 10～30 分钟，腹痛又发作，经 5～10 分钟后又进入腹痛间歇期。随着时间的推移，有的病羊腹痛逐渐减轻，间歇期延长，常不药而愈。病羊除表现间歇性腹痛外，还有的症状有：病轻者，口腔湿润，口色正常或色淡；病重者，口色发白，口温偏低，耳鼻部发凉。除腹痛发作时呼吸急促外，体温、呼吸、脉搏变化不大。大、小肠音增强，连绵不断，有时在数步之外都可听到高朗的肠音，偶尔出现金属音，随肠音增强排粪次数也相应增加，粪便很快由干变稀，但量逐渐减少。

2. 如何防治肠痉挛？

（1）预防 本病主要是因受寒冷刺激引起，应注意保暖，加强母羊的饲养管理，防止羔羊采食品质不良的饲料，避免羔羊过于饥饿。

(2) 治疗 原则是解除肠痉挛，清肠止酵。

① 解痉镇痛 病羊腹痛剧烈时，可皮下注射30%安乃近注射液或静脉注射安溴注射液；也可静脉注射5%水合氯醛酒精注射液；或者肌内注射盐酸消旋山莨菪碱注射液，用量应参照药物说明书。这些药物的疗效都很显著，一般情况一剂即可治愈。

② 清肠止酵 可用水合氯醛3克、樟脑粉3克、植物油（或液体石蜡）200毫升，内服。或者用人工盐30克、芳香氨醑10毫升、陈皮酊15毫升、水合氯醛3克，加水溶解，内服。也可用人工盐30克、鱼石脂3克、酒精50毫升，加水溶解，内服。

六、瘤胃积食

1. 瘤胃积食的症状是什么？ 瘤胃积食又称急性瘤胃扩张，是反刍动物贪食大量饲料引起的瘤胃扩张，内容物停滞和阻塞及整个前胃机能障碍，形成脱水和毒血症的一种严重疾病。山羊比绵羊多发，年老母羊较易发病。本病多发生于舍饲羊或瘦弱羊。

病羊常在饱食后数小时内发病，不安，目光凝视，弓背站立，回顾腹部或后肢踢腹，间或不断起卧；食欲废绝，反刍停止，虚嚼，磨牙，时而努责，常有呻吟、流涎、嗳气，有时作呕或呕吐。瘤胃蠕动音减弱或消失。触诊瘤胃，内容物硬实，有的病例呈粥状；腹部膨胀，瘤胃背囊有一层气体，穿刺时可排出少量气体和带有臭味的泡沫状液体。腹部听诊，肠音微弱或沉寂。病畜便秘，粪便干硬，色暗，间或发生腹泻。瘤胃内容物呈粥状，有恶臭时表明继发中毒性瘤胃炎。晚期病例，腹部胀满，瘤胃积液，呼吸急促，心悸动增强，脉率增快；皮温不整，四肢下部、角根和耳冰凉，全身颤抖，眼窝凹陷，黏膜发绀。病畜衰弱，卧地不起，陷于昏迷状态。病情加重时呼吸困难，结膜发绀，脉搏数增加。若无并发症，体温则正常。因过食大量豆谷类精饲料引起的积食，通常呈急性，主要表现为中枢神经兴奋性增高，侧卧、脱水及致中毒症状。

2. 如何防治羊瘤胃积食？

(1) 预防 加强饲养管理，防止突然变换饲料和过食，避免外界各种不良因素的刺激和影响。

(2) 治疗 原则是增强瘤胃蠕动机能，促进瘤胃内容物的排出，调整与改善瘤胃内生物学环境，防止脱水与自体中毒。一般病例，首先绝食，限制饮水，增加运动，并进行瘤胃按摩，每次5～10分钟，每隔30分钟一次。

① 按摩疗法 按摩瘤胃，每天可进行多次，每次10～20分钟。可适当运动，可促进瘤胃蠕动。

② 洗胃疗法 将胃导管插入羊瘤胃中二外部导管位置并放低让胃内容物外流。不流时，可灌入适当温水，用手按摩瘤胃予以配合，再将外部导管头放低让胃内容物外流，如此反复数次即可。而后再灌入碳酸氢钠片0.3克×50片、人工盐50克、酵母片0.5克×50片，健康羊胃液适量，一般一次即愈。

③ 药物疗法 静脉注射促反刍液。酒石酸锑钾0.5～1克、酒精5～10毫升，加水100毫升，一次口服。硫酸钠50克、大黄苏打0.3克×50片、鱼石脂2克、陈皮酊30毫升、石蜡油200毫升，一次灌服，羔羊酌减。中药可服用三仙硝黄散，体质弱者可服用黄芪散。严重的瘤胃积食，经药物或洗胃治疗效果不好时，应早期作瘤胃切开术。

七、瘤胃臌气

1. 瘤胃臌气的症状是什么？ 瘤胃臌气是采食了大量容易发酵的饲料，在瘤胃内微生物的作用下，异常发酵，产生大量气体，引起瘤胃和网胃急剧膨胀，导致呼吸与血液循环障碍，发生窒息现象的一种疾病。本病绵羊多见。急性瘤胃臌胀，通常在羊采食不久发病。腹部迅速膨大，左肷窝明显突起，严重者高过背中线。反刍和嗳气停止，食欲废绝，发出吭声，表现不安，回顾腹部。腹壁紧张而有弹性，叩诊呈鼓音；瘤胃蠕动音初期增强，常伴发金属音，后减弱或消失。呼吸急促，甚至头颈伸展，张口呼吸。胃管检查：非泡沫性臌胀时，从胃管内排出大量酸臭的气体，臌胀明显减轻；泡沫性臌胀时，仅排出少量气体，不能解除臌胀。病后期，病羊心力衰竭，出现血液循环障碍，静脉努张，呼吸困难，黏膜发绀；目光恐惧，出汗，间或肩背部皮下气肿，站立不稳，步态蹒跚甚至突然倒地，痉挛、抽搐。最终因窒息和心脏麻痹而死亡。慢性瘤胃臌胀，多为继发性瘤胃臌胀。瘤胃中等度膨胀，常为间歇性反复发作。

2. 如何防治羊瘤胃臌气？

（1）预防 加强饲养管理，不让羊采食霉败和易发酵饲料或雨后、霜露、冰冻的饲料。如果饲喂多汁易发酵的饲料，应定时定量，喂后切不要立即饮水。

（2）治疗 治疗原则是排出气体、理气消胀、强心补液、健胃消导、恢复瘤胃蠕动。

① 病情较轻的病例，使病羊立于斜坡上，保持前高后低姿势，不断牵引其舌，同时按摩瘤胃，促进气体排出。

② 通过上述处理后效果仍不显著时，可用松节油20～30毫升、鱼石脂

10～20克、酒精30～50毫升，温水适量，或者内服8%氧化镁溶液500毫升，以止酵消胀。也可灌服胡麻油合剂（胡麻油或清油100毫升、芳香氨酯8毫升、松节油6毫升、樟脑酯6毫升、常水适量），成年羊一次灌服。

③ 泡沫性臌胀，以灭沫消胀为目的。可内服表面活性药物，如二甲基硅油0.5～1克、消胀片25～50片/次；也可用松节油3～10毫升、液体石蜡30～100毫升、常水适量，一次内服。

④ 当药物治疗效果不显著时，应立即施行瘤胃切开术，取出其内容物

⑤ 当有窒息危险时，首先应实行胃管放气或用套管针穿刺放气（间歇性放气），防止窒息。放气后，为防止内容物发酵，宜用鱼石脂2～5克、酒精20～30毫升、常水150～200毫升，一次内服或从套管针内注入生石灰水或8%氧化镁溶液，或者2～5毫升稀盐酸，加水适量。此外，在放气后还可用0.25%普鲁卡因溶液5～10毫升稀释40万～80万国际单位青霉素后，注入瘤胃。

八、前胃弛缓

1. 前胃弛缓的症状是什么？ 前胃弛缓是由各种病因导致的前胃神经兴奋性降低，肌肉收缩力减弱，瘤胃内容物运转缓慢，微生物区系失调，产生大量发酵和腐败的物质，可引起消化障碍，食欲、反刍减退，乃至全身机能紊乱的一种疾病。

（1）急性型 病畜食欲减退或废绝，反刍减少、短促、无力，时而嗳气并带酸臭味；奶山羊泌乳量下降；瘤胃蠕动音减弱，蠕动次数减少；触诊瘤胃，其内容物黏硬或呈粥状。病初粪便变化不大，随后粪便变为干硬、色暗，被覆黏液。如果伴发前胃炎或酸中毒时，病情急剧恶化，出现呻吟、磨牙，食欲废绝，反刍停止。

（2）慢性型 通常由急性型前胃弛缓转变而来。病畜食欲不定，有时减退或废绝；常常虚嚼、磨牙，发生异嗜，舔砖、吃土或采食被粪尿污染的褥草、污物；反刍不规则，短促、无力或停止；嗳气减少、嗳出的气体带臭味。病情弛张，时而好转，时而恶化，日渐消瘦；被毛干枯，无光泽；皮肤干燥，弹性减退。

2. 如何防治羊前胃弛缓？

（1）预防 奶羊和肉羊都应依据日粮标准饲喂，不可任意增加饲料用量或突然变更饲料；注意圈舍卫生和通风、保暖，做好预防接种工作。

（2）治疗 治疗原则是除去病因，立即停止饲喂发霉变质的饲料。加强护理，增强前胃机能，改善瘤胃内环境，恢复正常微生物区系，防止脱水和自体

中毒。

① 应用促反刍液（5%葡萄糖生理盐水注射液 50 毫升、10%氯化钠注射液 10 毫升、5%氯化钙注射液 20 毫升、20%苯甲酸钠咖啡因注射液 2.5 毫升），一次静脉注射，并肌内注射维生素 B_1。因过敏性因素或应激反应所致的前胃弛缓，在应用促反刍液的同时，肌内注射 2%盐酸苯海拉明注射液 5 毫升。皮下注射新斯的明 2～5 毫克或毛果芸香碱 5～10 毫克，但对于病情重剧、心脏衰弱、老龄母羊和妊娠母羊则禁止应用，以防虚脱和流产。

② 对继发性前胃弛缓，着重治疗原发病，并配合前胃弛缓的相关治疗，以促进病情好转。

九、肠扭转

1. 肠扭转的症状是什么？ 肠扭转是肠管沿其纵轴或以肠系膜基部为轴发生的程度不同的扭转。肠管也可沿横轴发生折转，称为折叠，如小肠扭转、小肠系膜根部扭转、盲肠扭转或折叠、左侧大结肠扭转或折叠、小结肠扭转等。

病畜食欲废绝，口腔干燥，肠音微弱或消失，排恶臭稀粪，并混有黏液和血液。腹痛由间歇性腹痛迅速转为持续性剧烈腹痛，病畜极度不安，急起急卧，急剧滚转，仰卧抱胸，驱赶不起。即使用大剂量的镇痛药，腹痛症状也常无明显减轻或仅起到短暂的止痛作用；在疾病后期，腹痛变得持续而沉重。随疾病的发展，体温升高，出汗，肌肉震颤。脉率增快，每分钟可达 100 次以上，脉搏细弱或脉不感于手；呼吸急促，结膜暗红或发绀，四肢及耳鼻发凉。

2. 如何防治肠扭转？ 根据肠扭转的程度，可及早采取手术对扭转的部位进行复位。病初，手术疗效较佳，后期疗效较差。

为保证病畜的抗病能力，除应用镇痛剂以减轻疼痛刺激外，还应采取减压、补液、强心，服用新霉素或注射庆大霉素等抗菌药物，制止肠道菌群紊乱，减少内毒素生成，以维持血容量和血液循环功能，防止休克发生。严禁投服泻剂。

十、胃肠炎

1. 胃肠炎的症状是什么？ 胃肠炎是胃肠壁表层和深层组织的重剧性炎症。临床上很多胃炎和肠炎往往相伴发生，故合称为胃肠炎。

(1) 急性胃肠炎 病羊精神沉郁，食欲减退或废绝，口腔干燥，舌苔重，口臭，嗳气，反刍减少或停止。腹泻，粪便腥臭，并混有黏液。有不同程度的腹痛和肌肉震颤，肚腹蜷缩。病初，肠音增强，随后逐渐减弱甚至消失。此外，病羊体温升高，心率增快，呼吸加快，眼结膜暗红或发绀，眼窝凹陷，皮肤弹性减退，血液浓稠，尿量减少。

(2) 慢性胃肠炎 病羊精神不振，衰弱，食欲不定，时好时坏，挑食，异嗜，往往喜爱舔食砂土、墙壁和粪尿；便秘，或者便秘与腹泻交替，并有轻微腹痛，肠音不整；体温、脉搏、呼吸常无明显改变。

2. 如何防治羊胃肠炎？

(1) 预防 搞好饲养管理工作，不用霉败饲料饲喂家畜，不让动物采食有毒物质和有刺激、腐蚀的化学物质；做好羊群的定期预防接种和驱虫工作。

(2) 治疗 治疗原则是消除炎症，清理胃肠，预防脱水，维护心脏功能，解除中毒，增强机体抵抗力。

① 抑菌消炎 病羊可内服相关药物进行治疗，如庆大霉素（1～2毫克/千克）、环丙沙星（2.0～5毫克/千克）、乙基环丙沙星（2.5～3.5毫克/千克）等抗菌药物。

② 清理胃肠 对肠音弱，粪干、色暗或排粪迟缓，有大量黏液，气味腥臭的病羊，为促进胃肠内容物的排出，减轻自体中毒，应采取缓泻措施。常用液体石蜡（或植物油）100毫升、鱼石脂5克、酒精50毫升，内服。

③ 止泻 当病羊粪稀如水、频泻不止、腥臭气不大、不带黏液时，应止泻。药用炭10～25克加适量常水，内服；或者用鞣酸蛋白2～5克、碳酸氢钠5～8克，加水适量，内服。

④ 加强护理 搞好畜舍卫生。当病羊4～5天未吃食物时，可灌炒面糊或小米汤、麸皮大米粥；开始采食时，应给予易消化的饲草、饲料和清洁饮水，然后逐渐转为正常饲养。

十一、瘤胃酸中毒

1. 瘤胃酸中毒的症状是什么？ 瘤胃酸中毒，又称乳酸中毒，是因羊采食了过多的富含碳水化合物的谷物饲料而引起的瘤胃内容物异常发酵，产生大量乳酸，使瘤胃内正常菌群平衡受到破坏，导致瘤胃生物学消化功能降低的疾病。酸中毒可发生在断奶过早的绵羊。饱食后1～3天以内病羊出现厌食、沉郁和虚弱，体温维持正常，呼吸和脉搏加速，瘤胃蠕动废绝，皮肤脱水。疾病发展致使病羊出现黏液样腹泻和腹痛，身体虚弱引起共济失调与运动缓慢。

2. 如何防治羊瘤胃酸中毒？

(1) 预防 避免绵羊意外地得到过量的谷物和其他发酸饲料的机会。对选入围栏育肥场的已适应粗饲料的羔羊，日粮应逐渐地、分阶段地由低比例的精饲料变为高比例的精饲料，饲料转换最少应该用7～10天的时间；精饲料内添加缓冲剂和制酸剂，如碳酸氢钠、氢氧化镁或氧化镁等，使瘤胃内pH保持在

5.5以上；可在精饲料内添加抑制乳酸菌的一些抗生素，如拉沙力菌素、莫能菌素、硫肽菌素等。

(2) 治疗 应在本病的早期进行。用矿物油灌肠，以清理和排空瘤胃；用制酸剂减少瘤胃内容物的吸收，用碳酸氢盐溶液以恢复酸碱平衡。

① 中和血液酸度以缓解机体酸中毒 静脉注射5%碳酸氢钠溶液200毫升。

② 补充体液防止脱水 补充5%葡萄糖生理盐水或复方氯化钠溶液，静脉注射500～1 000毫升，补液中加入强心剂效果更好。

③ 对症疗法 如伴发蹄叶炎时，可注射抗组胺药物；为防止休克，宜选用肾上腺皮质激素类药物；为恢复胃肠消化机能，可给予健胃药和前胃兴奋剂。

十二、羔羊消化不良

1. 羔羊消化不良的症状是什么？ 本病是初生羔羊在哺乳期的常发疾病，以出现异嗜、食欲减退或不定期下痢等为主要特征。根据疾病经过和严重程度的不同，可以区分为单纯性消化不良和中毒性消化不良。

病初，病羊食欲减少或废绝，被毛蓬乱，喜卧。可视黏膜稍见发紫，病羊精神委顿。继而频频排出粥状或水样稀便，每日达十余次。粪带酸臭，呈暗黄色。有时由于胆红质在酸性粪便中变为胆绿质，可以见到粪呈绿色。在腐败过程占优势时，粪的碱性增强，颜色变暗，内混黏液及泡沫，带有不良臭气。由于排粪频繁，因此病羔大量失水，同时营养物未经吸收即排出，故病羔显著瘦弱，甚至有脱水现象。本病常可转为胃肠炎而使症状恶化，体温可升高至40～41℃。

2. 如何防治羔羊消化不良？

(1) 预防 加强对孕羊和羔羊的饲养管理。

(2) 治疗 应改善卫生条件，加强饲养管理，注意护理，抑菌消炎，促进消化，防止酸中毒，制止胃肠的发酵和腐败过程。

① 首先隔离病羔，给予其合理的饲养与护理。如为发酵性下痢，应除去富含糖类的饲料；若为腐败性下痢，应除去蛋白质饲料，而改给富于糖类的饲料。

② 为了减少对胃肠黏膜的刺激和排出异常产物，病羔应绝食8～12小时，只给其生理盐水、茶水或葡萄糖盐水，每日3～4次，每次100毫升左右。温度应和体温相当。

③ 对于较轻的病例，根据情况可内服盐类或油类泻剂，同时用温水灌肠。

④ 服用助消化药，如乳酶生或蛋白酶，每次2～4克，每天3次；或食母

生、碳酸氢钠、维生素 B_1 各 2～4 克，用温水适量调服。

⑤ 对严重病例，应用磺胺类药物或抗生素，抑制肠道细菌的发育繁殖和防止中毒，同时加用收敛保护药物。

⑥ 对体弱长期消化不良而习惯性腹泻的病羔，输血治疗有较好效果。可取母血 30～50 毫升，输给羔羊。

⑦ 如母羊乳汁不足或母羊因病不能哺乳时，可哺喂人工初乳（鱼肝油 10～15 毫升、氯化钠 10 克、鲜鸡蛋 3～5 个、新鲜牛乳 1 000 毫升，混合搅匀），羔羊 50～100 毫升。开始给正常量的 1/4，以后逐增至 1/3～1/2，并用温开水稀释 1 倍左右。

十三、羊肠便秘

1. 羊肠便秘的症状是什么？ 羊肠便秘是饲养管理不善导致的肠管蠕动减弱，分泌减少，肠管弛缓，内容物停滞在肠道，造成肠道阻塞而发病。本病山羊和绵羊均可发生，但绵羊比山羊多见；山羊羔中以人工哺乳者比较容易发生。

病初有轻微腹痛，但可呈持续性发展。表现精神不振或沉郁，食欲、反刍减少或停止，有时有排粪动作，但不见粪便排出。出生羔羊患病时，时常伏卧，后腿伸直，痛苦哀叫，有时显示起卧不安状态。成年羊发病时，最主要的症状是做伸腰动作；严重者面部表情忧郁，离群，不食，常回首腹部，起卧不宁，或者毫无方向地游走。

2. 如何防治羊肠便秘？

(1) 预防 人工哺喂仔山羊时，务必做到定时定量；羊只在冬季由放牧转为舍饲期时，一定要供应其充足的饮水，并使其保持一定的运动量。

(2) 治疗 早期可以应用镇痛剂，随后做通便、补液和强心治疗。具体的疗法有：

① 灌肠 给温盐水任其自由饮用，或重症者用稀薄、温暖的肥皂水灌肠。若无灌肠器，可用一段橡皮管，一头连一个漏斗，另一头插入病羊的肛门，徐徐灌入准备好的肥皂水，灌入量不限。当羊努责时，任其自由流出，然后再反复灌入。

② 灌肠以后，假如不能治愈，可再给以泄盐 80～100 克或石蜡油 150～180 毫升。

③ 给予容易消化的调养性饲料，如水分多的绿色饲料。

④ 中药疗法 大黄 12 克、芒硝 15 克、枳实 6 克、厚朴 6 克、麻仁 30 克、神曲 15 克、用水煎服、或为开水冲服。

十四、口炎

1. 羊口炎的症状是什么？ 口炎是口腔黏膜表层或深层的炎症。口腔黏膜因发炎而表现充血、肿胀、出血和溃疡（主要在齿龈和舌根）、甚至糜烂，口腔温度增高。炎性产物、脱落的上皮细胞及残存在口腔中的饲料腐败时，口内有腐臭味。原发性口炎，一般无全身症状。但如果治疗不及时，会使病程拖延。病羊因长期采食障碍，日渐消瘦，泌乳量下降；羔羊则出现生长发育不良等全身症状。

羊口炎可根据食欲降低，口内流涎，咀嚼缓慢或想吃而不敢吃，常从口角流出混有黏液的饲料，有时吐草；严重时口腔内有臭味，一般可以作出诊断。但要注意与口蹄疫、羊痘等传染病的鉴别诊断。

2. 如何防治羊口炎？

(1) 预防 注意饲料质量与卫生，要合理调配饲料；及时修整病齿，防止其对口腔黏膜的器械损伤；避免经口投服刺激性药物；防止羊误食毒物和发霉腐败的饲料。须用有刺激性的药物（如水合氯醛）时，可加浆剂后用胃管投服。

(2) 治疗

① 患有卡他性口炎时要加强护理，消除发病原因，喂给柔软、无刺激性的饲料，如青草、软干草、米粥及麸粥，勤饮干净水。不能采食的可用胃管灌豆浆或小米粥。

② 症状较轻的可用1%食盐水，或2%～3%硼酸液，或2%～3%碳酸氢钠液，一日数次冲洗口腔。口腔恶臭时，可用0.1%高锰酸钾液冲洗。唾液分泌旺盛，可用1%明矾液或1%鞣酸液洗口。如口腔黏膜及舌面发生烂斑或溃疡，则口腔洗涤后在溃疡面上涂布碘甘油（5%碘酊1毫升、甘油9毫升）或1%磺胺甘油乳剂，每日1～2次。

③ 对较严重的口炎，应用磺胺明矾合剂（长效磺胺10克、明矾2～3克）装于布袋内，放在病羊口中。每日更换1次，效果良好。

④ 当出现口舌肿胀、口温增高、口色发红、脉象洪数、口流涎时，可口衔“青黛散”，其有清心火、消肿胀、清凉止痛之功能。

十五、创伤性网胃腹膜炎

1. 羊创伤性网胃腹膜炎的症状是什么？ 创伤性网胃腹膜炎，又称创伤性消化不良，是由于异物刺伤网胃壁而发生的一种疾病。其临床特征为急性或慢性前胃弛缓、瘤胃间歇性臌气。本病见于奶山羊，偶尔发生于绵羊。

病羊精神沉郁，食欲减少，反刍缓慢或停止，行动谨慎；表现疼痛，弓背，不愿急转弯或走下坡路，前胃弛缓，慢性瘤胃臌气，肘肌外展及肘肌颤动。用手掌触诊网胃区，或用拳头顶压剑状软骨区时，病羊表现疼痛、呻吟、躲闪。

2. 如何防治羊口炎?

(1) 预防 加强饲养管理。管理人员不可将铁丝、铁钉、缝针、注射针头或其他金属异物随地乱扔，以防混入饲草。严禁在牧场或羊舍堆放铁器，及时清除饲草中异物，可在草料加工设备中安装磁铁，以清除铁器。

(2) 治疗

① 保守疗法 病初，病羊应停止活动、禁止放牧，减少饲草喂量，降低腹腔脏器对网胃的压力。可肌内注射青霉素 80 万国际单位、链霉素 0.5 克，每天 2 次，连用 1 周。亦可用磺胺嘧啶 5～8 克、碳酸氢钠 5 克，加水一次内服，每天 1 次，连用 1 周以上。

② 手术疗法 可行瘤胃切开术，取出异物。

十六、食管阻塞

1. 羊食管阻塞的症状是什么? 食管阻塞是食管某段被食物或其他异物阻塞引起的不能下咽的急性病症。一般表现为突然停止采食，病羊口涎下滴，头向前伸，表现吞咽动作，精神紧张，极度不安。严重时，嘴可伸至地面。由于嗳气受到障碍，病羊常常发生膨胀。若食管完全阻塞，水和唾液完全不能咽下时则从鼻孔、口腔流出。在阻塞物上方部位可积存液体，触诊有波动感，多发生迅速增重的臌气。若不完全阻塞，液体可以通过食管而食物不能下咽，多伴有轻度臌气。

2. 如何防治羊食管阻塞?

(1) 预防 平时应严格遵守饲养管理制度，避免羊只过于饥饿而发生饥不择食和采食过急的现象，以至引起本病。

(2) 治疗

① 如堵塞物位于颈部，可用手沿食管轻轻按摩，使其上行，以便从咽部取出。必要时可先注射少量阿托品以消除食管痉挛和逆蠕动，这对治疗极为有利。

② 有经验的农牧民或饲养员，常用一碗冷水猛然倒入羊耳内，使羊突然受惊，以至肌肉发生收缩，咽下堵塞物。

③ 如堵塞物位于胸部食管，可先将 2%普鲁卡因溶液 5 毫升和石蜡油 30 毫升，用胃管送至阻塞物位置，然后用硬质胃管推送阻塞物进入瘤胃。若不能

成功，可先灌入油类，然后插入胃管，手捏住阻塞物上方，在打气加压的同时推动胃管，使哽塞物入胃，一般效果较好。但油类不可灌入太多，以免引起吸入性肺炎。

④ 胀气严重时，应及时用粗针头或套管针放气，但要防止羊只死亡。

⑤ 在取出或疏通无望时，需要施行外科手术将其取出。对施行手术无价值的羊只，宜及早屠宰作为肉用。

十七、急性支气管炎

1. 羊支气管炎的症状是什么？ 支气管炎是支气管黏膜表层或深层的炎症，是羊常见的呼吸道疾病，多发生于冬春两季。主要是羊受寒感冒，降低了机体的抵抗力，为感染创造了适宜的条件。根据病程可分为急慢和慢性两种。

病初有阵发性干、短并带疼痛的咳嗽，触压气管时则咳嗽更加频繁。随着支气管分泌物的增多，咳嗽减轻，但次数增多而呈湿性长咳，痛感也减轻。有时咳出痰液，同时鼻腔或口腔排出脓性分泌物。胸部听诊可听到啰音，病初为干啰音，后期为湿啰音。体温一般正常，有时升高 0.5～1 ℃。此时食欲稍减，反刍减少或停止，前胃弛缓，奶量下降。炎症侵害范围扩大时，可引起全身症状。

2. 如何防治羊支气管炎？

（1）预防 加强饲养管理，给病羊以多汁和营养丰富的饲料和清洁的饮水，圈舍要宽敞、清洁、通风透光、无贼风侵袭，排出致病因素后，要防止受寒感冒。

（2）治疗

① 祛痰止喘　可口服氯化铵 1～2 克、吐酒石 0.2～0.5 克、碳酸铵 2～3 克，其他如吐根酊、远志酊、复方甘草合剂、杏仁水等均可应用。止喘可肌内注射 3%盐酸麻黄素 1～2 毫升。

② 控制感染　以抗生素及磺胺类药物为主。可用 10%磺胺嘧啶钠 10～20 毫升肌内注射；也可内服磺胺嘧啶，每千克体重 0.1 克（首次加倍），每天2～3 次；肌内注射青霉素 20 万～40 万国际单位或链霉素 50 万～100 万单位，每日 2～3 次，直至体温下降为止。

十八、小叶性肺炎

1. 羊小叶性肺炎的症状是什么？ 小叶性肺炎是一个或一群肺小叶的炎症，又称卡他性肺炎，是指在肺泡中充满了卡他性渗出物和白细胞、红细胞及脱落的上皮细胞。这种炎症常与支气管炎或毛细支气管炎并发，由后者蔓延而来，故又称支气管肺炎。

病初症状不明显，仅有支气管卡他症状，只是发展到一定程度后病羊才表现精神不振、食欲及反刍减少、奶量下降、黏膜发绀、呼吸困难及脉搏加快等全身症状。病羊体温可升高 1.5～2 ℃，呈弛张热。鼻液增多，初为浆液性分泌物，后为黏液性分泌物，无恶臭。咳嗽初为干性，后为湿性。叩诊胸壁能引起咳嗽，且可出现局灶性浊音。听诊可听到啰音及病灶周围肺泡音亢盛。若并发肺坏疽、心包炎，则病情急剧恶化，常导致全身中毒而死亡。

2. 如何防治羊小叶性肺炎?

(1) 预防 加强饲养管理，增强机体抗病能力。舍饲羊要严格控制饲养密度，圈舍应保持通风、干燥、向阳。冬季保暖，春季防旱，防止感冒。饲喂蛋白质、矿物质、维生素含量丰富的饲料。经远道运输的羊只，不要急于饲喂精饲料，应多为精饲料或青贮料。

(2) 治疗

①控制感染 可用抗生素和磺胺类药物。青霉素、链霉素对本病有一定的疗效，可单独使用，必要时同时并用。也可采用新霉素、土霉素、四环素、卡那霉素等抗生素。

②对症疗法 当体温过高时，可肌内注射安乃近 2 毫升，每日 2 次。当有干咳时，可给予镇咳祛痰剂。常用处方有：磺胺嘧啶粉 2 克、小苏打 2 克、复方咳必清 5 毫升、复方甘草合剂 5 毫升。加水混合，一次灌服。

十九、膀胱炎

1. 羊膀胱炎的症状是什么? 膀胱炎是膀胱黏膜表层及深层的炎症。按炎症的性质可分为卡他性、纤维蛋白性、化脓性、出血性四种。一般多为卡他性，多见于绵羊。

该病主要症状为尿频，病羊常作排尿姿势，每次只排出少量尿液，但总尿量不变。有时因膀胱括约肌收缩或膀胱黏膜肿胀而发生尿闭。此时病羊疼痛不安，公羊常见阴茎勃起，母羊后躯摇晃，频开阴门。

2. 如何防治羊膀胱炎?

(1) 预防 本病预防应建立严格的卫生管理制度，防止病原微生物感染，导尿时应严格遵守操作规程和无菌原则。患其他生殖、泌尿系统疾病时，应及时治疗，以防蔓延。

(2) 治疗 膀胱炎的治疗原则是加强饲养管理、抑菌消炎、防腐消毒及对症治疗。

① 加强饲养管理，减少精饲料的喂量，给予易消化、无刺激性的饲料和大量清水，最好喂青草、青干草和萝卜等饲料。

② 消毒剂可内服乌洛托品 1~2 克，每日 1 次，连用数口；亦可用呋喃坦啶 0.2 克乌洛托品 1～2 克、氯化铵 2 克、穿心莲 30 克，成羊 1 日内服 2～3 次；头孢氨苄胶囊 1 克，氟哌酸胶囊 0.4 克，成羊 1 日 2～3 次内服。

③ 疼痛不安时，可皮下注射吗啡 0.03～0.06 克或温水灌肠。

④ 出现急性或慢性膀胱炎时，可用导尿管冲洗膀胱，冲洗前应导出膀胱中的尿液。冲洗方法是：用消毒的导尿管与橡皮管相接，上装漏斗，将温生理盐水灌入膀胱，将漏斗反复下降和抬高，然后排出灌注液，以后用同样方法灌入低浓度的消毒剂，2～3 分钟后放出。常用的低浓度消毒剂为青霉素溶液、0.1%硝酸银、1%～2%硼酸、0.5%明矾及 0.1%高锰酸钾等。

二十、中暑

1. 羊中暑的症状是什么？ 中暑，又称日射病或热射病，指强烈阳光的直接照射使得羊头部血管发生充血，而引起大脑的神经机能障碍，是夏季羊的一种常见急性病。

病羊精神不振，倦怠，继之出现神经机能紊乱，常围着圈打转，四肢发抖，步态不稳，呼吸短促，眼结膜潮红，体温升高到 40～42 ℃，心跳快而弱，皮肤干热继而大量出汗，鼻孔流出泡沫状液体，心跳每分钟 100 次以上，很快昏倒，昏倒时眼球闪动。如不及时抢救，羊会很快死亡。

2. 如何防治羊中暑？

（1）预防

① 在炎热夏季，放牧的羊群要求早出晚归，中午返回的羊群要到通风、有树荫的地方休息，避免在烈日下长时间放牧。

② 饮水处要搭有凉棚，羊舍要求通风良好。

③ 经常给羊洗澡，不具备洗澡条件时，也要经常喷洒凉水，淋浴降温。

④ 要及时驱散“扎窝子”的羊只，避免一些羊将自己的头钻到其他羊的肚子底下，致使更加受热，加重中暑。

⑤ 每天要保证有清洁凉水，让羊只自由饮用，如羊只出汗较多可适当加点盐。

（2）治疗　本病发展很快，治疗要早发现，及时抢救。

① 应迅速把病羊送到树阴下或通风凉爽的羊舍，保持环境安静，用冷水浇灌头部。严重时给全身浇冷水，同时用凉水灌肠。

② 颈脉处紧急放血 80～100 毫升，放血后补液。

③ 对兴奋不安的羊只，可静脉注射静松灵 2 毫升，或 25%硫酸镁 50 毫升。

④ 生理盐水 500 毫升，加 10%樟脑磺胺钠 2～10 毫升或 10%安钠咖 2～10 毫升，静脉注射。为预防酸中毒，可静脉注射 5%碳酸氢钠 200 毫升。

⑤ 藿香正气水 20 毫升，加凉水 500 毫升，灌服。

⑥ 西瓜 2 千克，加白糖 100 克，喂服。

二十一、骨软症

1. 羊骨软病的症状是什么？ 骨软病是成年动物软骨内骨化作用完成后由于钙、磷代谢紊乱而发生的以骨质脱钙、骨质疏松和骨骼变形为特征的一种骨营养不良。

本病属于慢性疾病。病羊一般营养较差，初期多出现异食癖，食欲减退，有腹泻、腹胀等消化紊乱情况。后因骨骼变形发生疼痛而呈转移性跛行，尤其是后肢，时轻时重，走路摇摆，肢体拖拉，有时有关节摩擦音，站立时微屈曲，喜卧。随着病情的发展，逐渐出现骨骼变形及特异姿势，如腰背下凹或弓起，后肢呈 X 形或 O 形，各关节都变粗大，肋骨与肋软骨交接处呈念珠状肿大，肋骨弧度增大，头骨肿胀，切齿和角根松动，倒数第一、二尾椎骨逐渐变小而软，直至骨体消失（除用 X 线透视外，有经验的兽医还可用手指触摸来判断），触压病变部位时非常敏感。

2. 如何防治羊骨软病？

（1）预防 注意饲料搭配。在怀孕和泌乳期间，注意补充钙质。

（2）治疗

① 为了减轻异嗜癖，可以适量给碱剂（小苏打）。

② 对于泌乳的羊，可以少量挤奶或停止挤奶，限制精饲料给量。

③ 用石英灯紫外线治疗可获得良好效果，每次照射时间 15～30 分钟，距离光源 1 米。

二十二、白肌病

1. 白肌病的症状是什么？ 白肌病是羔羊的一种急性或亚急性代谢病，临诊上以运动障碍和循环衰竭为特征，病理学上以骨骼肌和心肌变性及坏死为特征。

严重者多不表现症状而突然倒地死亡。心肌性白肌病可见心跳加快、节律不齐、间歇和舒张期杂音及呼吸急促或呼吸困难。患骨骼肌性白肌病时病羔运动失调，表现为不愿走动、喜卧，行走时步态不稳、跛行，严重者起立困难，站立时肌肉僵直。部分病羔出现腹泻。

2. 如何防治白肌病？

（1）预防　在缺硒地区，要注意在母（孕）羊和羔羊饲料中添加硒。

（2）治疗

① 对缺硒地区每年所生的羔羊，用0.2%亚硒酸钠皮下注射或肌内注射，可预防本病的发生，通常在羔羊出生后20天左右就可用0.2%亚硒酸钠液1毫升注射一次，间隔20天后用1.5毫升再注射一次。注意注射的日期最晚不超过25日龄，过迟则有发病的危险。

② 给怀孕后期的母羊，皮下注射一次亚硒酸钠，用量为4～6毫克，也可预防所生羔羊发生白肌病。

③ 若羔羊已发生本病，应立即用亚硒酸钠进行治疗，每只羊用量1.5～2毫升。还可用维生素E 10～15毫克，皮下注射或肌内注射，每天一次，连用数次。

二十三、妊娠毒血症

1. 羊妊娠毒血症的症状是什么？　本病又名妊娠中毒、孕羊营养性酮尿病或肝脂肪变性症，是怀孕母羊的一种亚急性代谢病。多发生于妊娠的最后2个月，亦见于分娩前2～3天。病的特点是肝脂肪浸润，低血糖和血、尿中出现酮体。

初期，病羊精神沉郁，放牧或运动时常离群呆立，对周围事物漠不关心；瞳孔散大，视力减退，角膜反射消失，出现意识扰乱。随着病情发展，病羊精神极度沉郁，黏膜黄染。食欲减退或废绝，磨牙，瘤胃弛缓，反刍停止。呼吸浅快，呼出的气体有丙酮味，脉搏快而弱。疾病中后期，低血糖性脑病的症状更加明显，病羊表现运动失调，行动迟缓或不愿走动，行走时步态不稳，无目的地走动，或将头部紧靠在某一物体上，或作转圈运动。粪便干而少，小便频数。严重的病例视力丧失，肌纤维震颤或痉挛，头向后仰或弯向一侧，有的昏迷，全身痉挛，1～3日内死亡。

2. 如何防治羊妊娠毒血症？

（1）预防　预防本病的关键是合理搭配饲料。对妊娠后期的母羊，必须饲喂营养充足的优良饲料，保证供给母羊所必需的碳水化合物、蛋白质、矿物质和维生素，如补饲胡萝卜、甜菜及青贮等多汁饲料。对于完全舍饲的母羊，应当每日驱赶运动两次，每次半小时。在冬季牧草不足时，放牧母羊应补饲适量的青干草及精饲料。

（2）治疗　用10%葡萄糖150～200毫升、维生素C 0.5克，静脉注射；

同时还可肌内注射大剂量的维生素 B_1。肌内注射氢化泼尼松 75 毫克或地塞米松 25 毫克，并口服乙二醇、葡萄糖和注射钙镁磷制剂；静脉注射硫代硫酸钠；出现酸中毒症状时，可静脉注射 5%碳酸氢钠溶液；还可使用促进脂肪代谢的药物，如肌醇注射液。

无论应用哪一种方法治疗，如果治疗效果不显著，建议施行剖腹产或人工引产。娩出胎儿后，症状多随之减轻。

第二节　外科病

一、腐蹄病

1. 羊腐蹄病的症状是什么？ 腐蹄病也叫蹄间腐烂或趾间腐烂病，秋季易发，主要表现为皮肤有炎症，具有腐败、恶臭、剧烈疼痛等症状。

病羊跛行，食欲降低，精神不振，喜卧。初期轻度跛行，趾间皮肤充血、发炎、轻微肿胀，触诊时病蹄敏感。后期病蹄有恶臭分泌物和坏死组织，蹄底部有小孔或大洞。用刀切削扩创，蹄底的小孔或大洞中有污黑臭水迅速流出。趾间也常能找到溃疡面，上面覆盖着恶臭物，蹄壳腐烂变形，病羊卧地不起，病情严重的体温上升，甚至蹄匣脱落，还可能引起全身性败血症。

2. 如何防治羊腐蹄病？

（1）预防

① 在饲料中补喂矿物质，特别要注意补充钙、磷等矿物质成分。

② 及时清除厩舍中的粪便、烂草、污水等。

③ 在厩舍门前放置 10%～20%硫酸铜液浸泡过的草袋；或在厩舍前设置消毒池，池中放入 10%～20%硫酸铜溶液，使羊每天出入时洗涤消毒蹄部 2～4 次。

（2）治疗 先用清水洗净蹄部污物，除去坏死、腐烂的角质。若蹄叉腐烂，可用 2%～3%来苏儿水或饱和硫酸铜溶液或饱和高锰酸钾溶液清洗，再撒上硫酸铜或磺胺粉或涂上磺胺软膏，用纱布包扎；也可用 5%～10%的浓碘酊或 3%～5%的高锰酸钾溶液涂抹。若蹄底软组织腐烂，有坏死性或脓性渗出液，要彻底扩创，将一切坏死组织和脓汁都清除干净，再用 2%～3%来苏儿或饱和硫酸铜溶液和高锰酸钾溶液消毒，并用酒精或高度白酒棉球擦干患部，封闭患部。可选用以下药物填塞、治疗：

① 用四环素粉或土霉素粉填上，外用松节油棉填塞后包扎。

② 用硫酸铜和水杨酸粉或消炎粉填塞包扎，外面涂上松节油以防腐防湿。

③ 用碘酊棉花球涂擦，并用麻丝填实、包扎。

④ 用磺胺类或抗生素类软膏填塞、包扎，再涂上松节油。

以上各种治疗方法每隔 2～3 天需换一次药。

⑤ 对急性、严重病例，为了防止败血症的发生，应用青霉素、链霉素和磺胺类药物进行全身防治。

二、脐疝气

1. 羊脐疝气的症状是什么？ 脐疝气是指腹腔脏器通过脐孔而脱入皮下的疾病，主要见于 1 岁以内的羊，1 岁以上者发生的较少。

羔羊的脐疝多为可复性疝，患脐疝的羔羊在脐部出现局限性、半圆形、柔韧无痛性肿胀，羔羊安静卧位时肿块消失。轻压可使内容物还纳腹腔。当疝气变大时，可以听到局部有肠蠕动音，羊只在行动和起卧时很不方便。如不易确诊，应作穿刺检查，根据穿刺物的性质来判断。发生嵌闭性脐疝时，病羊有剧烈的疼痛不安症状，触时肿胀部可发现较硬的絮状物，局部温度初高后低。如不及时治疗，病羊可能会死亡。

2. 如何防治羊脐疝气？

（1）预防

① 做好接生，不要将脐带从脐孔处断裂。

② 在脐带未脱落前，每日用碘酒涂搽脐带断端，防止发生脐炎。

③ 如发生脐炎，应抓紧治疗，避免炎症时间拖延而使脐孔变大。

（2）治疗

① 保守疗法　较小的疝可用绷带压迫患部，使疝轮缩小，组织增生而治愈。也可用生理盐水在疝轮四周分点注射，每点 3～5 毫升，也能促进疝轮愈合。

② 手术疗法　对可复性疝进行手术，将病羊仰卧保定，麻醉后切开疝囊，切开皮肤后将增生的疝孔边缘削掉一些，以出现新鲜创面，便于缝合后较快愈合，将腹膜与疝内容物一起还纳腹腔，用纽扣状外翻缝合或纽扣状重叠缝合最为理想。如为嵌闭性脐疝且肠管与腹膜连，可用手指进行钝性分离，分离后如上法缝合疝孔，最后结节缝合皮肤。术后应加强护理。

三、羔羊脐带炎

1. 羔羊脐带炎的症状是什么？ 羔羊脐带炎是脐带血管及其周围组织遭受感染而引起的炎症，可分为脐血管炎及坏疽性脐炎。

羔羊患脐血管炎时，病羊精神不振，腰背弓起，食欲不振，不愿运动，局部增温。触诊时脐部有热痛，脐带中央有较硬的索状物，穿刺时有脓液排出。脐部周围感染严重时，病羊呼吸、脉搏加快，体温升高。坏疽性脐炎时，脐带断端湿润，呈污红色，溃烂，有恶臭味，常形成脐带溃疡。当脐带炎症蔓延时，可引起腹膜炎，易继发败血症及脓毒败血症，有时感染破伤风杆菌而并发破伤风。

2. 如何防治羔羊脐带炎？

(1) 预防 主要是脐带的彻底消毒，不仅要对表面进行消毒，还应向残存的脐内灌注消毒液；改善产房卫生；羔羊吃奶后要擦净嘴头上的残奶，避免互相吸吮。

(2) 治疗

①早期较轻时，用抗生素及局部封闭治疗，可于脐孔周围皮下注射青霉素普鲁卡因溶液，并涂布碘酊，后期脓肿发生时应用外科手术排脓，清洁创围，用0.1%的高锰酸钾溶液或3%双氧水或0.02%呋喃西林溶液或0.01新洁尔灭溶液等冲洗创腔，除去腐烂组织，排出脓液，然后敷以消炎药物。

② 对坏疽性脐炎，须彻底切开坏死组织，以碘酊处理创口，并向创口内撒布碘仿磺胺粉或者青霉素粉、链霉素粉或蒲黄粉（地榆、蒲黄、白及等量为细末）或珍珠散。

③ 为防止感染和并发症，可肌内注射或静脉注射抗生素或磺胺类药物。也可肌内注射破伤风疫苗或内服消炎解毒散（黄芩、黄柏、二花、板蓝根各10克，生地、寸冬、当归各9克）连用5天。

第三节 产科病

一、乳房炎

1. 乳房炎的症状是什么？ 乳房炎是乳腺腺体与乳腺叶间结缔组织发炎，乳汁理化特性发生改变的一种疾病，是奶山羊最常见的一种疾病。分为隐性乳房炎与临床性乳房炎两种。临床性乳房炎又分为轻型乳房炎和重型乳房炎。

患隐性乳房炎时，病原菌已侵入乳房，但临床表现正常，只有监测时才能根据乳质变化进行判断。患轻型乳房炎时，乳汁稀薄，乳房变化不明显。患重型乳房炎时患区乳房肿胀，皮肤发红，乳汁变性，有的呈脓样或带血，常伴有全身症状。

2. 如何防治羊乳房炎？

(1) 预防 羊舍要保持清洁、干燥、通风、保温，经常进行消毒。挤奶时乳房及手指要消毒，防止粗暴挤奶，发现有乳房炎时要及时隔离治疗。

(2) 治疗　轻者一般多采用乳区注药，每次挤奶后进行。对重症除乳区治疗外多结合全身疗法，主要药物是各种抗生素，要定期进行药物敏感试验，不断更换药物。

① 20%磺胺噻唑 10～20 毫升，加 10%葡萄糖液 100 毫升，静脉注射，一天 2 次，连用 3～5 天。

② 青霉素 40 万单位，链霉素 50 万国际单位，蒸馏水 2 毫升，溶解后肌内注射或乳房实质注射，每天 2 次，连用 3 天。

③ 对发炎的乳房每天数次挤奶，每次要挤净，并进行热敷，发现乳房化脓时要及时进行外科处理。

二、胎衣不下

1. 胎衣不下的症状是什么？　胎衣不下是指羊产出胎儿后，在正常的时限内胎衣未能排出的一种疾病。胎儿产出后，母羊排出胎衣的平均正常时间：绵羊 3.5 小时（2～6 小时），山羊 2.5 小时（1～5 小时）。

母羊弓腰努责，精神不振，体温升高，常卧地，阴户流出红褐色液体，并混有胎衣碎片。胎衣长久不下时，常会发生腐败，从阴户中流出腐败恶臭的恶露，其中杂有灰白色腐败的胎衣碎片。此时病羊常出现明显的全身症状，食欲减退或无食欲，呼吸脉搏加快，精神极差。

2. 如何防治胎衣不下？

(1) 预防　加强怀孕母羊的运动，控制饮食，平衡饮食营养。

(2) 治疗

① 促进子宫收缩，排出胎衣。早期可给病羊肌内或皮下注射垂体后叶素 5～10 国际单位，2 小时后重复注射 1 次。也可用麦角碱注射液 5～10 毫克肌内注射，以促进胎儿胎盘与母体胎盘分离。向子宫内灌注 5%～10%盐水 300 毫克，20 分钟后排出盐水。手术剥离胎衣，保定病羊，按常规消毒后沿胎衣表面把手伸入子宫，小心剥离，最后向子宫内灌注抗生素或防腐消毒液，如土霉素或 0.2%普鲁卡因溶液即可。

② 当阴门和阴道较小，手难以深入子宫时，皮下注射脑垂体后叶素以促使子宫兴奋，加速胎衣排出。为了排出子宫中的液体，可以将羊的前肢提起。

③ 如出现尿道感染时，可静脉注射 10%～25%的葡萄糖注射液，同时加注 40%的乌洛托品。如出现破伤风、败血症等全身症状时，可肌内注射或静脉滴注青霉素、链霉素等抗生素。

三、阴道脱出

1. 阴道脱出的症状是什么？ 阴道脱出是阴道壁的一部分或全部外翻脱出阴门之外，又称膣脱。该病多发生于妊娠后期，偶尔发生于产后。

阴道脱出容易诊断，根据临床症状即可作出。部分阴道脱出时，其脱出的大小视时间的长短而定。初期，当羊卧下时，可以看到阴道上壁的黏膜向外突出，起立时又退缩而消失，病程久后脱出部分增大。完全脱出时，则见突出一个大而圆的粉红色瘤样物，站立时不复原。有时阴道脱出的程度很大，从外面可看到子宫颈。尿道外口常压在脱出阴道的底部，致使排尿不流畅。产后发生者，常为部分脱出。脱出的阴道因空气和异物刺激，粪土污染而出血、干裂、发炎、坏死及糜烂。严重者继发全身感染，甚至死亡。

2. 如何防治阴道脱出？

(1) 预防 改善营养条件，加强管理，保证孕羊适当运动及不刺激孕羊。

(2) 治疗

① 脱出不大时不需治疗，可采取一些措施，如使孕羊的后躯站高，适当运动，减少卧地时间，以防脱出部分继续增大。

② 在发生污染及创伤时，应用2%明矾溶液冲洗。

③ 在妊娠后期将羊置于前低后高的床位上使后躯抬高，减少后躯压力。经常用药物予以洗涤，以防止炎症发生。

④ 分娩时由于努责而脱出时，可以使用保定带给予保定，也可以实行手术治疗。完全脱出时，应进行整合手术。整合手术：前低后高保定患畜，在病羊努责强烈时，可给病羊内服200毫升左右白酒或在荐尾间隙轻度麻醉，再用消毒药清洗脱出部分及其周围，有伤口时先缝合伤口，之后进行阴道整复。整复时，先用消毒纱布将脱出阴道托起，趁病羊不努责时用手将阴道推向前方，纳入骨盆腔内。为防止再脱，可采用阴门双内翻缝合。术后肌内注射青霉素、链霉素各80万单位，每天2次，连续3天。

⑤ 加强护理，给羊喂以适口性强且易消化的食物。母羊适当运动，少睡卧，防止过度努责。

四、子宫脱出

1. 子宫脱出的症状是什么？ 子宫全部翻出于阴门之外称子宫脱出，以妊娠子宫角发生者较多。多见于羊产后6小时以内，但多胎的母羊常在产后14小时左右才发生子宫脱出。根据子宫脱出的不同程度，子宫脱出可分为完全脱出与不完全脱出两种。

在羊通常是孕角脱出，从阴门中垂出一个大的带状物，有时还附有尚未脱出的胎衣。胎衣剥落后可见有大小不等的宫阜，呈浅杯状或圆盘状。脱出的子宫时间稍久会发生瘀血水肿，有的发生高度血肿，黏膜变脆易破。病羊弓腰不安，不断努责，排尿困难。严重者常常并发便秘或腹泻，如拖延不治则黏膜发生坏死，可引发腹膜炎、败血症，可能出现全身症状。

2. 如何防治子宫脱出？

(1) 预防　保证饲料的质量与数量，保证孕羊有足够的活动。多胎的母羊，易发生子宫脱出，应在产后14小时内多加注意产羊。胎衣不下时，不可强行拉出，产道干涩，应予以润滑。

(2) 治疗　治疗本病的关键是对脱出的阴道进行整复和固定，防止复发。

① 清洗脱出的子宫黏膜。用温热的消毒防腐液（如0.1%高锰酸钾、0.1%新洁尔灭等）将脱出的子宫上的异物充分洗净，除去坏死组织，伤口大时应进行缝合，并涂以金霉素软膏或碘甘油溶液。

② 努责重者进行硬膜外麻醉，前低后高或倒卧保定，用3%双氧水或明矾液清洗或浸泡减轻水肿，去除异物及坏死组织，缓慢整复。先将子宫内层的腹腔脏器送回，再从基部或尖端开始逐一将脱出子宫送回阴道内，边送边把持顶压防止努责再脱，全部送回腹腔还原。

③ 整复完毕后，肌内注射缩宫剂及肾上腺素。

④ 并发其他炎症时，应对症治疗。术后可灌服中药当归、白勺各10克，柴胡、升麻、黄芪各15克，水煎服，连服3剂。

五、产后瘫痪

1. 产后瘫痪的症状是什么？　羊的产后瘫痪多发生于高产羊，以全身无力、循环性虚脱、知觉消失和四肢瘫痪为特征。常在产羔后1～3天发病，2～5胎母羊多发。山羊和绵羊均可发生此病，但以山羊尤其是有些二胎以上的高产母山羊多见。

病羊以四肢瘫痪，知觉丧失，舌、咽、肠道麻痹为特征。食欲减退或废绝，反刍及瘤胃蠕动停止，粪尿减少或没有，泌乳下降，不愿走动，步态僵直，站立不稳，肌肉发抖，卧下不能起立，瘫痪，有时四肢痉挛，呈胸式卧。发病后期昏睡，角膜反射很弱或消失，瞳孔散大，体温可降至36～37℃，皮温降低，心跳加快，呼吸深慢，脉搏先慢后弱，以后稍快，进而更微弱，勉强可以触到。如抢救迟误，则5～12小时死亡。

2. 如何防治产后瘫痪？

(1) 预防　分娩前要科学调整饲料中的含钙量，分娩后要及时增加钙的供应，并结合补充适量的维生素 D 等。产前一周肌内注射维生素 D_2，或注射维丁胶性钙，并保持适当运动。

（2）治疗

① 乳房送风法　乳房送风器消毒后涂凡士林，慢慢插入乳管内，送风至乳房膨胀，取出乳房送风管后，轻轻按压乳房，促使乳头括约肌收缩，防止空气外溢。若无乳房送风器，亦可用 100 毫升注射器代用。其目的是抑制泌乳，减少血钙丢失，以达到治疗的目的。

② 补钙疗法　每千克体重用 0.022 克氯化钙，配成 5%～10%溶液静脉注射，或 20%葡萄糖酸钙 50～100 毫升，缓慢静脉注射。

③ 对症治疗　根据需要进行补液，以达到强心、解毒和补充营养的目的。食欲不好可投给健胃剂。

六、初生羔羊窒息（假死）

1. 初生羔羊窒息的症状是什么？ 羔羊出生后，有呼吸发生障碍或没有呼吸，而心脏仍有搏动者称为初生羔羊窒息（假死）。

窒息程度轻时，呼吸微弱而急促，时间稍长，可发现黏膜发绀，舌垂口外，口、鼻内充满羊水和黏液，肺部有湿啰音，心跳和脉搏快而弱，仅角膜存在反射；严重窒息时，羔羊呼吸停止，体温下降，黏膜苍白，全身松软，反射消失，摸不到脉搏，只能听到心跳，呈假死状。假死与死胎的区别是，如果肛门紧闭可能是假死，张开则为死胎。

2. 如何防治初生羔羊窒息？

（1）预防　在产羔季节，应有专人值班，及时进行接产，对初生羔羊精心护理。如遇难产或者母羊有病，应及时助产，拉出胎儿。

（2）治疗

① 羔羊发生窒息时，可以进行人工呼吸。将羔羊头部放低，后躯抬高，由一人握住两前肢，前后来回拉动，交替扩展和压迫胸腔，另一人用纱布或毛巾擦净鼻孔及口腔中的黏液和羊水。在做人工呼吸时，必须耐心，直至羔羊出现正常呼吸才停止。进行人工呼吸的同时，还可使用刺激呼吸中枢的药物，如山梗茶碱 510 毫克、尼可刹米 25%油溶液 1.5 毫升等。

② 用酒精擦拭鼻孔周围以刺激呼吸。

③ 羔羊露出口、鼻，只将身体浸在 37 ℃左右的温水中。在羔羊恢复正常呼吸后，立即擦干全身，帮助羔羊吃到初乳。可适量注射抗生素，以防呼吸道发生感染。

七、难产

1. 难产的症状是什么？ 难产是由于母体或胎儿异常所引起的胎儿不能顺利通过产道的分娩疾病。包括母羊异常引起的难产和胎儿异常引起的难产两种。

(1) 阴门狭窄 分娩时阴门扩张不大，在强烈努责时，胎儿唇部和蹄尖出现在阴门处而不能通过，使外阴部突出。但在努责的间歇期外阴部又恢复原状。

(2) 阴道狭窄 阵缩及努责正常，但胎儿久不露出产道，阴道检查时可摸到狭窄部分。

(3) 胎头侧转 从阴门伸出一长一短的两前肢，不见胎头露出。在骨盆前缘或子宫内，可摸到转向一侧的胎头或胎颈，通常是转向前肢伸出较短的一侧。

(4) 胎头下弯 在阴门附近可能看到两蹄尖。在骨盆前缘，胎头弯于两前肢之间，可摸到下弯的额部、顶部或下弯颈部。

(5) 胎头后仰 在产道内可发现两前肢向前，向后可摸到后仰的颈部气管轮，再向前可摸到向上的胎头。

(6) 头颈扭转 两前肢入产道，在产道内可摸到下颌向上的胎头，可能位于两前肢之间或下方。

(7) 前肢姿势不正 常见于腕关节屈曲：一侧关节弯曲时，从产道伸出一前肢；而两侧关节弯曲时，两前肢均不伸入产道。在产道内或骨盆前缘可摸到正常胎头及弯曲的腕关节。

(8) 后肢姿势不正 倒生时，后肢姿势不正，有跗关节屈曲和髋关节屈曲两种。

① 跗关节屈曲　一侧跗关节屈曲时，从产道伸出一后肢，蹄底向上，产道检查时可摸到尾巴、肛门及屈曲的跗关节。两侧性的只能摸到尾巴、肛门及屈曲的两跗关节。

② 髋关节屈曲　一侧髋关节屈曲，从阴门伸出一蹄底向上的后肢，检查时可摸到尾巴、肛门、臀部及向前伸直的一后肢。两侧性的均可摸到尾巴、坐骨结节及向前伸的两后肢。

2. 如何防治难产？

(1) 预防 加强饲养管理，保持母羊、孕羊营养平衡。分娩过程中，保持环境安静。对于分娩的异常现象，及早发现，及早处理。

(2) 治疗

① 助产　按不同的异常产位将胎儿矫正，拉出即可。

② 手术　当宫颈扩张不全或闭锁，胎儿不能产出或骨骼变形致骨盆腔狭窄、胎儿不能通过产道时，必须请兽医进行剖腹产急救，以保母仔平安。

八、子宫内膜炎

1. 子宫内膜炎的症状是什么？　由于分娩时或产后子宫感染而使子宫内膜发炎的，称子宫内膜炎。是常见的一种母羊生殖器官疾病，是导致母羊不孕的重要原因。分急性子宫内膜炎与慢性子宫内膜炎两种。

急性子宫内膜炎多发生于母羊产后5～6天内，排出多量恶露，具有特殊臭味，呈褐色、黄色或灰白色。有时恶露中有絮状物、宫阜分解产物和残留胎膜。后期渗出物中有多量的红细胞和脓性黏液。乳量减少，食饮减退，反刍扰乱，体温微高。慢性子宫内膜炎，主要表现为不定期地排出混浊的渗出物。母羊多次发情，但屡配不佳。

2. 如何防治子宫内膜炎？

(1) 预防　加强饲养管理，搞好传染病的防治工作；适当加强运动，提高机体抵抗力；在配种、人工授精及助产时，严格消毒、规范操作。及时治疗流产、难产、胎衣不下、阴道炎等产科疾病，以防损害和感染。

(2) 治疗　原则是提高机体抵抗力、子宫紧张力和收缩力，促使子宫内渗出物排出。

① 冲洗子宫　这是治疗慢性与急性炎症的有效方法。药物可选3％氯化钠溶液、0.1％高锰酸钾溶液、0.1％雷夫奴尔溶液或0.1％呋喃西林溶液。

② 向子宫内注入抗生素　如青霉素、链霉素、金霉素等，使用抗生素应通过药敏试验进行选择。

③ 全身疗法　注射抗生素和磺胺类药物。

④ 中药疗法　当归、川草、白芍、丹皮、二花、连翘各10克，桃仁、茯苓各5克，水煎服。

第四节　中毒性疾病

一、亚硝酸盐中毒

1. 亚硝酸盐中毒的症状是什么？　亚硝酸盐中毒是由于羊只采食了大量富含硝酸盐或亚硝酸盐的饲料而发生的高铁血红蛋白症，以皮肤、黏膜发绀及其他缺氧症状为特征。

本病一般发生于羊采食有毒饲草（料）后1～5小时，主要表现为流涎，腹痛，呼吸极度困难，肌肉震颤，步态不稳，倒地后全身痉挛，后肢站不稳或呆立不动。后期黏膜发绀，皮肤青紫，呼吸促迫，出现强直性痉挛。体温正常或偏低，躯体末梢部位厥冷。针刺耳尖仅渗出少量黑褐色血滴，但凝固不良。

2. 如何防治亚硝酸盐中毒？

(1) 预防 包括：①避免青绿饲料长期堆放；②接近收割的青绿饲草不能再使用硝酸盐类肥料；③对可疑饲草、饮水，饲用前应采样化验。

(2) 治疗

① 采用特效解毒剂 1%的美蓝（亚甲蓝）0.1毫升/千克体重、10%葡萄糖250毫升，一次静脉注射，必要时2小时后再重复用药；5%甲苯胺蓝0.5毫升/千克体重，配合维生素C 0.4克，静脉注射。

② 对症治疗 可用双氧水10～20毫升，以3倍以上的生理盐水或葡萄糖水混合静脉注射；也可用10%葡萄糖250毫升、维生素C 0.4克、25%尼可刹米3毫升静脉注射；也可用0.2%高锰酸钾溶液洗胃，或静脉放血100～200毫升（同时进行补液）。

二、氢氰酸中毒

1. 氢氰酸中毒的症状是什么？ 氢氰酸中毒是由于羊采食或饲喂含有氰苷配糖体的植物及其籽实，在胃内由于酶和水解的胃液盐酸的作用，产生游离的氢氰酸而发生中毒。在临床上主要以呼吸困难、震颤、痉挛和突发死亡等为特征的中毒性缺氧综合征。

发生氢氰酸中毒的羊一般发病急，精神兴奋，后转为沉郁，口角流有大量白色泡沫状涎水，呻吟，磨牙，胃出现不同程度的臌气，全身虚弱，体温下降，心搏动减弱，脉性细小，呼吸浅表，呼出气体有苦杏仁味。可视黏膜呈鲜红色，瞳孔散大，视力减退，眼球震荡，肌肉震颤，反射机能减弱或消失，步态蹒跚，后肢麻痹不能负重，卧地不能站起，在伴有角弓反张的同时迅速死亡。

2. 如何防治氢氰酸中毒？

(1) 预防 防止羊采食高粱、玉米等收割后的再生苗，对可疑含有氰苷配糖体的青嫩牧草或饲料，宜经过流水浸渍（24小时以上）或漂洗加工后再用作饲草或饲料，尤其对亚麻籽饼必须经过煮沸加工才能充作精饲料。

(2) 治疗

① 静脉缓慢注射3%亚硝酸钠溶液，剂量为6～10毫克/千克体重，再静脉注射50%硫代硫酸钠；急性中毒的病例按0.2～0.3克/千克体重，必要时

每1～2小时重复注射1次。

② 口服硫代硫酸钠3～5克。

③ 放血200～300毫升。

④ 灌服花生油50～100毫升，肌内注射洋地黄0.01毫克/千克体重，必要时还可用葡萄糖盐水进行补液。

三、羊黑斑病甘薯中毒

1. 羊黑斑病甘薯中毒的症状是什么？ 甘薯发生黑斑病以后，病变部位干硬，表层形成黄褐色或黑色斑块，味苦，羊采食后会发生中毒，临床上以急性肺水肿与间质性肺泡气肿、严重呼吸困难及皮下气肿等为主要特征。

多数病羊的突出症状是呼吸困难，往往伴随精神沉郁、食欲不振等。呼吸音粗而强烈，如拉风箱音。病羊多张口伸舌，头颈伸展，长期站立，不愿卧地。眼球突出，瞳孔散大，呈现窒息状态。急型重症病例，在发病后1～3天内可能死亡。泌乳性能好的奶山羊，在发病后尤其是出现呼吸困难症状后，奶量大减以至停止泌乳，妊娠母羊往往发生早产或流产。病羊有胃臌气和出血性胃肠炎。心脏机能衰弱，脉搏增数。可视黏膜发绀，颈静脉怒张，四肢末梢冷凉。体温多正常。

2. 如何防治羊黑斑病甘薯中毒？

（1）预防

① 杀灭黑斑病病菌，在甘薯育苗前，对种用甘薯用10%硼酸水（20℃）浸泡10分钟。

② 收获和运输甘薯时，注意勿伤坏甘薯表皮。贮藏和保管甘薯时，注意做到：入窖散热关、越冬保温关和立春回暖关，地窖应干燥密封，温度控制在11～15℃。

③ 严禁给羊饲喂黑斑病病甘薯及其粉渣、酒糟等副产品，严禁乱丢黑斑病病甘薯，应集中深埋、或火烧，以防羊误食。

（2）治疗

① 排毒　5%的葡萄糖溶液和维生素C可促进排毒。或用大量生理盐水洗胃，内服1%的高锰酸钾溶液或1%的过氧化氢溶液。

② 解毒及缓解呼吸困难　1%的硫酸阿托品或5%～20%的硫代硫酸钠注射液可缓解呼吸困难。解除代谢性酸中毒用0.1%的高锰酸钾液或5%的碳酸氢钠溶液。加强心脏机能，应及时注射20%安钠咖注射液。为减少液体的渗出，应用10%氯化钙注射液或20%葡萄糖酸钙注射液静脉注射。

四、萱草根中毒

1. 羊萱草根中毒的症状是什么？ 萱草俗名野黄花菜、金针菜。为百合科萱草属植物，多年生草本。人工栽培或生长于阴湿山区。每年冬末春初缺草时期，羊只放牧时刨食草根达到中毒剂量后即引起中毒。有毒成分为萱草根素，其对各脏器均有毒害作用，主要侵害神经系统，引起大脑、小脑、延脑和脊髓白质软化和视神经变性，同时也引起肝脏变性、肾病和血管损害。萱草根素的中毒剂量绵羊为38.3毫克/千克体重。

临床症状严重程度视食入多少而定。中毒较重者一般病初表现精神委顿，尿橙红色，胃肠蠕动增强，心跳加速有时节律不齐。病羊不吃草，表现惊恐，步态不稳，瞳孔散大，双目失明。继而频尿，排尿困难，行走无力，尤以后肢为重。终止肢体瘫痪，卧地不起。一般2～4天后死亡。中毒较轻者，可以康复，但双目失明、瞳孔散大不能恢复。

2. 如何防治羊萱草根中毒？

（1）预防 不在长有黄花菜的草地上进行放牧。

（2）治疗 尚无有效治疗方法。

五、棉籽饼中毒

1. 羊棉籽饼中毒的症状是什么？ 棉籽饼是一种富含蛋白质和磷的精饲料，但它含有棉籽毒，通常称作棉酚，是一种细胞毒和神经毒，对胃肠黏膜有很大的刺激性，因此长期少量或短期大量饲喂羊时可引起急性和慢性中毒。腐烂、发霉的棉籽饼毒性更大。母畜慢性中毒时，可使吃奶的幼畜发生中毒。

中毒轻的羊，表现出食欲减少，粪球黑干，体重减轻。中毒较重的羊，体温升高，精神沉郁，眼睛怕光流泪，有时还有失明。中毒严重的羊，兴奋不安，打颤，呼吸急促，食欲废绝，下痢带血，排尿困难或尿血，2～3日死亡。胃肠呈出血性炎症，腹水。心内、外膜出血，心包积水、心肌变性。肾脏出血和变性。肝实质变性。肺水肿，兼有肺炎斑点。脾和淋巴结充血。胆囊肿大，有出血点。视力障碍，排红褐色尿液等。

2. 如何防治羊棉籽饼中毒？

（1）预防

① 棉籽饼热炒或蒸煮1小时，或加水发酵，可减少毒性。

② 腐烂、发霉的棉籽饼不宜作饲料。

③ 怀孕和哺乳期母畜禁喂棉籽饼或棉叶。

④ 长期饲喂棉籽产品时，应搭配豆科干草或其他优良粗饲料或青饲料。

⑤ 铁能与游离棉酚形成复合体，丧失其活性，故饲喂时可同时补充硫酸亚铁。

(2) 治疗

① 立即停喂棉籽饼和棉叶，并绝食 1 天。

② 内服泻剂，如硫酸镁（或硫酸钠、人工盐），应多加水灌服。双氧水洗胃。胃肠炎严重的可用消炎剂、收敛剂，如磺胺脒，也可用硫酸亚铁。还可用藕粉、面糊等以保护肠黏膜。

③ 为防止渗出，增强心脏功能，补充营养和解毒，可 10%～20%葡萄糖 500 毫升、10%的安钠加 20 毫升、10%的氯化钙溶液 100 毫升，一次静脉注射。注射维生素 C、维生素 A、维生素 D 等都有一定的疗效。

六、有机磷农药中毒

1. 羊有机磷农药中毒的症状是什么？ 有机磷农药是目前农业上应用最广泛的杀虫剂，其中较为常见的有对硫磷、磷胺、甲基对硫磷、谷硫磷、三硫磷、甲胺磷、苯硫磷、敌敌畏、稻丰散、乙硫磷、乐果、敌百虫等，它们对羊均具有较强的毒性。

羊只中毒较轻时，常表现食欲不振，无力，流涎。较重时，呼吸困难，腹痛不安，表现大量流涎、流泪，瞳孔缩小，视力模糊，多汗、气喘，肠蠕动亢进、腹泻、尿频。共济失调，骨骼肌震颤、挛缩、呼吸肌麻痹，脉搏加快，血压上升，体温升高，晚期可因血管运动神经麻痹，发生循环衰竭、昏迷、不安、震颤、呼吸肌麻痹等，最终死亡。

2. 如何防治羊棉籽饼中毒？

(1) 预防 严禁农药与饲料混放在一起，喷洒过农药的地方 6 周内禁止放牧。

(2) 治疗

① 经皮肤接触中毒者可用冷肥皂水或其他淡碱水（除敌百虫外）彻底清洗，继而用微温水冲洗干净，应避免使用热水以防增加吸收。

② 经口服中毒者除敌百虫须用清水冲洗外，其他均可用 2%碳酸氢钠（小苏打）或生理盐水、1%肥皂水或 1%过氧化氢液洗胃。禁用油类泻剂。

③ 皮下注射硫酸阿托品，羊 0.005～0.01 克，严重者耳静脉注射，并观察瞳孔变化。若无明显好转，20 分钟后可重复注射一次，直至瞳孔散大，逐渐清醒才可停止用药。

④ 对症治疗应及时补液（葡萄糖、复方氯化钠、生理盐水及维生素 C、维生素 B_1、维生素 B_2 等）。出现心脏功能障碍时，应用强心剂；呼吸麻痹时，

可吸氧和注射呼吸兴奋剂。常用的有10%～20%安钠咖、樟脑磺酸钠等。狂躁不安时，可用镇静、解痉药，如苯巴比妥钠。

七、尿素中毒

1. 羊尿素中毒的症状是什么？ 尿素是农作物应用广泛的化学肥料，同时在畜牧业上也被广泛用作反刍动物的蛋白饲料添加剂。当饲喂方法不当或用量过大时，易引起中毒。

羊尿素喂量过大，可于食后半小时至1小时发生中毒。开始时表现不安，流涎，发抖，呻吟，磨牙，步态不稳。继则反复发作痉挛，同时伴随呼吸困难。急性者反复发作强直性痉挛，眼球颤动，呼吸困难，鼻翼扇动，心音增强，脉搏快而弱，出汗，体温不匀。口吐泡沫，有时呕吐，瘤胃臌胀，腹痛，瞳孔散大，最后窒息而死。绵羊饮人尿20分钟后，即可中毒。绵羊四肢痉挛，步样蹒跚，呼吸迫促，心悸亢进，结膜发绀，皮肤呈蓝紫色，肿胀，口吐白沫，体温下降，继之死亡。剖检主要是消化道黏膜充血、出血、糜烂及溃疡，胃肠内容物为白色或褐红色，有氨味，心外膜出血，内脏严重出血，肾脏及鼻黏膜发炎且出血。

2. 如何防治羊尿素中毒？

（1）预防

① 用尿素作添加剂补饲，需注意用量。

② 尿素不宜和生大豆及大豆饼混喂。

③ 对含氮农药应妥善保管，防止误食。

④ 尿缸、尿桶不要放在牲畜容易触到的地方。

⑤ 施肥后10天内禁止羊饮用田中水。

（2）治疗　病初可投服酸化剂，如稀盐酸2～5毫升，或乳酸2～4毫升，或食醋100～200毫升，同时可内服硫酸镁或花生油。病情较严重的可静脉注射10%葡萄糖300～500毫升，10%葡萄糖酸钙50～60毫升，5%碳酸氢钠溶液50～80毫升或20%硫代硫酸钠溶液10～20毫升。瘤胃严重臌气时，可进行瘤胃穿刺术以缓解呼吸困难。

第五节　寄生虫病

寄生虫病的防治，在于平时加强羊群饲养管理，注意羊舍卫生，饲草干净，饮水清洁；增强羊群体质，提高抵抗力；治疗病羊，消灭体内外病原；处理粪便，消灭外环境病原体；对羊群进行定期预防性驱虫。

根据寄生虫的生活特点，一般每年4～5月份及10～11月份各驱虫一次。药物驱虫1周后，宜再驱一次，以便使体内幼虫得以驱除。驱虫后要注意收集羊粪，并集中堆积发酵处理，防止病原扩散，引起重复感染。

现将羊易患的各种内外寄生虫病及其具体治疗方法分述如下。

一、片形吸虫病

1. 片形吸虫病的症状是什么？ 片形吸虫病是羊最主要的寄生虫病之一，由肝片形吸虫和大片形吸虫寄生于肝脏胆管所致。该病分布于全世界，我国遍布各地。主要危害羊、牛，人也可感染。感染山羊呈急性或慢性肝炎和胆管炎，并伴有全身性中毒现象和营养障碍，危害相当严重，尤其是对幼畜可造成大批死亡。

2. 如何防治片形吸虫病？ 治疗片形吸虫病的药物较多，可选用如下药物：

(1) **硝氯酚** 每千克体重4～5毫克，日服一次，对童虫无效。

(2) **硫双二氯酚** 每千克体重80～100毫克，日服一次，对成虫有效。

(3) **丙硫咪唑** 每千克体重10～15毫克，一次口服即对成虫有效，且对童虫也有一定疗效。

(4) **三氯苯唑（肝蛭净）** 每千克体重10毫克，一次口服即对成虫、童虫均有效。

(5) **溴酚磷（蛭得净）** 每千克体重12毫克，日服一次，对成虫、童虫均有效。

(6) **双乙酰胺苯氧醚（可利苄）** 每千克体重100毫克，一次口服，主要对童虫有效。

二、前后盘吸虫病

1. 前后盘吸虫病的症状是什么？ 前后盘吸虫病由多种前后盘吸虫寄生于羊等反刍兽的瘤胃和胆管壁上引起的，一般成虫的危害不甚严重。但大量童虫在移行过程中寄生在真胃、小肠、胆管和胆囊时，可引起严重的以顽固性下痢为特征的疾病，甚至发生大批死亡。青壮龄羊最易感染，发病重，死亡多。该病呈世界性分布，我国遍及各地，南方比北方多见，且感染率和感染强度均甚高。

2. 如何防治前后盘吸虫病？ 参照片形吸虫病。氯硝柳胺，每千克体重75～80毫克，一次口服，对童虫疗效很好。

三、日本血吸虫病

1. 日本血吸虫病的症状是什么？ 日本血吸虫病是由日本分体吸虫寄生于人、牛、羊等的肠系膜静脉和门静脉系统所引起的人畜共患寄生虫病，俗称血吸虫病。主要流行于亚洲，在我国分布很广，遍及长江沿岸及其以南各省区。本病长期危害疫区人、畜，严重影响人体健康和畜牧业的发展。

2. 如何防治日本血吸虫病？

(1) 预防 包括：①查病治病。②捕杀作为保虫宿主的野生哺乳动物（如鼠类），以绝后患。②查螺灭螺。③管理粪便，采取无害化处理。⑤安全用水。⑥安全放牧和安全防护。

(2) 防治 目前常用的治疗药物有：

① 吡喹酮　每千克体重 40 毫克，一次日服，疗效显著。

② 硝硫氰胺　每千克体重 60 毫克，一次日服，疗效确实。

四、莫尼斯绦虫病

1. 莫尼斯绦虫病的症状是什么？ 莫尼斯绦虫病是由扩展莫尼斯绦虫和贝氏莫尼斯绦虫寄生于羊小肠内引起的疾病，常呈地方性流行。对羔羊危害特别严重，不仅影响其生长发育，甚至造成成批死亡。该病呈全世界分布，我国分布也很广，广大牧区几乎每年都有不少羔羊死于本病，农区有局部流行。

2. 如何防治莫尼斯绦虫病？ 常用的驱虫药物有：

① 氯硝柳胺　每千克体重 75～80 毫克，一次口服。

② 硫双二氯酚　每千克体重 80～100 毫克，一次口服。

③ 吡喹酮　每千克体重 10～15 毫克，一次口服。

五、脑多头蚴病

1. 脑多头蚴病的症状是什么？ 脑多头蚴病是由寄生于犬的多头带绦虫的中绦期幼虫脑多头蚴寄生于羊等的脑或脊髓内引起的疾病，是危害羔羊的一种重要寄生虫病。本病呈世界性分布，我国各省、市、自治区均有报道，但多呈地方性流行，并可引起动物死亡。

2. 如何防治脑多头蚴病？ 施行手术摘除，但对脑后部及深部寄生者进行手术则较困难。近年来用吡喹酮和丙硫咪唑进行治疗可获得较满意的效果。

六、血矛线虫病

1. 血矛线虫病的症状是什么？ 血矛线虫病是由捻转血矛线虫寄生于羊等

反刍兽的真胃、小肠内引起的，病原体致病力强，也常和其他毛圆科线虫混合感染。本病呈世界性分布，我国遍及各地。羊群感染率可达70%～80%及以上，给畜牧业经济带来十分严重的损失。

2. 如何防治血矛线虫病？ 治疗可选用的药物有：

(1) **丙硫咪唑**　每千克体重5～10毫克，口服一次有效。

(2) **左咪唑**　每千克体重6～8毫克，口服一次有效。

(3) **噻苯唑**　每千克体重30～70毫克，口服一次有效。

(4) **依维菌素**　每千克体重0.2毫克，一次皮下注射。

七、食道口线虫病

1. 食道口线虫病的症状是什么？ 食道口线虫病是由多种食道口线虫的成虫和幼虫寄生于肠腔与肠壁所引起的。有些幼虫可在肠壁形成结节，故又称结节虫病。本病呈世界性分布，我国各地普遍存在。可引起羊生产力下降，甚至死亡，结节病变常影响肠衣的加工，造成严重的经济损失。

2. 如何防治食道口线虫病？ 参照血矛线虫病。

第六节　传染病

凡是由病原微生物引起，具有一定潜伏期和临床症状表现并能传染的疾病统称为传染病。传染病的传播方式有两种，即直接接触传染和间接接触传染。但有的传染病，如口蹄疫，既能直接接触传染，也能间接接触传染，这些传染病往往暴发大规模的流行。以下将羊常见传染病的发病症状和防治方法进行详细介绍。

一、布鲁氏菌病

1. 布鲁氏菌病的症状是什么？ 布鲁氏菌病是一种人畜共患慢性传染病。其特点是生殖器官和胎盘发炎，引起流产、不育和各种组织的局部病症。

本病常不表现症状，而首先被注意到的症状是流产。流产前食欲减退、口渴、委顿、阴道流出黄色黏液。流产多发生于怀孕后的第3～4个月。流产母羊多数胎衣不下，继发子宫内膜炎，影响受胎。公羊表现荤丸炎，睾丸上缩，行走困难，弓背，饮食减少，逐渐消瘦，失去配种能力。其他症状可能还有乳房炎、支气管炎、关节炎等。

2. 如何防治羊布鲁氏菌病？ 目前，本病尚无特效的药物治疗，只有加强预防检疫。

(1) 定期检疫　羔羊每年断乳后进行一次布鲁氏菌病检疫。成羊两年检疫一次或每年预防接种而不检疫。对检出的阳性羊要进行捕杀处理，不能留养或给予治疗。

(2) 免疫接种　当年新生羔羊通过检疫呈阴性的，用"猪 2 号弱毒活菌苗"饮服或注射。羊不分大小每只饮服 500 亿个活菌。疫苗注射，每只羊 25 亿菌，肌内注射。

二、炭疽

1. 羊炭疽的症状是什么？　炭疽是一种人和多种家畜共患的急性、热性、败血性传染病。其特点是有败血症变化，脾脏显著肿大，皮下和浆膜下组织呈出血性胶样浸润，血液凝固不良。

该病多为最急性症状，体温 42 ℃以上，突然发病，患羊昏迷，眩晕，摇摆，倒地，呼吸困难，结膜发绀，全身战栗，磨牙，口、鼻流出白色泡沫，肛门、阴门流出血液且不易凝固，呼吸加快，心跳加速，黏膜发绀，后期全身痉挛，天然孔出血，数小时内即死亡。剖检外观可见尸体迅速腐败，极度膨胀，天然孔流血，血液呈暗红色煤焦油样，凝固不良，可视黏膜发绀或有筋状出血，尸僵不全。对死于炭疽的羊严禁解剖。

2. 如何防治羊炭疽？　必须在严格隔离的条件下治疗。

① 血清疗法　羊患病后立即给其皮下或静脉注射抗炭疽血清 50～120 毫升，12 小时后如体温不下降，再注射一次。

② 药物治疗　青霉素肌内注射，大羊 160 万～240 万国际单位，小羊 80 万～160 万国际单位，每 6 小时一次。

③ 10%磺胺嘧啶钠注射　第一次 30～40 毫升，每隔 8 小时再注射 20～30 毫升。

④ 也可酌情选用土霉素、四环索、链霉素等。

三、口蹄疫

1. 羊口蹄疫的症状是什么？　口蹄疫是一种由口蹄疫病毒引起的羊、牛、猪等偶蹄动物急性、热性、高度接触性传染病。其特征是在口腔黏膜、蹄部及乳房等处皮肤上发生水疱和烂斑。

病羊表现为口腔黏膜上可见水疱、烂斑和弥漫性炎症变化，体温升高，精神沉郁，不爱吃食或食欲完全废绝，放牧中可见病羊瘸腿掉群或卧地不起，个别情况下会发生死亡。羔羊多为急性胃肠炎和心肌炎突然死亡，病死率高达

50%以上。剖检时食管和前胃黏膜上有水疱、烂斑和痂块，真胃及肠黏膜有卡他性出血性肠炎。死于急性心肌炎的羔羊，其左心室壁和中膈心肌切面上可见黄白相间的条纹或斑点（即“虎斑心”病变）。

2. 如何防治羊口蹄疫？ 根据症状、流行特点可作初步诊断。鉴定病毒型，可取水疱皮或水疱液置50%甘油生理盐水中，或采取恢复期血清，迅速送有关部门鉴定。发生口蹄疫的病羊必须整群扑杀，并严格消毒圈舍。一般可通过注射口蹄疫疫苗进行控制。疫区和威胁区普遍进行预防注射，以提高易感家畜对口蹄疫的特异性抵抗力，是综合防制措施中最重要的环节。当发生口蹄疫时，应马上用与当地发生毒型相同疫苗进行紧急预防接种（我国主要O型和亚洲Ⅰ型，其中新疆地区主要有A型、O型和亚洲Ⅰ型）。发现该病时，应及时向当地畜牧兽医站报告，并封锁疫区，病羊及同群羊作深埋处理，彻底消毒场地等。

四、传染性脓疱疮

1. 羊传染性脓疱疮的症状是什么？ 羊传染性脓疮又称羊口疮，是绵羊和山羊的一种病毒性传染病。羔羊多群发，以口唇等处皮肤和黏膜形成丘疹、脓疱、溃疡和结成疣状厚痂为特征。养羊国家均有本病报道，我国也有报道。

病羊表现为口角或上唇，有时在鼻镜上发生散开的红斑、痘疹或小结节，继而形成水瘤和脓疱，脓疱溃破后形成黄色或棕色的疣状硬痂。由于有渗出液，因此痂垢逐渐扩大、加厚。如果为良性，1～2周则痂皮干燥、脱落而恢复正常。一般无全身症状。严重病例，患部继续发生痘疹、水疱、脓疱和痂垢，并互相融合，波及整个口唇及眼睑和耳廓。痂垢不断增厚，痂垢下伴有肉芽组织增生，整个嘴唇肿大外翻呈桑椹状隆起。唇部肿大影响采食，病羊日趋衰弱而死亡。有些病例还常伴有化脓菌和坏死杆菌等继发感染，引起深部组织化脓和坏死，使病情恶化。蹄型多见于绵羊，常在蹄叉、蹄冠和系部皮肤上形成水疱、脓疱和溃疡。病羊跛行，长期卧地，衰竭而死。

2. 如何防治羊传染性脓疱疮？ 唇型可先用水杨酸醋将痂垢软化，然后用0.1%～0.2%高锰酸钾溶液冲洗创面，再涂以龙胆紫、碘甘油或5%土霉素软膏，每天1～2次。蹄型应在加强护蹄的情况下进行消毒和外科处理。

五、羊痘

1. 羊痘的症状是什么？ 羊痘是羊的一种急性、热性、接触性传染病，以无毛或少毛的皮肤和黏膜上生痘疹为特征。典型病例初期为痘疹，后变水疱、脓癌，最后干结成痂脱落而痊愈。

病初体温升高至41～42℃，病羊精神不振，食欲减退，弓腰发抖，眼睛流泪，咳嗽，鼻孔有黏性分泌物。2～3天后羊的嘴唇、鼻端、乳房、阴门周围及四肢内侧等处的皮肤上有红疹，继而体温下降，红疹渐肿突出，形成丘疹。数日后丘疹内有浆液性渗出物，中心凹陷，形成水疱。经3～4天水疱化脓形成脓疱，以后脓疱干燥结痂。再经4～6天痂皮脱落溃留红色疤痕。该病多继发肺炎或化脓性乳房炎，怀孕后期的母羊多流产。有的病例不呈现上述典型经过，仅出现体温升高或出少量痘疹或痘疹呈结节状，几天内痘疹干燥脱落，不形成水疱和脓瘤。有的病例见痘内出血，呈黑色。有的病例痘疱发生化脓或坏疽，形成较深的溃疡，有恶臭味，致死率很高。其病变在前胃或皱胃的黏膜上往往有大小不等的圆形或半圆形坚实的结节，单个或融合存在。有的引起前胃黏膜糜烂或溃疡，咽和支气管黏膜也常有痘疹，肺有干酪样结节和卡他性肺炎区，淋巴结肿大。

2. 如何防治羊痘？ 对羊痘的治疗目前无特效药，主要是做好预防和对症治疗。在痘疹上或溃烂处涂碘甘油、紫药水等，结节可用针挑烂涂以碘酊。体温升高时为防继发乳房炎等，可肌内注射青霉素、链霉素等。用量为每次青霉素160万～240万国际单位，链霉素100万～200万单位。每日两次，羔羊酌减。病愈后的羊可产生终身免疫。

六、传染性胸膜性肺炎

1. 羊传染性胸膜肺炎的症状是什么？ 羊传染性胸膜肺炎俗称烂肺病，是一种接触性传染病，病程较急，有时呈慢性经过。其特征是高热咳嗽及胸膜发生浆液性和纤维索性炎症。

病羊表现为体温升高，精神沉郁，食欲减退，随即咳嗽，流浆性鼻液。4～5天后咳嗽加重，干而痛苦，鼻液变为脓性，常附于鼻孔、上唇，呈铁锈色。呼吸困难，高热稽留，腰背弓起呈痛苦状。孕羊大部分流产。病羊肚胀腹泻，甚至口腔溃烂，眼睑肿胀，口半开张，流泡沫样唾液，头颈伸直，最后衰竭死亡。病期多为7～15天，长的达1个月，幸而不死的转为慢性。病变多局限于胸部，胸腔有淡黄色积液，暴露于空气后发生纤维蛋白凝块；肺部出现纤维性肺炎，切面呈大理石样。胸膜、心包膜连。支气管琳巴结和纵踊淋巴结肿大，有出血点，心包积液，肝脾肿大，肾脏肿大，被膜下可见有小出血点。

2. 如何防治羊传染性胸膜肺炎？

① 新砷矾纳明（914）静脉注射　成羊0.3～0.5克；5月龄以下羔羊0.1～0.2克；5月龄以上的青年羊0.2～0.14克，溶于50～100毫升的糖盐水

中一次缓慢静脉注射。必要时 3～5 天后再注射一次，剂量减半。

② 土霉素　25～50 毫克/克，每日分两次日服。

另外，病初也可应用中药草清肺散煎后灌服，其他情况可对症治疗。

七、小反刍兽疫

1. 小反刍兽疫的症状是什么？　小反刍兽疫是由小反刍兽疫病毒引起的，以高热、口炎、腹泻及肺炎症状为特征的一种急性接触性小反刍动物传染病。OIE 将其列为 A 类疫病。该病主要感染山羊和绵羊，不感染人，不是人畜共患病。小反刍兽疫传染性强，发病率和死亡率可高达 100%，对山羊和绵羊的危害极大。

小反刍兽疫潜伏期 4～5 天，最长 21 天，《陆生动物卫生法典》规定为 21 天。自然发病仅见于山羊和绵羊。山羊发病严重，绵羊也偶有严重病例发生。急性型病羊体温可上升至 41 ℃，并持续 3～5 天。感染动物烦躁不安，背毛无光，口鼻干燥，食欲减退。流黏液脓性鼻漏，呼出恶臭气体。在发热的前 4 天，口腔黏膜充血，颊黏膜进行性广泛性损害导致多涎，随后出现坏死性病灶。发病率高达 100%，幼年动物发病严重，发病率和死亡都很高。

2. 如何防治小反刍兽疫？

(1) 预防　小反刍兽疫主要由病毒病引起，通过空气就可以传播，做好预防最为关键。应组织力量及时确诊疫情。部署周边地区加强防控工作，增加应急防控投入，边境巡逻和边境防堵工作，加强疫情监测和科技攻关。加强疫情报告和信息沟通，及时准确掌握疫情动态。一旦发生本病，应按《中华人民共和国动物防疫法》规定，采取紧急、强制性的控制和扑灭措施，扑杀患病和同群动物。疫区及受威胁区的动物应进行紧急预防接种。

① 加强免疫工作　该病疫苗免疫效果较好，免疫时应注意羊群的健康状况，新购进羊群必须隔离观察，确保羊群健康时方可免疫。

② 加强饲养管理　外来人员和车辆进场前应彻底消毒，严禁从疫区引进羊只。对外来羊只，尤其是来源于活羊交易市场的羊调入后必须隔离观察 21 天以上，经检查确认健康无病后方可混群饲养。

③ 强化疫情巡查　注意观察羊群健康状况，发现疑似病羊，应立即隔离疑似患病羊，限制其移动，并及时向当地兽医部门报告，对病死羊严格实行无害化处理，禁止出售、加工病死羊。

(2) 治疗

① 羊舍周围用碘制剂消毒药每天消毒两次。

② 使用羊全清配合刀豆素肌内注射，1 次/天，连用 2 天。

③ 针对怀孕的母羊按照治疗量每天分两次注射。2 天后化脓的部位出现结痂，结痂后完全恢复正常。

八、羔羊痢疾

1. 羔羊痢疾的症状是什么？ 羔羊梭菌性痢疾简称羔羊痢疾，主要由 B 型魏氏梭菌引起，是羔羊常见的一种急性传染病，通常以剧烈腹泻和小肠溃疡为基本特征。

2. 如何防治羔羊痢疾？

(1) 预防 在该病易发地区，每年对羔羊用“羊快疫、肠毒血、猝狙、羔羊痢疾、羊黑疫”五联苗预防接种，剂量和用法按说明书使用，免疫期一般 9 个月。母羊分娩前 30 天和 20 天分别皮下注射羔羊痢疾甲醛灭活菌苗 2 毫升和 3 毫升，羔羊可通过吃初乳获得被动免疫。

(2) 治疗 内服土霉素 0.2～0.3 克或土霉素、蛋白酶各 0.2～0.3 克，水调灌服，每天 2 次，连服 2～3 天；也可将敌菌净与磺胺按 1∶5 的比例混合后灌服病羔，每千克体重用药 30 毫克。

九、传染性眼结膜角膜炎（又称红眼病）

1. 传染性眼结膜角膜炎的症状是什么？ 主要由病菌引起，传染快、发病率高，但死亡率很低。

病羊表现为眼睛畏光，流泪，眼睑肿胀，结膜潮红，角膜混浊，有脓性分泌物，病程 15～20 天，大多能自愈，少数病羊丧失视力。

2. 如何防治传染性眼结膜角膜炎？ 用 2%硼酸水洗眼后，涂入红霉素眼膏。

十、巴氏杆菌病

1. 巴氏杆菌病的症状是什么？ 本病在浙江省多发生于冬末春初。平时健康羊也常带病菌，但当山羊体质衰弱或营养不良时才会发病。体温升高，停食乏力，呼吸困难，常咳嗽，眼鼻流脓，便秘或腹泻，头颈可水肿。

2. 如何防治巴氏杆菌病？ 病初注射抗血清，效果很好；肌内注射 20%磺胺噻唑也有较好效果。可同时服土霉素、金霉素。注射出血性败血病菌苗，免疫期 5～6 个月。

十一、破伤风

1. 破伤风的症状是什么？ 羊因刺伤或阉割时，破伤风杆菌侵入伤口可感染此病。

病羊表现为肌肉僵硬，头颈伸直，不能吞咽，脊柱僵直，常有角弓反张，四肢不能弯曲，对外界刺激敏感，死亡率极高。

2. 如何防治破伤风？ 首先将伤口洗净，用双氧水消毒，涂上碘酒；然后静脉及皮下注射抗破伤风类毒素各 10 000～15 000 单位，每天 1 次，连续 3 天。

十二、羊快疫

1. 羊快疫的症状是什么？ 羊快疫是由腐败梭菌引起的急性传染病。采食被污染的饲草或饮水而致病的；也可经创口感染而发生恶性水肿。

该病发病突然，病羊死亡快，常不易见到症状；病羊有时出现行走不稳、腹痛、臌气等，体温升高，昏迷死亡，死后尸体迅速腐败。

2. 如何防治羊快疫？ 可用青霉素、磺胺类或喹诺酮类药物结合强心剂治疗，每年注射一次“羊黑疫快疫灭活苗”有预防效果。

十三、羊黑疫

1. 羊黑疫的症状是什么？ 羊黑疫是由诺维氏梭菌引起的急性传染病。羊采食被污染的饲草或水后而感染。

病羊常突然发病死亡，病程稍长者可见体温升高，精神不振，反刍废绝，俯地死亡。尸体皮下水肿，充血发黑，心包和胸膜腔积液，肝脏出现大小不等的坏死灶。

2. 如何防治羊黑疫？ 该病常死亡很快而来不及治疗，每年注射一次“羊黑疫快疫灭活苗”有预防效果。

（万鹏程）

第六章

日常管理技术

第一节　羊　　舍

1. 选择羊舍地址应注意什么?

① 羊舍地址要求是地势较高、地下水位低、排水良好、通风且朝阳、采光良好的地方。切忌选在低洼涝地、山洪水道、冬季风口之地。

② 水源供应充足，清洁无严重污染源，上游地区无严重排污厂矿，无寄生虫污染危害区。合饲羊场按照每只羊每天需水 10 升，每人每天 30 升的用水量计划设计用水设施。

③ 避开水源防护区与居民区。

④ 主要圈舍区应距主干交通线和河流 1 000 米以上，羊场周围有围墙或防疫沟，并建有绿化隔离带，确保羊场的防疫安全。

⑤ 具备一定的防灾抗灾能力。羊场道路要满足饲草料运输要求，一般宽 4 米。

⑥ 羊场内人居区在上风口，粪便、隔离区等污染区设在下风口，距离 500 米以外。各圈舍间应有一定的隔离距离。

2. 常用的羊舍类型有哪些?

(1) 单列式屋脊型羊舍　跨度不大，造价比较低。温暖和炎热地区适于建成敞开式，冬季寒冷地区建成封闭式。一般跨度 5～6 米，顶棚下檐高度1.8～2.0 米，长度 20～50 米。

(2) 单列式斜坡型或平顶型羊舍　适于东北和西北春、秋风力比较大的地区，屋顶和顶棚一体化。

(3) 双列式屋脊型羊舍　适于大型规模化羊场，羊舍跨度 12～16 米，长度 40～50 米，羊舍中间的管理通道宽 1.2 米。

(4) 养殖小区类型羊舍　家庭生活区、饲养管理功能区和饲养生产区相连接。中间为道路，两侧为羊舍，根据设计饲养规模、饲养品种不同确定羊舍建筑面积。

3. 羊场的基本设施有哪些?　根据羊场的规模大小及生产性质，羊场的基本设施包括：生活管理区、羊舍、运动场、防疫消毒池、饲草料贮存加工区、兽医室、配种室和粪尿存放处理区。规模化羊场还应有专用药浴场地、动物无害化处理及粪便无害化处理设施、焚化炉等。

4. 生活管理区设置在哪里?　生活管理区包括生活居住区和办公管理区，设在羊场出入口位置，与饲养区和饲料区有一定距离。出入口位置设消毒间和车辆消毒池。生活管理区应设计在羊场的上风口。

5. 饲草料贮存区设置在哪里？ 饲草料贮存区主要包括干草存放区和加工区、青贮窖或青贮制作加工区等。草料存放区不宜离圈舍和生活管理区太近，同时还要注意防火。

6. 青贮池要设计多大比较合适？ 青贮池的大小根据各羊场饲养羊只的数量和饲喂方式不同而各有差异。全舍饲条件下，每只羊年需青贮 700～1 000 千克，青贮池按 400～500 千克/米^3（一般机械压实）或 400～500 千克/米^3（履链式拖拉机压实）来设计。

7. 圈舍内主要设施有什么？

（1）饲槽 每只羊占用的饲槽长度标准是：成年羊 40 厘米，育成羊 25～30 厘米。

（2）母仔栏 繁殖母羊圈舍内配备母仔栏，数量不少于母羊数量的 10%。

（3）水槽或自动饮水设施 根据群内羊只数量决定，保证每个群内有 1～2 个饮水槽。采用漏缝地板的羊舍应配备自动饮水设施。

8. 产羔室建设及设施要求是什么？

① 每个生产母羊圈舍都应设有独立的产羔室、育羔室，或者隔离出独立的区域。具体的面积按同一圈舍内生产母羊总数占地的 20%～25%计算。

② 产羔室通风良好，地面干燥，没有贼风，要有取暖保温设施。北方冬季寒冷，产羔室要放置取暖的炉子等。圈舍内铺放干草保温防潮。

③ 产羔圈卫生打扫干净并彻底消毒。整个产羔期在产羔前、产羔高峰期和产羔结束后进行三次消毒。

9. 羊场如何做好清扫消毒？

① 羊场出入口设置消毒间和车辆消毒池。

② 羊舍入口铺撒石灰粉。

③ 圈舍保持通风，及时清理粪便和污物。每年进行两次消毒，常用的消毒药有 10%～20%石灰乳、10%漂白粉溶液、0.5%～1.0%菌毒敌、0.5%～1.0%二氯异氰尿酸钠、0.5%过氧乙酸等。

④ 产羔圈在产羔前要进行彻底的消毒。

⑤ 圈舍和运动场地面可用 10%漂白粉溶液、4%福尔马林或 10%氢氧化钠溶液消毒。

⑥ 粪便消毒最实用的方法是堆积、发酵，即在距羊场 100～200 米以外的地方设一堆粪场，将羊粪堆积起来，上面覆盖 10 厘米厚的沙土，堆放发酵 30 天左右，即可用作肥料。

⑦ 有条件的羊场建设污水池，将养殖污水引入污水处理池，加入化学药

品（如漂白粉或其他氯制剂）进行消毒，一般1升污水用2～5克漂白粉。

10. 羊只饲养数量如何确定？ 以种羊1.5～2.0米^2、成年母羊1.0～1.2米^2、怀孕母羊1.2～2.0米^2、育成羊0.6～0.8米^2、羔羊0.5～0.6米^{2}计算，根据不同羊舍的实际面积合理安排各羊舍羊只的养殖数量。

11. 活动场的面积要多大？ 活动场应设置在羊舍的南面，面积是羊舍面积的2～4倍。活动场地面略低于羊舍地面，向外稍有倾斜，便于排水和保持干燥。

12. 羊舍地面的要求是什么？ 羊舍地面要高出舍外地面20～30厘米。要求平整、坚固耐用，地面应由里向外保持一定的坡度，以便清扫粪便和污水。

常见有土质地面、砖铺地面、漏缝式地板等，最好不建水泥地面。

漏缝式地板板条宽度为2～3厘米，缝隙间隔小于羊蹄，为1.2～1.5厘米。

13. 围栏高度的要求是什么？ 羊舍内和运动场四周都应设有围栏，将不同大小、不同性别和不同类型的羊只分开。细毛羊围栏高度为1～1.2米。

14. 塑料暖棚的建设和使用注意事项是什么？

① 这种羊舍适于北方寒冷地区小规模养羊户使用，放牧饲养或半放牧饲养均可。

② 前墙1～1.2米，距离棚顶间隔2～3米；后墙2～2.5米。采用竹条或钢管搭建弓形棚架。

③ 塑料薄膜可选用白色透明、透光好、强度大，厚度100～120毫米、宽度3～4米，抗老化、防滴和保温好的聚氯乙烯膜、聚乙烯膜、无滴膜等。

④ 由于塑料密闭性好，羊饮水及粪尿产生的水分蒸发后会导致棚内温度较大。在距离前墙沿墙5～10厘米处留进气孔，暖棚的两侧距地面1.5米高处各留一可开关的通气窗，棚顶留1～2个可以开关的排气窗，排气孔面积是进气孔的1.5～2倍，以排出积蓄的水蒸气。

⑤ 在棚两端的封闭处设防水设施，同时地面应勤换垫土，铺设垫草垫料，防止因圈舍过潮而引起羊只疾病。

⑥ 放牧前要提前打开通气窗，使内外温度逐渐达到平衡后再出舍，防止因内外温差过大使羊只感冒。利用羊只在外面活动期间可进行棚圈的彻底换气，羊只回圈前关闭通风窗，提高舍内温度，以防止羊只发生呼吸道疾病。

⑦ 北方地区冬季降雪较多，要注意及时清理棚圈顶部的积雪，防止棚圈被雪压垮。

15. 半放牧半舍饲养殖的作用有哪些？ 半放牧半舍饲养殖是放牧与舍饲相结合的一种饲养方式。每年的5月中下旬至11月中上旬进入草场放牧，其余时间即冬春季采取舍饲方式。这两种方式结合，缩短了放牧期，减轻了草场的放牧强度，保护了植被；另外，舍饲期间可以充分利用农业生产的秸秆等副产品，缓解了林牧矛盾。

16. 从外场购入羊只注意事项有哪些？

① 购买前对欲购入羊只进行检疫。

② 羊只运输过程中要多观察，注意有无羊只被压，最好选择在天气凉爽时运输，避开中午高温时间。

③ 羊只进场后隔离饲养 1 个月，并再次检疫，确定无病后才能混群饲养。

④ 保证充足的饲草和饮水。

17. 怎样无害化处理粪尿？ 羊粪无害化处理主要是通过物理、化学、生物等方法，杀灭病原体，改变羊粪中病原体适宜寄生、繁殖和传播的环境，保持和增加羊粪有机物的含量，达到污染物的资源化利用目的。羊粪无害化环境标准是：蛔虫卵的死亡率≥95%；粪大肠菌群数≤10 个/千克；恶臭污染物排放标准是：臭气浓度（无量纲）标准值 70。

（1）生物热消毒法 堆肥腐熟处理传统处理羊的粪便消毒方法有多种，最实用的方法是生物热消毒法，即在距羊场 100～200 米以外的地方设一堆粪场，将羊粪堆积起来，上面覆盖 10 厘米厚的沙土，利用微生物进行生物化学反应，分解熟化羊粪中的异味有机物，随着堆肥温度升高，杀灭其中的病原菌、虫卵和蛆蛹，达到无害化并成为优质肥料的方法。此发酵时间大概 30 天。

（2）羊粪有机高效复合肥 把羊粪发酵、粉碎后，在羊粪营养成分的基础上，根据粮食作物、蔬菜作物、果树、花卉等植物的营养需要，结合地方土壤状况，加入不足的有机成分，制作成有机营养成分平衡的优质颗粒肥料，提高羊粪产品价值。

（3）制取沼气 羊粪制造沼气，入池前要堆沤 3 天，然后入池发酵。

（4）土地还原法 指将羊粪与地表土混合，深度为 20 厘米，用水浇灌超过保水容量。有机物质使土壤中的微生物迅速增加，消耗掉土地中的氧，微生物产生的有机酸、发酵产生的热，可以有效杀灭病菌，使土地转变成还原状态。

第二节 成年羊只饲养管理

1. 放牧有哪些注意事项？

① 合理选择牧地，并注意牧地轮换合理利用。

② 注意补盐、饮水、保温、防暑。

③ 配种季节配种母羊应安排在水草丰茂、距离配种站较近的草地放牧。

④ 细化分群管理，瘦弱病残羊应安排在较近的阳坡地分群放牧。

⑤ 放牧人员要多观察羊群情况，防止受到狼等动物的伤害，同时及时关注天气变化情况。

⑥ 经常修蹄，特别在春季出牧前和入冬前，要防止蹄甲过长影响放牧和转场。

⑦ 定期进行免疫预防、检疫、驱虫。

2. 羊群组群和整理有哪些注意事项？ 羊群组群和整理要考虑羊只数量、性别、肥瘦度、年龄、健康状况及饲养方式等因素。组群的时间常选择在羔羊断奶和表型鉴定后，公、母羊分开组群。“两段式”饲养的羊群组群后进入草场放牧，每群以150～200只为宜。全舍饲饲养时，可按公羊、哺乳母羊、羔羊、后备羊、羯羊组群。群体的大小可以依据圈舍大小和机械化饲养程度确定，但一般群体数量以200～300只为宜。通过组群群体的大小及时淘汰2年以上未孕母羊、体膘差的羊、病羊、老龄羊和羯羊等。

3. 羊只表型鉴定的作用是什么？ 表型鉴定用以确定羊只的品种特征、种用价值和生产水平等。表型鉴定一般每年一次，在春季剪毛前进行。主要分为个体鉴定和等级鉴定两种。通过历年的鉴定数据，可对羊群的现状、饲养管理情况、选种选配情况等有全面了解。羊只表型鉴定常由掌握相关知识的技术人员负责。

4. 如何进行羊只编号？ 对羊只进行编号是为便于识别和个体生产性能测定、选育等记载工作，应在羔羊出生后进行。常用的方法有带耳标法和刺字法。

（1）带耳标法 使用圆形铝质或长方形硬塑质的耳标，先在耳标上打（或写上）编号，再戴在耳朵的适当位置。具体的编号方法根据各场的习惯而定。

（2）刺字法 刺字法的编号规则与耳标法一样，只是它采用墨汁在羊某一侧耳朵（左耳或右耳）内表面用针刺号。

5. 如何进行药浴？ 药浴是驱除羊虱、疥螨、蜱等体表寄生虫的主要方法。

（1）药浴药品 常用的药浴药品有敌百虫、速灭杀丁、溴氰菊酯，现在常用的药品为螨净。使用时按要求配制即可，浓度一定要准确，过低无效，过高中毒。

（2）春季药浴 时间一般在剪毛后1周。浴池要进行清理、清洗。药浴前给羊充分饮水，防止羊在药浴时饮水。

(3) 药浴方法 常用的药浴方法有盆浴、池浴、淋浴、药浴车等，应根据饲养羊只的数量和方式选择不同的药浴方法。

① 盆浴 家庭饲养羊只数量少时可以采用盆浴的方法，最好由两人操作，一人抓住羊的两前肢，另一人抓住羊的两后肢，让羊腹部向上。除头部外，将羊体在药液中浸泡 2～3 分钟，然后将头部急速浸 2～3 次，每次 1～2 秒即可。

② 池浴 最常用的药浴池为水泥建筑的沟形池，药浴羊群首先要集中在待洗圈中，然后将羊推入药浴池中，羊自行游过药浴池时，要将羊头按入水中两次；药浴后的羊只要在空水圈停留 10 分钟左右，让其身上多余的药水流回药浴池即可。

③ 淋浴 淋浴在特设的淋浴场进行，一般建设在规模化养殖场或养殖小区内，其优点是容浴量大、速度快、比较安全，缺点是投入较大。淋浴时把羊群赶入淋浴场，开动水泵喷淋。经 3 分钟左右，待全部羊只都淋透全身后关闭水泵，随后将淋过的羊赶入滤液栏中，经 3～5 分钟后放出。

④ 药浴车 药浴车是专门为绵羊药浴设计的一个可以移动的药浴设备，内设药浴池、淋水台等区域，由机车的发动机给传送带提供动力，羊只站在传送带上即可完成药浴过程。利用药浴车可在各圈舍边、牧场的牧群边进行药浴，方便快捷。

6. 母羊和羔羊分群管理的优点是什么？

① 经过 3～5 天后会自然形成放牧时“母羊不恋羔、羔羊不思母”的习惯。这样不带羔羊的母羊群，可以到远处选择牧场广阔而草质好的牧地，母羊可以得到充足的吃草时间，增加营养，促进增重和提高泌乳量。

② 由于母羊早中晚各定时给羔羊喂一次奶，促使羔羊定时一次吃饱奶(尤其是对泌乳量不足的母羊更为有利)，其余时间安心采食草料，因此控制了羔羊随时随地只想吃奶而不愿采食草料的习惯，有利于羔羊的生长发育。

③ 可以防止母仔合群放牧时造成的弊病，即羔羊因跟不上母羊而拼命奔跑，疲劳时就趴卧地上；母羊恋羔心切，既不能远走，又影响安心采草。长此下去，既影响母羊抓膘催乳，又容易拖垮羔羊。

④ 能减少寄生虫和传染病的感染机会，保证羔羊健康成长。因此，在羊数量多的羊场及大群养羊专业户，都应采取科学的母仔分群管理方式。

7. 母羊和羔羊分群管理方法有哪些？

① 采取几户联合的办法。就是把几家的少数分娩母羊和哺乳羔羊，分别组成母羊群和羔羊群进行放牧。

② 羔羊跟随母羊合群的方式。实行这种方法时，放牧人员应尽量控制住母羊群的行进速度，边吃边走，一定要走慢些，多照顾羔羊。

8. 细毛羊种公羊饲养管理要点有哪些？ 种公羊要单独组群并由专人管理，每群数量在30只以内。要保证种公羊的品质，要坚持常年适当运动，同时根据不同生产时期饲喂不同标准的日粮，满足其营养需求。

(1) 分阶段补饲 根据配种时间的安排，将种公羊的饲养分为配种期和非配种期两个阶段。非配种期饲料要满足能量需要，同时保证蛋白质、维生素和矿物质的供给，做到饲料多样性。饲喂的精饲料量按配种期标准的70%补喂。配种期前半个月，种公羊应饲喂质好量足的蛋白质饲料，补喂优质的苜蓿草等。

(2) 适当运动 适当运动有助于提高精子活力。在舍饲条件下，种公羊每天要运动2～3小时。配种前期每天的运动要"三定"：定时间、定地点和定强度。

(3) 采精训练 为保证在配种期获得品质好的精液，对种公羊要进行采精训练。正确的采精方法和合理的采精强度是保证种公羊健康，处长使用寿命的重要措施。成年公羊每周可以心采精5～6次，每周有1～2天的休息时间。

(4) 圈舍干净、定期消毒 种公羊圈舍宜宽敞坚固，保持清洁、干燥，定期消毒。

9. 影响精液品质的因素有哪些？

持续30℃以上的气温，会使公羊的射精量下降，精子数减少，畸形精子比率升高。除高温以外，营养不良及羊运动不当也会影响精液品质。

10. 母羊妊娠期、哺乳期和空怀期都是多长时间？ 以12个月为一个饲养周期计算，繁殖母羊妊娠期为5个月，哺乳期为3～4个月，空怀期为3～4个月。

11. 妊娠期母羊的饲养管理要点有哪些？

① 妊娠期前3个月母羊对粗饲料的消化力较强，胎儿发育缓慢，母体对营养需要量不大，维持正常饲养水平即可。

② 妊娠期后2个月胎儿生长迅速，怀孕后期的母羊所需营养物质要在维持基础上增加40%～60%，同时补充矿物质和维生素。该阶段要饲喂高品质的饲草料，不饮冰冻水，以防流产。在日常放牧管理中禁忌惊吓、急跑、跑沟等剧烈动作，特别是在出入圈门或补饲时，要防止相互挤压。母羊在怀孕后期不宜进行防疫注射，临产前1周要加强管理。

12. 哺乳期母羊的饲养管理要点有哪些？

① 为保证母羊产后有充足的奶水供给羔羊。哺乳前期应给母羊饲喂较多的鲜、干青草及多汁饲料、精饲料，并注意矿物质和微量元素的供给。

② 哺乳后期，应给羔羊逐渐添加辅食。母羊泌乳量下降，可以适当减少

精饲料和多汁饲料的喂量，防止乳房疾病的发生。

③ 羔羊出生后 2 周体重达到初生重的 2 倍，则表明母羊泌乳能力正常。

④ 母羊的圈舍必须经常打扫，以保持清洁干燥，对胎衣、毛团、石块、烂草等要及时扫除，以免羔羊舔食而引起疫病。

⑤ 经常检查母羊乳房，如发现有奶孔闭塞、乳房发炎、化脓或乳汁过多等情况，要及时采取相应措施予以处理。

⑥ 母羊分娩后 1 个月内，羔羊与母羊在舍内混群饲养。然后母仔分群，母羊定时给羔羊哺乳，羔羊则留在圈舍内培育。

13. 育成羊如何饲养管理？ 育成羊是指由断乳至初配，即 5～18 月龄的公、母羊，是补充羊群、提高群体质量的基础。这段时间羊只的生长发育最旺盛，但由于这一时期即不配种、也不产羔羊，因此饲养管理常被忽视。

（1）断奶后饲养管理 断奶后的育成羊公、母、分群管理。为减少断奶产生的应激，阶梯式地减少精饲料饲喂量，平均日增重不低于 100 克说明营养水平能满足其生长需要。放牧的羊群要逐步训练，由近及远。舍饲羊只饲喂适口性好的优质饲草料。另外，及时驱虫。

（2）越冬期饲养管理 越冬期饲养管理是培育育成羊的关键时期，饲养方式以舍饲为主、放牧为辅，注意羊舍的防寒保暖。放牧羊早晚补饲 2 次，舍饲羊每天饲喂 3 次，让羊吃饱饮足，休息好。

14. 淘汰羊如何育肥？

（1）放牧育肥 这是最有效、最经济的育肥方法之一。充分利用草场，将羊只按性别、年龄和营养状况分别组群，让羊放牧抓膘，保证充足的饮水和矿物质。育肥期 4～5 个月。

（2）舍饲育肥 育肥以 75～100 天为宜，一般在冬春枯草季节，或在屠宰前短期进行。饲草除干草外，可充分利用农副产品（如米糠、酒糟、饼粕等）。饲喂时要做到少给、勤添和勤拌。

第三节 产羔及羔羊的饲养管理

1. 产羔期的准备工作有哪些？

① 按照母羊产羔的时间将母羊进行分群管理，分成待产群、初产仔群和已产 2～4 天以上的母仔群。

② 根据产羔点上待产母羊头数配备技术人员，编制接羔值班名单，并组织产羔点上的兽医、放牧员及家属总结过去接羔育羔中的经验教训，做好接羔

护羔的各项工作。在产羔期 1.5 个月内，每群母羊多增加 2 个辅助工人，昼夜轮流值班，分别照管待产母羊及产后母羊，弱羔、孤羔、双羔、病羔更要细心照料。

③ 准备羔羊护腹带、接羔袋、打号颜色、必要的药品及医疗器械、电筒、石蜡油、料桶、肥皂、毛巾、剪毛剪、水桶、火炉、脸盆，以及接生人员的生活用品。

2. 羔羊初生的护理有哪些注意事项?

① 羔羊初生之后，必须保证能吃到初乳，即生下 20～30 分钟可以哺乳，每日不少于 4 次。

② 防潮、防冻、防饿。

③ 勤检查、勤配奶、勤治疗、勤消毒。

3. 提高羔羊成活率的方法有哪些?

① 合理选种选配，严禁近亲繁殖。

② 加强母羊的饲养管理。

③ 做好羔羊痢疾的防治工作。

④ 适时开食，适时断乳，加强运动。

4. 如何对羔羊进行寄养? 产羔中当母羊死亡，或母羊一胎产羔过多时，要及时给羔羊找保姆羊寄养。寄养配认保姆羊最好是在晚上进行。常用的方法是将保姆羊的胎衣或乳汁抹擦在寄养羔羊的臀部或尾根；或将羔羊的尿液抹在保姆羊的鼻子上；也可将已死去的羔羊皮覆盖在需寄养的羔羊背上。经过这样的短期熟悉，保姆羊便会让寄养羔羊吃奶。

5. 如何进行羔羊人工哺乳?

① 喂奶员手指沾上奶汁，一只手保定羔羊头部，让其吮吸有奶汁的指头。经过两三次这样的训练，羔羊便学会吮吸奶瓶。

② 人工哺乳的量以满足羔羊的需要为准，过量时羔羊会发生腹泻或消化不良。一般是产后 5 日内每日喂 6 次，每次 50 毫升；6～10 日内喂 4 次，每次 100 毫升；以后逐渐减少到每天 2～3 次，每次 250 毫升。

③ 代乳品饲喂时的温度应等于或略高于母羊体温（39～40 ℃）。温度太低易造成消化不良，过高会引起烫伤。

④ 注意清洁卫生。

6. 羔羊培育注意事项有哪些?

(1) 初生期（生后 10 天以内） 羔羊抵抗力弱，体温调节能力低，因此必须精心护理。尽量让初生羔羊吃上初乳。若母羊缺奶，首先加强母羊的饲养管理（如喂些精饲料、多汁料、饮豆浆水等）以提高母羊的泌乳量，同时进行人工哺乳。

(2) 初生20天后 此时哺乳量逐渐减少，蛋白质饲料可逐渐增加。开始补给混合精饲料、细嫩的青草，及早训练采食，以促使胃肠的消化能力。补饲时精饲料的种类要多样化，最好配合成混合料。20日龄的羔羊每天可喂20～30克，40日龄时可喂到80克，3月龄以后每天可喂200克。注意同时供给充足的清洁饮水。

(3) 初生后40～80天 此阶段要奶和饲料并重，逐渐增加饲草料的量和种类，注意蛋白质的含量，经常观测羔羊的发育速度。

(4) 断奶阶段（生后80～120天） 以饲草为主，一般4个月断乳。

(5) 适当运动 羔羊生后1周，天气条件好时可让羔羊到舍外自由运动。随着羔羊日龄的增长，逐渐延长运动时间。

7. 春羔和冬羔各有什么优势和不足？

(1) 春羔 产羔时气候转暖，母羊和羔羊都可以吃到青草，母羊奶足。羔羊此期发育好，产羔不需要很好的保暖产圈。但春季气候易变，牧区温度变化大，羊只易生病，而且春羔过冬死亡较多。

(2) 冬羔 缺点是产羔时气候寒冷，需要通风保暖的产羔圈，母羊要加强补饲，羔羊不能到户外活动。优点是春季到来时冬羔具备较强的抵抗力，不易受天气变化的影响，不易生病，同时过冬死亡的情况低于春羔。

8. 母羊产羔前有何表征？ 母羊临产前因阵痛表现起卧不安，乳房充奶、膨大、乳头直立，挤时有少量乳，外阴红肿，有时流出稠黏液，肷窝下陷，产前2～3小时更为明显，行动困难，排尿次数增多，时时回顾腹部，接着卧地不起、后肢伸直、呻吟努责，子宫颈口露出外阴部时，很快就要产羔。

9. 母羊产羔护理事项有哪些？ 产羔时要安静，不要惊动母羊。母羊产羔后有疲倦、饥饿、口渴的感觉，产后应及时给其饮喂掺进少量麦麸的温水，或饮喂一些豆浆水，以防止母羊噬食胎衣。

10. 什么是产羔？ 正常分娩时，羊膜破裂后几分钟至半小时羔羊就会出生。先看到前肢的两个蹄，接着是嘴和鼻，到头顶露出后羔羊即出生了。

11. 胎衣和胎盘何时排出？ 羊的胎盘通常在分娩后2～4小时内排出。胎盘排出的时间一般需要0.5～8小时，但不能超过12小时，否则会引起子宫炎等一系列疾病。排出的胎衣胎盘应及时取走，不让母羊吞食。产后7～10天母羊常有恶露排出。

12. 如何进行接羔？

① 接产前，剪净母羊乳房周围和后肢内侧的羊毛，温水洗净乳房，并挤出几滴初乳，再将母羊的尾根、外阴部、肛门洗净，用1%来苏儿消毒。

② 羔羊生出后，先把口腔、鼻腔及耳内黏液掏出擦净（以免引起窒息或因误吞而引发异物性肺炎），然后在离羔羊脐窝部 5～10 厘米处用剪刀剪断脐带（一般会自然扯断），并用 5%碘酒在断端处消毒。

③ 初产母羊或恋羔性弱的母羊，可将胎儿黏液涂在母羊嘴上，让其舔食，以促进母仔感情。在寒冷天气，用干而柔软的毛巾等擦干羔羊，将母仔关在一个分娩栏中。

④ 挤出最初的几滴奶汁，帮助羔羊及早吸到母乳，产后 24 小时对羔羊进行称重、出生鉴定并佩戴耳号。

第四节 羊毛生产管理

1. 影响羊毛品质的指标有哪些？ 决定羊毛品质重要指标是羊毛的细度和长度，另外羊毛的强度、色泽、油汗含量、杂质含量、净毛率、卷曲、弹性等也是确定毛品质的指标。

2. 什么是污毛？ 是指细毛羊身上剪下含有油汗和各种杂质的羊毛。

3. 什么是净毛和净毛率？

(1) 净毛 是指原毛（绒）经过清洗工艺除杂后的羊毛（绒）重量。

(2) 净毛率 净毛重占原（污）毛重的百分比称为净毛率。净毛率反映细毛羊的真实产毛量。净毛率越高，毛的价格越高。影响净毛率的主要因素是环境。

4. 什么是羊毛细度？ 是指毛纤维的平均直径。细度越低、变化越小的毛品质越好，价格也越高。

5. 影响羊毛细度的因素有哪些？ 影响羊毛细度的因素最重要的是羊的品种，其次管理水平、营养水平也是影响羊毛细度的因素。

6. 羊毛细度与品质支数是什么？ 见表 6-1。

表 6-1 羊毛细度与品质支数

羊毛品质支数	细度范围（微米）	羊毛品质支数	细度范围（微米）
—			
80	14.5～18.0	64	21.6～23.0
70	18.1～20.0	60	23.1～25.0
66	20.1～21.5		

7. 为什么要对羊毛分级？ 绵羊体表不同部位毛的品质存在较大差异，对羊毛进行分级、分类可以提高羊毛的同质性，实现优毛优价。

8. 影响细羊毛等级的因素有哪些?

① 细度、长度、油汗为羊毛定级的最主要考核指标。

② 头、腿、尾毛及其他疵点毛。

③ 边肷毛按其细度、长度、品质特征并入相应等级。不符合标准技术规定者，单独包装。

④ 沥青毛、油漆毛、异类纤维（棉线、布条、尼龙绳、编织袋）等，这类污染毛和杂质必须拣出，不得混入羊毛内。

9. 羊毛分级整理的过程有哪些?

(1) 除边 除去套毛中的污渍毛、头蹄毛、过度集中的短毛、成团的草刺毛、腹部毛。一般除边量占套毛总重量的10%左右。

(2) 粗分 所有的弱节毛、毡片毛、永久性污染毛和严重的少卷曲毛与套毛分开。

(3) 分级整理 将同一等级的毛统一放置，同时把变色、结毡、感染疥癣及霉烂的毛分离出去。

10. 给细毛羊穿羊衣有什么好处? 给细毛羊穿羊衣的目的为保护毛被，减少大气环境和饲养环境对羊毛的损害与污染，提高以毛纤维强力与净毛率；另外，还可以起到保暖作用，减少维持体温的耗能，提高产毛量。给细毛羊穿羊衣简便易行，投入少，见效快。

11. 何时穿羊衣? 在秋季（10月底）羊群下山后，立即给羊只穿上羊衣，到了第二年春季剪毛前再脱去羊衣。既能避免羊绒受到二次污染，又可将净绒率从50%～60%提高到70%以上。

12. 羊衣有多大? 羊衣一般是高密度聚乙烯材料制成，具有一定的防晒、防刮拉功能。

13. 什么是疵点毛? 疵点毛主要包括沥青毛、粪污毛、草刺毛、毡片毛、疥癣毛、弱节毛、重剪毛等。

14. 如何防止疵点毛的产生?

① 避免到带有芒、刺种子的草场放牧，及时清除草场和牧道上的有钩有刺植物。

② 应经常清扫圈舍，勤换垫草，保持干燥；注意草料质量，防止细毛羊消化不良引起腹泻。

③ 采用机械剪毛，对剪毛人员进行技术培训，避免重剪毛。

④ 使用专门的羊用涂料打在羊的额鼻部，不要涂在被毛上。不用沥青、油漆等在羊体上做记号。

⑤ 防治疾病，冬春要补饲，以保持羊毛正常生长，防止弱节毛的发生。

⑥ 加强疥癣病的防治，做好药浴工作，加强日常管理。

⑦ 贮存羊毛的房屋或仓库要保持通风干燥和降温，必要时应喷洒驱虫药剂，防止羊毛贮存过程中遭受虫蛀和受潮霉变。

15. 剪毛有哪些注意事项?

① 对剪毛员进行操作培训。

② 剪毛场地应通风干燥、易于清理。

③ 待剪羊只在剪毛时要保证空腹，以避免因为羊吃饱造成剪毛过程中捆绑和翻转导致内脏受损甚至死亡。

④ 同品质羊毛的羊集中剪毛，方便羊毛的分级整理。

⑤ 羊只被雨淋湿后必须等羊体表干燥后再剪毛。

16. 剪毛场（站）建设需要注意什么?

① 建设在地势较高、通风排水良好、地面干燥、交通便利、毛用羊养殖较集中并且离药浴池距离适中的地方。

② 剪毛场（站）应包括剪毛间、分级间、打包间、储包间等，同时还要有临时停留圈等辅助设施，并配有相应的灭火器材。

17. 包装和贮存羊毛有哪些注意事项?

① 羊毛由角质蛋白构成，吸水性强，易受细菌、微生物和虫蛾的侵袭，造成羊毛品质下降甚至报废。因此，集中收购的羊毛数量较大，应在干燥通风的库内贮存。

② 贮存方法是底部铺垫木板、木条或铺席，将毛包按顺序或按分类分级的羊毛分别堆垛存放。

③ 露天贮存时垛底放两层楞木，垛顶要加盖苫席或苫布，不使毛包外露。同时要定期倒垛，以防垛内发热而发生霉变。避免日光直射，防止油脂蒸发，强度减弱，品质降低。

④ 按羊毛的等级、颜色分别打包，并标明产地、包的号数、质量、种类、颜色、等级等。

⑤ 包装好的羊毛包应堆放在干燥的房屋里，放在木架上（不可紧靠墙壁和地面，以防受潮）。在气候潮湿的地方或季节，绒包间应留有空隙，以使空气流通。经常检查，注意防火，发现绒包温度或湿度增高则应立即开包晾晒，同时拣出被蛾、虫蚀的羊毛。

⑥ 运输中要避免漏雨或日光暴晒等。

（代　蓉）

附录 1　绵羊胚胎移植技术操作规程

一、主题内容与适用范围

本规程规定了绵羊胚胎移植技术操作的基本原则、基本要求和基本方法。

本规程适用于绵羊胚胎移植技术推广应用的规范化操作。山羊胚胎移植操作也可参照本规程。

二、超数排卵

1. 供体羊的选择

① 供体羊应符合品种标准，具有较高生产性能和遗传育种价值。

② 供体羊的年龄一般为 2.5～7 岁，青年羊为 18 月龄。体格健壮，无遗传性疾病及传染性疾病。

③ 繁殖机能正常，经产羊没有空胎史。

2. 供体羊的饲养管理

① 良好的营养状况是保持正常繁殖机能的必要条件。应在优质牧草的草场放牧，补充高蛋白饲料、维生素和矿物质，并供给盐和清洁的饮水，做到合理饲养，精心管理。

② 供体羊在采卵前后应保证良好的饲管条件，不得任意变换草料和管理程序，在配种季节前开始补饲，保持中等以上体膘。

3. 超数排卵时间

① 绵羊胚胎移植的超数排卵，应在每年绵羊最佳繁殖季节进行。

② 供体羊超数排卵开始处理的时间，应在自然发情或诱导发情的情期第 12～13 天进行。

4. 超数排卵处理

(1) 促卵泡素减量处理法　供体羊在发情后的 12～13 天开始肌内注射促卵泡素（follicle. stimulating hormone，FSH，早晚各一次，间隔 12 小时分 3 天减量注射。使用国产促卵泡素（FSH）总剂量为 200～300 单位。供体羊一般在开始注射后的第4天表现发情，发情后立即静脉注射（或肌内注射）促黄体素（luteinizing hormone，LH）75～100单位，或促性腺激素释放激素的类似物50～75微克，LH的剂量一般为FSH的1/3。超排剂量及激素比例可根据厂家和批号稍作调整。超数排卵方法见附图1-1。

0天	13天	14天	15天	0天	2～3天	7天
发情	FSH	FSH	FSH	发情	输卵管采卵	子宫采卵
	75×2	50×2	25×2	人工输精		

附图1-1　超数排卵方法

(2) 孕马血清促性腺激素处理法　在发情周期的第12～13天，一次肌内注射孕马血清促性腺激素（pregnant mare serum gonadtropin，PMSG）1 500～2 500国际单位，发情后18～24小时肌内注射等量的抗PMSG。

(3) 发情鉴定和人工授精　FSH注射完毕后，每天早晚用试情公羊（带试情布或结扎输精管）进行试情。发情供体羊每日上午、下午各配种一次，直至发情结束。应增加输精量。

三、采卵

1. 采卵时间　以发情日计为0天，在2～3天或6～7.5天用手术法分别从子宫和输卵管回收卵。

2. 手术室设置及要求　采卵及胚胎移植需在专门的手术室内进行，手术室要求洁净明亮，光线充足、无尘，地面用水泥或砖铺成，配备照明用电，室内温度应保持在20～25℃。手术室内设专门套间，作为胚胎操作室。手术室定期用3%～5%来苏儿或石炭酸溶液喷洒消毒。手术前用紫外灯照射1～2小时，手术过程中不应随意开启门窗。

3. 器械、冲卵液等物品的准备

① 手术用的金属器械放在加0.5%亚硫酸钠（作为防诱剂）的0.1%新洁尔灭液中浸泡30分钟或在来苏儿液中浸泡1小时，使用前用灭菌盐水冲洗，以除去化学试剂的毒性、腐蚀性和气味。

② 玻璃器皿，敷料和创巾等物品按规程要求进行消毒。

③ 经灭菌的冲卵液置于37℃水浴加温，玻璃器皿置于38℃培养箱内待用。

④ 准备麻醉药、消毒药和抗生素等药物，酒精棉、碘酒棉等物品。

4. 供体羊的准备　供体羊手术前应停食24～48小时，可供给适量饮水。

(1) 供体羊的保定和麻醉　将供体羊仰放在手术保定架上，固定其四肢。

肌内注射2%静松灵0.5毫升；或局部用0.5%盐酸普鲁卡因，或2%普鲁卡因2～3毫升麻醉；或注射利多卡因2毫升，在第一、二尾椎间作硬膜外鞘麻醉。

(2) 手术部位及其消毒 手术部位一般选择乳房前腹中线部（在两条乳静脉之间）或后肢股内侧鼠鼷部。用电剪或毛剪在术部剪毛（应剪净毛茬），分别用清水和消毒液清洗局部，然后涂以2%～4%的碘酒，待干后再用70%～75%的酒精棉脱碘。在手术部位先盖大创布，再用灭菌巾盖，使预定的切口暴露在创巾开口的中部。

5. 术者的准备 术者应剪短指甲，并锉光滑，用指刷、肥皂清洗，特别注意刷净指缝后，再进行消毒。术者需穿清洁手术服、戴工作帽和口罩。

手臂消毒注意事项：在两个盆内各盛温热的洁净水（已煮沸）3 000～4 000毫升，加入氨水5～7毫升，配成0.5%的氨水。术者将肘部以下部位先后在两盆氨水中各浸泡2分钟，洗后用消毒毛巾或纱布从手向肘的顺序擦干。然后再将手臂置于0.1%的新洁尔灭液中浸洗约5分钟，或用70%～75%的酒精棉球擦拭两次。双手消毒后，要保持拱手姿势，避免与未消毒过的物品接触，一旦接触，即应重新消毒。

6. 手术操作的基本要求 手术操作要求细心、谨慎、熟练，否则将直接影响冲卵效果和创口愈合及供体羊繁殖机能的恢复。

(1) 组织分离

①作切口要点 切口常用直线形，应注意以下六点：

a. 避开较大血管和神经；

b. 切口边缘与切面整齐；

c. 切口方向与组织走向尽量一致；

d. 依组织层次分层切开；

e. 便于暴露羊的子宫和卵巢，切口长约5厘米；

f. 避开第一次手术留下的瘢痕。

②切开皮肤 用左手的食指和拇指在预定切口的两侧将皮肤撑紧固定，右手用餐刀式执刀，由预定切口起点至终点一次切开，使切口深度一致，边缘平直。

③切开皮下组织 皮下组织用执笔式执刀法切开，也可先切一小口，再用外科剪刀剪开。

④切开肌肉 用钝性分离法，按肌肉纤维方向用刀柄或止血钳刺开一小切口，然后用刀柄末端或用手指伸入切口，沿纤维方向整齐分离开。避免损伤肌肉的血管和神经。

⑤切开腹膜　先用镊子提起腹膜，在提起部位做一切口，然后用另一只手的手指深入腹膜引导刀（向外切口）或用外科剪将腹膜剪开。切开腹膜应避免损伤腹内脏器。

术者将食指及中指由切口深入腹腔，在与骨盆腔交界的前后位置触摸子宫角，摸到后用二指夹持，牵引至创口表面，循一侧子宫角至该侧输卵管，在输卵管末端转弯处找到该侧卵巢。不可用力牵拉卵巢，不能直接用手捏卵巢，更不能触摸排卵点和充血的卵泡。

观察卵巢表面排卵点和卵泡发育，详细记录。如果排卵点少于3个，可不冲洗。

(2) 止血

①毛细管止血　手术中出血应及时、妥善地止血。对常见的毛血管出血或渗血，用纱布敷料轻压出血处即可，不可用纱布擦拭出血处。

②小血管止血　用止血钳止血，首先要看准出血所在位置，钳夹要保持足够的时间，若将止血钳沿血管纵轴扭转数周，则止血效果更好。

③较大血管止血　除用止血钳夹住暂时止血外，必要时还需用缝合线结扎止血。结扎打结分为徒手打结和器械打结两种。

(3) 缝合

①缝合的基本要求

a. 缝合前创口必须彻底止血，用加抗生素的灭菌生理盐水冲洗，清除手术过程中形成的血凝块等；

b. 按组织层次分层缝合；

c. 缝合要求对合严密、创缘不内卷、外翻；

d. 缝线结扎松紧适当；

e. 缝合进针和出针要距创缘0.5厘米左右；

f. 针间距要均匀，所有结要打在同一侧。

②缝合方法　大致分为间接缝合和连续缝合两种。

a. 间接缝合　此法用于张力较大、渗出物较多的创口。在伤口处每隔1厘米缝一针，针针打结。常用于肌肉和皮肤的缝合。

b. 连续缝合　只在缝线的头尾打结。螺旋形缝合是最简单的一种连续缝合，适于子宫、腹膜和黏膜的缝合；锁扣缝合，如同做衣服锁扣眼的方法，可用于直线形的肌肉和皮肤缝合。

7. 采卵方法

(1) 输卵管法　供体羊发情后2～3天采卵，用输卵管法。将冲卵管一端由输卵管伞部的喇叭口插入，2～3厘米深（打活结或用钝圆的夹子固定），另一端接集卵皿。用注射器吸取 37℃的冲卵液 5～10 毫升，在子宫角靠近输卵管的部位，将针头朝输卵管方向扎入。一人操作，一只手的手指在针头方向后捏紧子宫角，另一只手推注射器，冲卵液由宫管结合部流入输卵管，经输卵管流至集卵皿。

输卵管法的优点是卵的回收率高，冲卵液用量少，检卵省时间。缺点是容易造成输卵管，特别是伞部的粘连。

(2) 子宫法 供体羊发情后 6～7.5 天采卵用这种方法。术者将子宫暴露于创口表面后，用套有胶管的肠钳夹在子宫角分叉处，注射器吸入预热的冲卵液 20～30 毫升（一侧用液 50～60 毫升），冲卵针头（钝形）从子宫角尖端插入，当确认针头在管腔内且进退通畅时，将硅胶管连接于注射器上，推注冲卵液；当子宫角膨胀时，将回收卵针头从肠钳钳夹基部的上方迅速扎入，冲卵液经硅胶管收集于烧杯内，最后用两手拇指和食指将子宫角捋一遍。另一侧子宫角用同样方法冲洗。进针时避免损伤血管，推注冲卵液时力量和速度应适中。

子宫法对输卵管损伤甚微，尤其不涉及伞部，但卵回收率较输卵管法低，用液较多，检卵较费时。

(3) 冲卵管法 用手术法取出子宫，在子宫体扎孔，将冲卵管插入，使气球在子宫角分叉处，使冲卵管尖端靠近子宫角前端，用注射器注入气体 8～10 毫升，然后进行灌流，分次冲洗子宫角，每次灌注 10～20 毫升。一侧用液 50～60 毫升，冲完后气球放气，冲卵管插入另一侧，用同样方法冲卵。

(4) 术后处理 采卵完毕后，用 37℃灭菌生理盐水湿润母羊子宫，冲去凝血块，再涂少许灭菌液体石蜡，将器官复位。腹膜、肌肉缝合后，撒碘胺粉等消炎防腐药。皮肤缝合后，先在伤口周围涂碘酒，再用酒精作最后消毒。供体羊肌内注射青霉素（80 万单位）和链霉素（100 万国际单位）。

四、检卵

(1) 操作要求 检卵者应熟悉体视镜的结构，做到熟练使用。找卵的顺序应由低倍到高倍，一般在 10 倍左右已能发现卵子。对胚胎鉴定分级时再转向高倍（或加上大物镜），改变放大率时，需再次调整焦距至看清物象为止。

(2) 找卵要点 根据卵子的比重、大小、形态和透明带折光性等特点找卵。

① 卵子的比重比冲卵液大，因此一般位于集卵皿的底部。

② 绵羊卵子直径为 150～200 微米，肉眼观察只有针尖大小。

③ 卵子呈球形，在镜下呈圆形，其外层是透明带。在冲卵液内的折光性比其他不规则组织碎片折光性强，色调为灰色。

④ 当疑似卵子时晃动表面皿，则卵子滚动。用玻璃针拨动时，针尖尚未触及卵子则卵子既已移动。

⑤ 镜检找到的卵子数，应和卵巢上排卵点的数量大致相当。

(3) 检卵前的准备

① 待检的卵应保存在 37℃条件下，尽量减少体外环境、温度、灰尘等因素对其造成的不良影响。检卵时倾斜集卵杯，轻轻倒弃上层液，留杯底约 10 毫升冲卵液，再用少量 PBS 冲洗集卵杯，将冲洗液倒入表面皿镜检。

② 在酒精灯上拉制内径为 300～400 微米的玻璃吸管和玻璃针。将 10%或 20%羊血清 PBS 保存液用 0.22 微米滤器过滤到培养皿内。每个冲卵供体羊需备 3～4 个培养皿，写好编号，放入养箱待用。

(4) 检卵方法及要求 用玻棒吸管清除卵外围的黏液、杂质，将胚胎吸至第一个培养皿内。吸管先吸入少许 PBS 再吸入卵，在培养皿的不同位置冲洗卵 3～5 次。依次在第二个培养皿内重复冲洗，然后把全部卵移至另一个培养皿。每换一个培养皿时应换新的玻璃吸管，一个供体的卵放在同一个皿内。操作室温度为 20～25℃，检卵及胚胎鉴定需 2 人进行。

五、胚胎的鉴定和分级

1. 胚胎的鉴定

① 在 20～40 倍显微镜下观察受精卵的形态、色调、分裂球的大小、均匀度、细胞的密度、与透明带的间隙及变性情况等。

② 凡卵子的卵黄未形成分裂球及细胞团的，均列为未受精卵。

③ 发情（授精）后第 2～3 天用输卵管法回收的卵，发育阶段为 2～8 细胞期，可清楚地观察到卵裂球，卵黄腔间空隙较大。6～8 天回收的正常受精卵发育情况如下：

a. 桑椹胚 发情后第 5～6 天回收的卵，只能观察到球状的细胞团，分不清分裂球，细胞团占据卵黄腔的大部分。

b. 致密桑椹胚 发情后第 6～7 天回收的卵，细胞团占卵黄腔 60%～70%。

c. 早期囊胚 发情后第 7～8 天回收的卵，细胞团的一部分出现发亮的胚泡腔。细胞团占卵黄腔 70%～80%，难以分清内细胞团和滋养层。

d. 囊胚 发情后第 7～8 天回收的卵，内细胞团和滋养层界限清晰，胚泡腔明显，细胞充满卵黄腔。

e. 扩大囊胚 发情后第 8～9 天回收的卵，囊腔明显扩大，体积增大到原来的 1.2～1.5 倍，与透明带之间无空隙。透明带变薄，相当于正常厚度的

1/3。

f. 孵育胚　一般在发情后第9～11天，由于胚泡腔继续扩大，致使透明带破裂，卵细胞脱出。

g. 非正常发育卵　凡在发情后第6～8天回收的16细胞以下的受精卵均应列为非正常发育卵，不能用于移植或冷冻保存。

2. 胚胎的分级　分为A、B、C三个等级。

(1) A级　胚胎形态完整，轮廓清晰，呈球形，分裂球大小均匀，结构紧凑，色调和透明度适中，无附着的细胞和液泡。

(2) B级　轮廓清晰，色调及细胞密度良好，可见到少量附着的细胞和液泡，变性细胞占10%～30%。

(3) C级　轮廓不清晰，色调发暗，结构较松散，游离的细胞或液泡较多，变性细胞达30%～50%。

另外，胚胎的等级划分还应考虑到受精卵的发育程度。发情后第7天回收的受精卵在正常发育时应处于致密桑椹胚至囊胚阶段。凡在16细胞以下的受精卵及变性细胞超过一半的胚胎均属等外，其中部分胚胎仍有发育的能力，但受胎率很低。

六、胚胎的冷冻保存

1. 三步平衡法

① 取9毫升含20%羊血清的PBS，加入1毫升甘油，用吸管反复混合15～20次，经0.22微米滤器过滤到灭菌容器内，即成10%甘油保存液。

② 取含20%羊血清0.3摩尔/升蔗糖的PBS 2毫升和3.5毫升，分别加入10%甘油3毫升和1.5毫升，配成含6%和3%甘油的蔗糖冷冻液。将3%、6%和10%三种甘油浓度的冷冻液分别装入小培养皿。

③ 胚胎分别在3%、6%和10%甘油的冷冻液中浸5分钟。

④ 用0.25毫升塑料细管按顺序吸入，少量的10%甘油的PBS液、气泡、10%甘油的PBS液（含有胚胎）、气泡、少量的10%甘油的PBS液（附图1-2），加热封口两道。

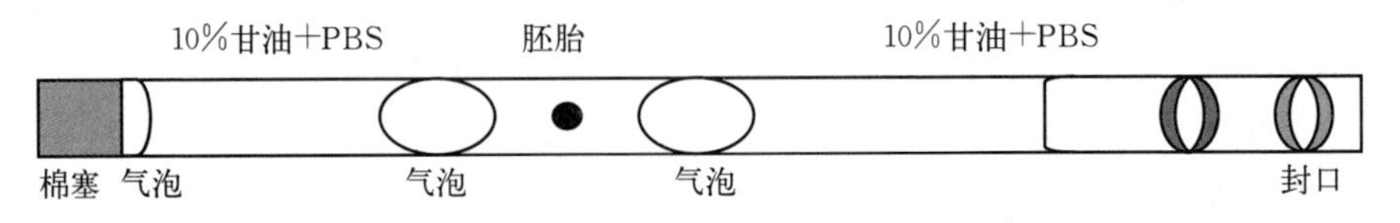

附图1-2　胚胎装管示意图

⑤ 剪一段（2 厘米）0.5 毫升塑料细管作为标记外套，内装色纸，注明供体品种、耳号、胚胎发育阶段及等级、制作日期（年、月、日），并在外套管上写明序号备查。

2. 冷冻程序 将细管直接浸入冷冻仪的酒精浴槽内，以 1℃/分钟的速度从室温降至－6℃，停 5 分钟后植冰，再停留 10 分钟，以 0.3℃/分钟的速度降至－36℃，最后以 0.1℃/分钟的速度降至－38℃，直接投入液氨，长期保存。

七、冷冻胚胎的解冻

(1) 解冻液的配制 根据“六、胚胎的冷冻保存”中的“①和②”配制出 10%、6%和 3%甘油的蔗糖解冻液，用 0.22 微米滤器灭菌，分装在小培养皿内。第 1～4 杯分别为 10%、6%、3%、0%甘油的蔗糖解冻液，第 5 杯为 PBS 保存液。

(2) 胚胎的解冻 胚胎从液氮中取出，在 3 秒内投入 38℃水浴，浸 10 秒。

(3) 三步脱甘油 用 70%酒精棉球擦拭塑料细管和剪刀刀刃，剪去棉端，与带有空气的 1 毫升注射器连接。再剪去细管的另一端，在室温下将胚胎推入 10%甘油和 0.3 摩尔/升蔗糖的 PBS 解冻液中，放置 5 分钟后依次移入 6%、3%和 0%甘油的蔗糖 PBS 解冻液中，各停留 5 分钟，最后移至 PBS 保存液中镜检待用。

八、胚胎分割

1. 准备工作

① 检查和调整好显微操作装置。

② 玻璃针细度要求为 3 微米，用专用拉针仪制作。固定管要求拉制成内径为 100 微米的细管，切口要齐，并用煅熔仪烧圆。上述针、吸管均用 70%酒精灭菌，使用前用 PBS 液反复冲洗。

③ 安装好分割胚胎的用具。

④ 将含有 20%犊牛血清的 PBS 液经 0.22 微米滤器过滤，在灭菌直径为 90 毫升的塑料培养皿内做成液滴，覆盖液体石蜡备用。

2. 分割操作

① 将第 6～8 天回收的发育良好的胚胎移入已做好的液滴，每个液滴放入 1 枚胚胎，以免半胚相混。将培养皿移至倒置显微镜或实体解剖镜下，调整焦距，找到胚胎。用固定吸管固定胚胎，用玻璃针或刀片从内细胞团正中切开。

② 使用刀具分割时可不用固定管。先用刀刃在培养皿底上划一刀印，再用刀尖将胚胎拨至刀印上，调整好内细胞团的位置，用刀片从上往下垂直切成两团。

③ 分割好的胚胎移至含20%羊血清（或犊牛血清）的PBS，清洗后装管移植。

④ 冷冻胚胎解冻后分割操作同上。

九、胚胎移植

1. 受体羊的选择

① 健康、无传染病、营养良好。

② 无生殖疾病、发情周期正常的经产羊。

2. 供体羊、受体羊的同期发情

(1) 自然发情 对受体羊群自然发情进行观察，与供体羊发情前后相差1天的羊可作为受体。

(2) 诱导发情 绵羊诱导发情分为孕激素类和前列腺素类控制同期发情两类方法。孕酮海绵栓法是一种常用的方法（附图1-3）。

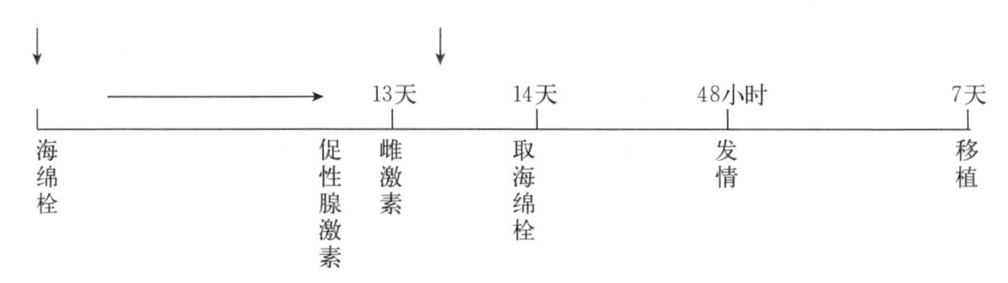

附图1-3 受体羊海绵栓法同期发情示意图

海绵栓在灭菌生理盐水中浸湿后塞入阴道深处，至13～14天取出。在取海绵栓的前一天或当天，肌内注射PMSG（400单位）和戊雌酸二醇（2～4毫克），48小时前后受体羊可表现发情。

(3) 发情观察 受体羊发情观察早晚各一次，母羊接受爬跨确认为发情。受体羊与供体羊发情同期差控制在±24小时。

3. 移植

(1) 移植液

① 0.03 mol/L牛血清白蛋白溶于10毫升PBS。

② 1毫升血清+9毫升PBS。

以上两种移植液均含青霉素（100单位/毫升）、链霉素（100单位/毫升）。配好后用0.22微米滤器过滤，置38℃培养箱待用。

（2）受体羊的准备 受体羊术前需空腹12～24小时，仰卧或侧卧于手术保定架上，肌内注射0.3～0.5毫升2%静松灵。手术部位及手术要求与供体羊相同。

（3）简易手术法 对受体羊可用简易手术法移植胚胎。

术部消毒后，拉紧皮肤，在后肢内侧鼠蹊部作1.5～2厘米切口，用1个手指伸进腹腔，摸到子宫角引导至切口外，确认排卵侧黄体发育状况，用钝形针头在黄体侧子宫角扎孔，将移植管顺子宫角方向插入宫腔，推出胚胎，随即子宫复位。皮肤复位后即将腹壁切口覆盖，皮肤切口用碘酒、酒精消毒，一般不需缝合。若切口增大或覆盖不严密，应进行缝合。

受体羊术后在小圈内观察1～2天。圈舍应干燥、清洁、以防止受体羊受到感染。

（4）移植胚胎注意要点

① 观察受体卵巢，胚胎移至黄体侧子宫角，无黄体不移植。一般移2枚胚胎。

② 在子宫角扎孔时应避开血管，防止出血。

③ 不可用力牵拉卵巢，不能触摸黄体。

④ 胚胎发育阶段与移植部位相符。

⑤ 对受体黄体发育按突出卵巢的直径分为优（0.6～1厘米）、中（0.5厘米）、差（小于0.5厘米）。

（5）受体羊的饲养管理 受体羊术后第一、二情期内要注意观察返情情况，若返情则进行配种或移植。对没有返情的羊应加强饲养管理，妊娠前期应满足母羊对热量的摄取，防止胚胎因营养不良而引起早期死亡。妊娠后期应保证母羊营养的全面需要，尤其是对蛋白质的需要，以满足胎儿的充分发育。

（6）产羔期的护理 受体羊产羔期需精心管理，做好助产，双羔羊哺乳及保姆羊带乳，并要保证母羊哺乳期营养需要。产羔记录应详细、认真。

附录1-1 试剂配制

1. 冲卵液（PPS）的配制

（1）改进的PBS液配方

NaCl	8.00克/升
KCl	0.20克/升
$CaCl_2$	0.10克/升
KH_2PO_4	0.20克/升

$MgCl_2 \cdot 6H_2O$	0.10 克/升
Na_2HPO_4	1.65 克/升
丙酮酸钠	0.036 克/升
葡萄糖	1.00 克/升
牛血清蛋白	3.00 克/升
(或犊牛血清)	10 毫升/L
青霉素	100 单位/毫升
链霉素	100 单位/毫升
双蒸水加至	1 000 毫升

(2) PBS 液的配制 为了便于保存，可用双蒸水分别配制成 A 液，以便高压灭菌，也可配制成浓缩 10 倍的原液。

A 液（100 毫升）

NaCl	8.0 克
KCl	0.2 克
$CaCl_2$	100 毫克
$MgCl_2.6H_2O$	100 毫克

B 液（100 毫升）

$Na_2HPO_4.7H_2O$	2.16 克
(或无水 Na_2HPO_4)	1.144 克
KH_2PO_4	200 毫克

配好的 A、B 原液和双蒸水分别高压灭菌，低温保存待用。

(3) 冲卵液的配制 使用浓缩 A、B 液各取 100 毫升，缓慢加入灭菌双蒸水 800 毫升充分混合。取其中 20 毫升，加入丙酮酸钠 36 毫克、葡萄糖 1.0 克、牛血清蛋白 3.0 克（或羊血清 10 毫升）和抗生素，充分混合后用 0.22 微米滤器过滤灭菌，倒入大瓶混合均匀待用。冲卵液 pH 7.2～7.4，渗透压为 270～300 毫摩尔/升。注意：A、B 液混合后，如长时间高温（>40℃），则会形成沉淀，影响使用。

(4) 保存液的配制 配制方法是：2 毫升供体羊血清、8 毫升 PBS，青霉素 100 单位/毫升、链霉素 100 单位/毫升。配制完成后用 0.22 微米滤器过滤灭菌。

2. 羊血清的制作

(1) 对超数排卵反应好的供体羊于冲卵后采血。

(2) 血清制作程序 用灭菌的针头和离心管从颈静脉采血，30 分钟内 3 500 转/分钟离心 10 分钟取血清。再用同样转速将分离出的血清再离心 10 分钟，弃去沉淀。

(3) 血清的灭活 将上述血清集中在瓶内，在50℃水（血清温度达56℃）中灭活30分钟，或者在52℃温水中灭活40分钟。灭活后，3 500转/分钟离心10分钟，再用0.45滤器过滤灭菌，分装为小瓶，于−20℃保存待用。

(4) 血清使用前要做胚胎培养试验，只有经培养后确认无污染、胚胎发育好的血清才能使用。

附录1-2 试验的准备

1. 器具的洗刷

(1) 器具使用后应立即浸于水中，流水冲洗。粘有污垢或斑点应立即洗刷掉，然后再用洗涤液清洗。

(2) 新的玻璃器皿用清水洗净后，放入洗液或稀盐酸中浸泡24小时，流水冲洗掉洗液，再用洗涤液认真刷洗，或用超声波洗涤器洗涤。洗涤剂可用市售品。

(3) 水洗 从洗涤液中取出后立即放入流水中，冲洗3小时完全冲掉洗涤液。

(4) 洗净 先用去离子水冲洗5次，再用蒸馏水洗5次，最后用双蒸水冲洗2次。

(5) 干燥和包装 洗净后的器具先放入干燥箱中烘干，再用白纸或牛皮纸包装待消毒。

2. 器具的灭菌

(1) 高压灭菌 适用于玻璃器具、金属制品、耐压耐热的塑料制品，以及可用高压蒸汽灭菌的培养液、无机盐溶液、液体石蜡油等。上述器具经包装后放入高压灭菌器内，121℃（1千克/厘米）处理20～30分钟，PBS等培养液处理15分钟。

(2) 气体灭菌法 对于不能用高压蒸气灭菌处理的塑料器具可用环氧乙烯等气体灭菌。灭菌方法与要求可根据不同设备说明进行操作。气体灭菌过的器具需放置一定时间才能使用。

(3) 干热灭菌法 耐高温的玻璃及金属器具，包装好后放入干热灭菌器（干烤箱）中，160℃处理1～1.5小时；或者使温度升至180℃以后，关闭开关，待降至室温时取出。在烘烤过程中或刚结束时，不可打开干燥箱门，以防着火。

(4) 紫外线灭菌 塑料制品可放置在无菌间内，距离紫外线灯50～80厘米处，器皿内侧向上。塑料细管需垂直置于紫外线灯下照射30分钟以上。

(5) 钴（Co^{50}）同位素照射灭菌 将需要灭菌的器具包装好，送有关单位处理。

(6) 用70%酒精浸泡消毒 聚乙烯冲卵管、乳胶管等，洗净后可在70%酒精液中浸泡消毒。

3. 培养液的灭菌

(1) 过滤灭菌法 装有滤膜的滤器经高压灭菌后使用。培养保存液用0.22微米滤膜，血清用0.45微米滤膜过滤。过滤时应弃去开始的2～3滴。

(2) 用抗生素灭菌 在配制培养液时，同时加入青霉素100单位/毫升、链霉素100单位/毫升进行灭菌。

4. 液体石蜡油的处理

① 市售液体石蜡装入分液漏斗，用双蒸水充分摇动洗涤3～5次，静止或离心分离水分。

② 液体石蜡装入三角烧瓶内（装入量为容量的70%～75%）用硅塞封口，塞上通入长和短的两根玻璃管，管上端塞紧棉花。一根深入油面底层，一根不接触油面。高压灭菌15分钟呈白浊色，冷却后静置12小时，即为透明。

③ 将所用的培养液用滤器灭菌，按石蜡油量的1/20加入并充分混合。

④ 由长玻璃管通入5%CO_2、95%空气组成的混合气30分钟。

⑤ 经上述处理后的石蜡油在使用前放在二氧化碳培养箱内静置平衡一昼夜，使液相和油相完全分离，待用。

附录1-3 羊胚胎移植主要器械与设备

1. 回收卵所需的器械

(1) 冲卵管 包括：带硅胶管的7号针头（钝形），回收管（带硅胶管的16号针头，钝形），肠钳套乳胶管等。

(2) 注射器 20毫升或30毫升。

(3) 集卵杯 50毫升或100毫升烧杯。

2. 检卵与分割设备 包括：体式显微镜、培养皿（35毫升×15毫升、90毫升×15毫升，表面皿）、巴氏玻璃管、培养箱（CO_2培养罐及CO_2气体）、显微操作仪及附件。

3. 移植器械 包括：微量注射器（12号针头）、移植管（内径200～300微米玻璃细管或前端细后部膨大的套在注射器上的塑料细管）。

4. 手术器械

（1）毛剪，外科剪（圆头、尖头）。

（2）活动刀柄、刀片、外科刀。

（3）止血钳（弯头、直头）、蚊式止血钳、创巾夹、持针器、手术镊（带齿、不带齿）。

（4）缝合针（圆刃针、三棱针）、缝合线（丝线、肠线）、创巾若干。

（5）手术保定架、手术灯、活动手术器械车。

5. 其他设备 包括：蒸馏水装置（1套）、离子交换器（1台）、干烤箱（1台）、高压消毒锅（1台）、滤器若干（0.22微米滤膜、0.45微米滤膜，0.25毫升塑料细管）、pH计（1台）。

6. 药品及试剂

（1）配制PBS所需试剂；

（2）FSH、LH、PMSG及抗PMSG等超排激素；

（3）2%静松灵，0.5%普鲁卡因、利多卡因；

（4）肾上腺素及止血药品；

（5）抗生素及其他消毒液、纱布、药棉等。

附录1-4 供体羊超数排卵记录

供体号：__________ 品种：__________ 出生时间（年龄）：__________

产羔时间：__________________ 胎次：____________________

处理前发情日期：（1）__________________ （2）____________________

超排处理日期：_____年_____月_____日 激素：__________批号：__________

总剂量：________每日剂量：________ （1）_____ （2）_____ （3）_____ （4）_____

促排药注射日期：____________ 剂量：______________

发情时间：______________ 症状：__________________________

输精时间：（1）_____ （2）_____ （3）_____公羊号：____________________

回收卵时间：___月___日 开始：___时___分 结束：___时___分

冲卵人：______________ 检卵人：__________________

卵巢	冲卵液回收率	卵巢		回收卵数	未受精卵	退化卵	2-16细胞	胚胎发育与等级							
		CL	F					枚数	等级	M	CM	EB	BL	EXB	HB
左								A							
								B							
								C							
右								A							
								B							
								C							

附录 1－5　冷冻胚胎记录

供体号：__________　品种：__________　操作者：__________

冲卵结束时间：________　冷冻时间：________　防冻剂：________　冷冻方法：__________

序号	发育阶段	级别	简图	特征简述	提篓号	简号	解冻温度	脱甘油方式	解冻后形态	培养情况	用途	备注

附录1-6　受体羊移植记录

序号	受体号	供体号	群号	发情日期	返情日期	黄体发育	移植时间	胚胎等级	术者	产羔	备注

说明：山羊的胚胎移植操作可参照本操作规程，但超数排卵可在发情周期的第17天开始，国产促卵泡素用150～250单位，或用PMSG 1 000～2 000单位，其他操作与绵羊相同。

附录2 绵羊人工授精操作规程

一、主题内容与适用范围

本标准规定了器材消毒、采精、精液检查、精液使用方法和输精的要求。

本标准适用于各类绵羊的人工授精。

二、人工授精器材的洗涤和消毒

(1) 洗涤液、消毒液、消毒器 包括：3%的苏打液、0.9%的氯化钠液、蒸馏水、75%的酒精、75%的酒精棉球、0.1%高锰酸钾液、2.0%的来苏儿液、肥皂水、温开水、手提式高压蒸气消毒器。

(2) 器材消毒 器材消毒程序如下：

① 假阴道、内胎 依次用苏打液、温开水、氯化钠液冲洗，再用干净纱布擦净后，用酒精棉球消毒。

② 开膣器、镊子、输精器和各种玻璃器材 依次用苏打液、温开水洗净，再用高压消毒半小时灭菌后，取出放在瓷盘内，用纱布盖好。输精时开膣器在氯化钠液内浸沾后再用。开膣器和输精器每输一只母羊，则用脱脂棉擦净。开膣器还要在高锰酸钾液内浸泡3分钟，然后再依次用温开水、氯化钠液冲洗。输精器内的精液用完后，输精器内外依次用氯化钠液、酒精冲洗和消毒，下次用前再用氯化钠液冲洗5遍。

③ 盖玻片、载玻片 先用温开水、氯化钠液冲洗后，用干净纱布包好，再用高压蒸气消毒器高压灭菌。

④ 凡士林 连罐置于水中煮沸消毒30分钟；氯化钠液现用现配，连瓶置水中煮沸消毒15分钟。

三、配种站的准备

① 配种站设有采精室、验精室、输精室，预配母羊圈、已配母羊圈、种公羊圈。各室不小于15米^2，各圈不小于30米^2。

② 配种站室内要清洁、干燥、保温、防风、光线充足。

③ 在配种前配种站的墙壁用石灰水粉刷。配种站周围及室内打扫干净后，用来苏儿液消毒。

④ 配种站室内温度，验精室18～25℃，输精室18℃。

⑤ 配种站室内严防有异味。

四、采精

① 准备台羊　采精用的台羊应是发情旺盛的健康母羊。

② 装卸假阴道的程序

a. 将集精杯插入假阴道的一端。

b. 用氯化钠液冲洗假阴道两遍。

c. 在假阴道的夹层内注水，水温 50～55℃，注量 150～180 毫升。

d. 用药棉涂擦少许稀释液。

e. 在假阴道夹层内吹气，使内胎成三角形为宜。

f. 假阴道的温度为 38～40℃。

③ 采精时公羊包皮要用干净的纱布擦净。

④ 采精员右手持假阴道，靠近母羊臀部，假阴道与地面倒立角度为 35～40 度。当公羊爬跨母羊，阴茎伸出包皮时左手立即轻拨阴茎包皮把阴茎导入假阴道内。射精后，立刻将假阴道竖起，然后放气，取下集精杯，盖上盖子。

⑤ 种公羊在配种预备期每周采精 1～2 次，配种期每日采精 1～4 次。

五、精液检查

(1) 精液品质　合格的精液品质应具有的特征是：新鲜精液色泽呈乳白色，直线前进运动的精子鲜精为 0.6 以上，冻精为 0.3 以上，精子密度每毫升 15 亿个以上，精子畸形率为 15%以下。如果精液不具备上述中的任何一项，则所采精液不得使用

(2) 精子活力检查

①评定精子活力的显微镜放大倍数为 150～600 倍。

②评定精子活力的显微镜载物台温度为 37～38℃。

③精子活力的评定，指精液中呈前进运动精子所占的百分率。评定方法见附表 2-1：

附表 2-1　直线前进运动精子占所有精子的百分率

直线前进运动精子（%）	100	90	80	70	60	50	40	30	20	10
评分	1.0	0.9	0.8	0.7	0.6	0.5	0.4	0.3	0.2	0.1

每个样品应观察至少三个视野，注意观察不同液层的精子运动。

(3) 精子密度检查

① 检查用具，以用血球细胞计算器为准，用其他方法检查都用血细胞计算器做出校正值。

② 精子密度为“密”“中”“稀”“无”四级。“密”即精子之间几乎无空隙，精子含量每毫升 30 亿个上；“中”即精于间隙相当一个精子长度，每毫升含精子 25 亿个；“稀”即精子间隙超过一个精子长度，每毫升含精子 15 亿个；‘无”即无精子。

(4) 精子畸形率检查 抽样检查精于畸形率，将新鲜和解冻后的精液样品，放在载玻片上，按常规方法制成抹片，待抹片风干后，在显微镜下观察畸形精子的数量。每个样品观察精子数 500 个，计算畸形精子百分率。

六、精液的使用方法

1. 颗粒解冻 将颗粒放入预热的试管内（1～2 粒），在 75～80℃水中不停摇动，待融解至绿豆粒大小时立刻取出，置于手心中轻轻擦动，并借助手温至全部融解。

2. 安瓿解冻 取安瓿一支，置于 60℃的水中摇动 14 秒取出至融解，或将一支安瓿置于 75℃水中摇动 8 秒，再置于 25℃的水中融解。

3. 细管解冻 取细管一支，置于 70℃的水中轻摇 8 秒，取出至全部融化。

4. 鲜精稀释液的配制及稀释

(1) 柠檬酸钠蛋黄稀释液 蒸馏水 100 毫升，葡萄糖 3 克，柠檬酸钠 1.4 克鲜蛋黄 20 毫升。

(2) 鲜奶稀释液 新鲜的牛奶或羊奶，用 2～3 层纱布过滤，水浴煮沸 15 分钟，降至室温，除去奶皮。

(3) 2.9%的柠檬酸钠液 蒸馏水 100 毫升，柠檬酸钠 2.9 克，过滤后水浴煮沸 15 分钟灭菌。

(4) 稀释 根据鲜精的活力及密度决定稀释液的稀释倍数。

七、母羊发情检查

(1) 试情公羊

① 试情公羊必须体质结实，身体健康、性欲旺盛。

② 试情公羊可带试情布试情或进行阴茎移位。试情布规格 30 厘米×400 厘米。

③ 试情公羊与母羊之比为 1∶50。

④ 试情公羊每周采精1～2次，以保持其旺盛的性欲。

(2) 试情场地 试情场地设有母羊试情圈、试情公羊圈、发情母羊圈。

(3) 发情母羊检出方法 首先从大群母羊分出100～150只，放入2只试情公羊试情；然后从大群分出第二批母羊，再搭入另外2只试情公羊试情。然后两批母羊合并，再放入所有试情公羊复试情；以防漏掉发情母羊。

八、输精

① 发情母羊的阴部用脱脂棉擦净后，再用肥皂水、温开水擦洗。

② 新鲜精液输精，应用棕色玻璃输精器或金属输精器；冻精输精应用XK-2型金属输精器。

③ 新鲜精液输精，输精器插入子宫颈口0.5～1.0厘米；用冻精时，输精器插入子宫颈口内1～2厘米。

④ 输精次数，当日发情母羊用冻精输精，应早、晚各输一次；新鲜精液输精，应在当日早晨和次日早晨各输一次。每次输精有效精子数不少于6 000万～7 000万个。

附录2-1 人工授精种公羊的选择及饲养管理

1. 种公羊的质量

① 用于人工授精的种公羊，均须符合本品种的特一级标准；祖三代系谱清楚，品质优良；经后裔测定，能将优良性状遗传给后代。

② 种公羊必须身体健康。新引入的种公羊，在隔离场经检疫，由正式兽医机构证明无传染病者，才允许使用。

2. 种公羊的饲养管理

① 配种前一个月为配种预备期，配种开始至结束为配种期。

② 配种预备期种公羊补草补料，补料标准为配种期的50%～70%。

③ 配种期的饲养标准 种公羊体重80～90千克，日饲料单位3.5千克，可消化蛋白质268克、Ca39克、P18克，胡萝卜素126毫克。

④ 饲喂方法 草切碎2～3厘米，每日分3～4次饲喂，料分2次喂给，食盐10克。

⑤ 管理方法 每日运动3～4小时，饮水3～4次。

附录 2-2 种公羊的采精记

公羊号	采精次数	射精量	精子活力	密度		畸形率	死亡率	稀释			配母羊数	备注
				目测	镜检亿个/毫升			倍数	总量	活力		

附录 2-3　种母羊配种产羔记录

母羊耳号	母羊临时号	与配公羊号	配种日期	产羔日期	羔羊					备注
					性别	初生重	初生鉴定	死亡日期	存活羊号	

附录 2-4 绵羊人工授精设备器材

序　号	类　别	数　量
1	显微镜（500 倍左右）	1 台
2	假阴道外壳	4～6 个
3	假阴道内胎	10～20 条
4	假阴道气嘴塞子	4～8 个
5	双壁集精杯	10～15 个
6	金属开膣器（大、小）	4～6 个
7	输精器	10～20 个
8	调节器（调节输精量用）	5～6 个
9	温度计	6 个
10	寒暑表	3 个
11	小镊子（长约 8 厘米、圆头）	4 把
12	大镊子（长度 15 厘米、圆头）	2 把
13	直头剪子	2 把
14	量筒（500～1 000 毫升）	2 个
15	量杯（50—100 毫升）	2 个
16	小天平（带砖码 0.01～100 克）	1 台
17	蒸馏水瓶（5 000～10 000 毫升）	1 个
18	细口玻璃瓶	4 个
19	广口玻璃瓶	5 个
20	玻璃漏斗（直径 8 厘米）	2 个
21	搪瓷盘（30 厘米×45 厘米）	2 个
22	载玻片	1 盒
23	盖玻片	2 盒
24	细玻璃棒	5 支
25	试管刷（大、中、小）	6 把
26	钢精锅（中等大、烧水用）	1 个
27	铁炉子（取暖、烧水用）	3 个
28	角质药匙	4 把
29	手刷（洗内胎用）	2 把

（续）

序　　号	类　　别	数　　量
30	工作服	每人1件
31	漆布	4米
32	白纱布	500克
33	纯凡士林	500克
34	碳酸氢钠	4千克
35	脱脂棉	500克
36	滤纸	2盒
37	高锰酸钾	100克
38	氯化钠	2瓶
39	酒精灯（玻璃）	2个
40	酒精比重计	1个
41	蒸馏锅	1个
42	水桶	3～4个
43	盆子	4个
44	酒精	4～5千克
45	肥皂粉	5包
46	来苏儿（煤粉皂）	2瓶
47	带刻度小试管	20个
48	手提广口保温瓶	2个
49	桌子	3个
50	椅子	5个
51	搪瓷杯（100毫升）	1个
52	搪瓷杯（500毫升）	1个
53	器材柜	1个
54	试情布（以试情羊多少而定）	每只1块
55	羊标记涂料	多种

附录3　微贮制作与饲用规程

秸秆、野草等经微贮处理后，自身会变软，并具有酸香味，能刺激家畜食欲，从而提高采食量。此种粗饲料调制方法，已逐步在农牧区得到推广应用。为保证微贮质量和正确饲用，特提出本规程。

一、制作微贮准备工作

1. 原料及其质量

（1）原料　麦草、玉米秸秆、稻草、棉花秆、无毒野草及青绿饲草等。

（2）原料质量　不黏附泥土，不得夹带混入沙石、土块等杂质，不得发霉变质。

2. 原料粉碎　各种原料均应粉碎成0.5～2厘米长的粗草粉待用，防止被雨淋而受潮变质。

3. 修建微贮窖　按容积划分为大、中、小三个类型，按建窖材料不同分为石混、砖混合土窖三种，尽可能淘汰土窖。

（1）大型微贮窖　容积在300米^{3}以上的专用微贮窖，宽3～4米、深2.5米、长35～40米及以上，窖底入料口有30～40度斜坡。

（2）中型微贮窖　容积在50～100米^3、宽2～2.5米、深2.5米、长12～25米，窖底入料口30～40度斜坡。

（3）小型微贮窖　容积10米^{3}左右，供家庭小规模饲养牛、羊用，窖宽2米、深2米、长2～4米，窖底至窖地面设置台阶。

根据微贮窖的容积大小，在窖旁配有1～5米^{3}的水池1个和4～10米^{2}的拌草平台（水泥地坪或铺设篷布等）。

4. 机械设备及用具　粉碎机1台（或大型粉碎机1台）、拉水车1辆、水泵1台、胶管10米左右、轮式或履带式拖拉机1台，以及铁叉铁锨若干把，封窖用塑料薄膜。

5. 菌种与辅料　按微贮制作量依一定比例准备。海星微贮王发酵活干菌每袋3克可处理麦秸、玉米秸秆1吨或青饲料微贮2吨。辅料，如玉米粉、麸皮等营养强化物质按微贮总量的0.5%准备。西红柿酱渣按10%～30%准备。

6. 劳力准备　制作微贮需要快速作业，3～5天内完成，劳力必须上足，按每天每人平均制作微贮3米^{3}计算劳力。

二、微贮制作步骤及要求

1. 菌种复活 视当天可制作微贮数量确定菌种袋数。按每袋菌种用200毫升清水溶解，并加入红糖3克，搅匀，在常温下放置1～2小时，使菌种复活。复活的菌种当天用完，不可隔夜使用。

2. 菌液的配制 将复活的菌剂倒入已充分溶解和0.8%～1.0%食盐水中搅和均匀。活干菌种、食盐、清水用量见附表3-1。

附表3-1 每吨微贮原料用菌种、食盐、清水标准表

原料名称	原料重量（千克）	活干菌用量（克）	食盐用量（千克）	自来水用量（千克）	贮料含水量（%）
稻麦秸秆	1 000	3.0	12	1500	60～70
黄玉米秸秆	1 000	3.0	8	900	60～70
青玉米秸秆	1 000	1.5	5	适量	60～70

微贮原料重量计算：一是现场过称，二是现场测定每立方米原料重量。

微贮饲料的含水量是决定微贮饲料质量的重要条件之一。微贮饲料含水量指标60%～70%，可采用下述公式准确计算自来水添加量。

$$X=\frac{w\ (Y-k)}{1-Y}$$

式中，X指加水量，w指原料微贮前重量，Y指微贮达到的含水量，k指原料自然含水量（需测定）。

3. 原料拌和与入窖压实

(1) 原料拌和 首先计算原料用量和菌液添加量，把原料置放到窖旁平台上，利用水泵将水池菌液泵出喷洒到原料上，边喷洒边拌和，使原料吸附的菌液达到均匀为止。

(2) 原料水分含量检查

① 采样测定。

② 现场感观检查（简便快速），即用手抓一把已拌和过的原料握紧，若有水往下滴，其含水量约80%以上；若无水滴，松开后看到手上水分很明显，其含水量60%～70%；若手上水分很少，其含水量50%～55%，这样多检查几处，以确定拌和均匀与否。检查后发现原料含水量不符合60%～70%的要求或拌和不匀的，必须立即采取措施。

③ 入窖压实 将拌和好的原料撒入窖中铺平，每铺放20～30厘米厚的原料为一层，开进拖拉机来回碾压，窖的四边辅以人工踩踏，然后再铺放原料第

二层，直到高于窖口 40 厘米时封窖。

进窖碾压的拖拉机，其机箱不得漏油，行走部分不带泥土，排气管上装配防火罩。

小型微贮窖在制作微贮时可用人踩压。

4. 封窖 当原料分层压实到高出窖口 40 厘米时，再充分压实后，在最上面一层均匀撒上粉状食盐，每平方米 250 克，再压实；然后盖上塑料薄膜，在薄膜上面铺上一层 15～20 厘米厚的稻草或麦草或杂草，覆土 15～20 厘米，窖的四周应透气。经常检查，发现封窖处有裂缝或孔洞，必须立即堵严，保证微贮窖内呈厌氧状态。

微贮发酵过程中，窖顶有些下沉时，应及时加盖泥土使之高出地面，并在周围挖好排水沟，以雨雪渗入。

5. 辅料的添加 添加辅料为微贮发酵初期菌种的繁殖提供一定的营养物质，保证微贮饲料质量。玉米粉、麸皮、大麦粉等均可作为辅料，铺一层微贮原料撒一层玉米粉或喷洒糖蜜等，按微贮原料 0.5%添加。

西红柿酱渣也应分层投放，占秸秆原料的 10%～30%。此混合微贮的含水量仍应保持 60%～70%（西红柿酱渣的含水量应在喷洒菌液时适量扣除）。

6. 微贮发酵时间 微贮封窖后，历经 21～30 天，即完成发酵过程。

三、微贮饲料质量鉴别

开窖后饲用前，必须对微贮饲料质量进行检查，采样测定 pH。并根据微贮饲料的外观特征，用看、嗅、手感方法鉴别其质量（附表 3-2）。

附表 3-2 微贮饲料质量等级划分

等级	pH	颜色	气味	手感
优等	<4.5	玉米秸秆呈橄榄绿，稻麦秸秆呈金黄色	有醇香和果香气味，并具有弱酸味	松散，质地柔软湿润
合格	<5.0	色泽较差，或呈褐色	气味较差，在强酸味或酸味很弱	手感较差或有粗硬感
劣质	>5 以上	呈黑绿色	腐臭味和霉味	发黏或黏结成块

劣质微贮不能作饲料使用。

四、微贮饲料的饲用方法

1. 取用方法 开窖后由窖口及里，取用断面越小越好，当天需要多少取多少，并用塑料薄膜遮住断面不透气。发霉变质的微贮应剔除。

2. 饲用方法

① 秸秆微贮主要适合饲喂草食家畜，可以作为日粮中的主要粗饲料，但必须与其他草料搭配饲用。

② 饲喂微贮应使家畜有一个适应的过程，循序渐进，5～7 天内逐步增加微贮饲料的饲喂量。

③ 微贮饲料每天每头正常喂量：羊 1～3 千克，奶牛、育成牛、肉牛 12～20 千克，马、驴、骡 5～10 千克。

④ 在缺少精饲料或不喂精饲料的情形下，要补充矿物质微量元素和非蛋白氮等成分的添加剂。

⑤ 冬天不得直接饲喂冰冻的微贮饲料，在 10℃以上的室内化冻后再饲喂家畜。

附录 4　疫病防治技术规范

一、范围

本部分规定了羊的防疫、羊场消毒和疫病防治等要求。

本标准适用于羊的疫病防治。

二、规范性引用文件

下列文件对于本文件的引用是必不可少的。凡是注日期的引用文件，仅所注日期的版本适用于本文件。凡是不注日期的引用文件，其最新版本（包括所有的修改单）适用于本文件。

《中华人民共和国动物防疫法》

《动物防疫条件审查办法》

《病害动物和病害动物产品生物安全处理规程》（GB 16548）

《畜禽产地检疫规范》（GB 16549）

《农产品安全质量无公害畜禽肉产地环境要求》（GB/T 18407.3）

《畜禽养殖业污染物排放标准》（GB 18596）

《畜禽场环境质量标准》（NY/T 388）

《无公害食品　肉羊饲养兽医防疫准则》（NY 5149）

《无公害食品　肉羊饲养管理准则》（NY/T 5151）

三、术语和定义

下列术语和定义适用于本文件。

(1) **消毒**　指用化学、物理、生物的方法杀灭或消除环境中的致病微生物，以达到无害化的目的。

(2) **消毒剂**　指能够杀灭或消除病原微生物的化学药品或制剂。

(3) **寄生虫**　指暂时或永久地寄居于另一种生物的体表或体内，夺取被寄居者（宿主）的营养物质并给被寄居者造成不同程度危害的动物。

(4) **寄生虫病**　凡是由寄生虫引起的疾病都称为寄生虫病。

(5) **传染病**　由病毒、细菌等病原微生物引起，具有一定潜伏期、临床表现和传染性知识。能引起多数畜禽同时发病，甚至死亡，可造成巨大经济损失，直接或间接地危害人体健康。

(6) **疫区**　指疫病正在流行的地区，即病羊所在地及其在发病前后一定时间内，曾经到过的区域。

四、防疫

1. 调运羊的防疫

① 引进的羊应来源于《中华人民共和国动物防疫法》中所规定的无疫病的羊场或地区。

② 引进羊只档案应齐全，包括国家或地方规定的强制预防接种免疫的档案及疾病治疗记录。

③ 对引进的羊只根据 GB 16 549 进行产地检疫，取得产地检疫合格证明，确定为健康无病者，准予调运。

2. 运输检疫

① 装运时，当地动物检疫机构应派人到现场进行监督检查。

② 运输工具和饲养用具应在装载前刷洗、消毒。经当地动物防疫机构检验合格，出具运输检疫和消毒合格证明。

③ 运输途中，不应在疫区、城镇和集市停留、饮水和饲喂。

3. 接收地的检疫 运达目的的后，在隔离场观察 45 天以上，在此期间进行群体、个体检疫，经检查确认合格者，方可供繁殖、生产使用。

4. 羊场要求

(1) 羊场选址和设施 场址、建筑布局及设施设备应符合 NY/T 5 151 的相关规定。

(2) 羊场环境卫生条件 羊场的环境质量应符合 NY/T 388 的规定，产地环境应符合 GB/T 18 407. 3 规定，符合农业部《动物防疫条件审查办法》规定的动物防疫条件，并取得《动物防疫条件合格证》方能开展养殖生产工作。

(3) 羊场生物安全管理

① 生产人员应掌握动物生物安全基本常识，各生产区内人员不随便往来，用具禁止串换使用。

② 工作人员应定期体检，健康无传染病者方可从事养殖工作。

③ 一般情况下，羊场应谢绝参观，必要时参观者应进行消毒，更换衣鞋，并按指定的路线参观。

④ 场内禁止饲养禽、狗、猪及其他动物，禁止场外畜禽或其他动物进入场内。

⑤ 保持羊舍内外环境卫生，定期灭鼠、蚊蝇，及时收集生活生产垃圾，并作无害化处理。生产用具应保持清洁、定期消毒，进出生产区的工具，应经严格消毒处理。

⑥ 场内兽医不允许对外诊疗羊及其他动物的疾病，场内配种人员不允许对外开展羊的配种工作。

五、羊场的消毒

1. 消毒剂 应选择对人和羊安全、无残留、不易腐蚀设备、不易在羊体内产生有害积累的消毒剂。可选用的消毒剂有生石灰、高锰酸钾、氢氧化钠、新洁尔灭、来苏尔、石炭酸、次氯酸盐、有机碘混合物、过氧乙酸、酒精等。

2. 消毒方法

(1) 外来人员消毒 应更衣、消毒，也可用紫外灯消毒，每次不少于10分钟。

(2) 环境消毒

① 每月对羊舍周围环境，用2%氢氧化钠消毒或撒生石灰消毒1次。

② 每季度对场周围及场内污水池、排粪坑、下水道出口，用次氯酸钠（漂白粉）消毒1次。

③ 大门口、圈舍和各生产区入口消毒池要定期更换消毒液。

(3) 羊舍消毒

① 空舍消毒 羊只出舍后，先用高压水枪冲洗，后用2%氢氧化钠液喷雾消毒。

② 带羊消毒 可用0.1%苯扎溴铵或用0.2%～0.5%过氧乙酸、0.1%次氯酸钠进行喷雾消毒。

(4) 堆粪场消毒 可用2%氢氧化钠或撒生石灰定期消毒。

(5) 粪便的无害化处理 在发酵池内堆放发酵，堆放时间夏季为1个月，冬天2～3个月。

(6) 生产用具消毒 定期用0.1%新洁尔灭或0.2%～0.5%过氧乙酸对饲槽、水槽、饲料车进行消毒。

六、疾病防治

1. 防治对象 普通疾病、寄生虫病和传染病。

2. 防治原则

① 始终贯彻“预防为主、治疗为辅”的原则。

② 应符合NY 5 149和《中华人民共和国动物防疫法》的相关规定。

3. 防治措施

(1) 保护易感羊群

① 羊场选址、建设应科学合理，羊舍采光和通风良好，做好羊舍的冬天防寒和夏天防暑工作。

② 科学的饲养管理，保证充足的营养和饮水。

③ 结合本地区传染病种类和流行特点，制定科学合理、切实可行的免疫

程序，按时进行免疫注射，定期检测抗体水平和疫情。

④ 做好体、内外寄生虫的驱除工作。驱虫前最好做一次粪便虫卵检查，根据检查情况选择合适的驱虫药进行定期或不定期驱虫。

(2) 消灭病源和切断传播途径

① 严格执行羊场生物安全管理要求和羊场消毒制度，切断场内外疫病的相互传播。

② 每天观察羊群采食、饮水、粪、尿情况，以便及时发现病羊，采取正确的防制措施。

③ 坚持自繁自养，防止外来疾病传入。

4. 寄生虫病防治

(1) 防治对象

① 体外寄生虫　主要有吸血昆虫和节肢动物（螨、虱、蜱、跳蚤、蝇等）。

② 体内寄生虫　主要有消化道线虫、血液原虫（焦虫）、片形吸虫、双腔吸虫、莫尼次绦虫等。

(2) 体外寄生虫的防治方法　用螨净或敌百虫水溶液药浴，药浴每年不少于1次。亦可根据情况选用溴氰菊酯等杀虫药。或用伊维菌素按每千克体重0.2毫克一次性皮下注射。

(3) 体内寄生虫的防治方法

① 片形吸虫　硝氯酚按每千克体重4～7毫克配成悬浊液一次灌服，或用针剂每千克体重0.75～1.0毫克肌内注射；肝蛭净按每千克体重0.06～0.10毫升经口投服。

② 双腔吸虫　吡喹酮按每千克体重50毫克一次口服。

③ 血液原虫（焦虫）　三氮脒（贝尼尔、血虫净）按每千克体重3.5～3.8毫克配成5%～7%溶液，肌内注射，每天1次，连用2天。

④ 莫尼次绦虫　氯硝柳胺按每千克体重80毫克配成水溶液口服；硫双二氯酚按每千克体重80毫克配成悬浊液口服。

⑤ 消化道线虫　左旋咪唑按每千克体重8毫克配成10%水溶液口服或皮下注射；敌百虫按每千克体重50～70毫克配成80%水溶液口服或皮下注射。

⑥ 蛔虫　丙硫咪唑按每千克体重10～20毫克一次口服；伊维菌素按每千克体重0.2毫克一次皮下注射。

(4) 效果监测　监测项目包括驱虫前后羊只体重增加变化情况，粪便虫卵数变化情况。羊群无因寄生虫病而发病、生长缓慢、死亡的现象。

5. 传染病防控

(1) 主要防控对象　口蹄疫、羊痘、传染性胸膜肺炎、羊口疮、结核病、布鲁氏菌病等。

(2) 扑灭措施

① 隔离病羊　按照以下不同对象进行隔离处理：

a. 病羊　对确诊的病羊，应彻底隔离，严格消毒，并由专人看管，并根据相关规定进行处理。

b. 可疑病羊　应立即消毒后隔离观察，观察时间长短应视其潜伏期而定，出现症状者应按病羊处理。

c. 假定健康羊　应严格隔离饲养并立即进行紧急免疫接种。

② 病因调查　根据流行病学查明发病原因并采取相应措施消灭传染源。

③ 疫情报告　发生传染病时，应立即将调查情况汇总，以书面形式上报主管业务部门，并及时采取相应措施。

④ 早期诊断　根据可疑传染病的特点，应及时采取临床、流行病学、病原学和免疫学等方法确诊。

⑤ 病羊的处理　根据《中华人民共和国动物防疫法》的相关规定对病羊、可疑病羊和携带病毒（细菌）的阳性羊进行治疗、淘汰、扑杀和无害化处理。

⑥ 紧急免疫接种　在确诊病原后，对未发病的可疑羊、假定健康羊和受威胁区的健康羊使用疫苗实施紧急免疫接种。

七、病羊、死羊处理

① 羊场不得出售病羊、死羊。

② 需要扑杀的病羊，应在指定地点进行扑杀，病死羊和扑杀的病羊应按照 GB 16548 进行处理。

③ 有使用价值的普通病病羊经隔离饲养、治疗，病愈后可以归群饲养。

八、废弃物的无害化处理

① 羊场污染物排放应符合 GB 18596 的要求。

② 每天应及时除去羊舍内及运动场褥草、污物和粪便，并将粪便及污物运送到贮粪场。

③ 羊粪、垫料等应堆积发酵处理（堆积时间不得少于 30 天），污水集中后经生物处理。

④ 病羊产生的粪尿和接触过的草、料应焚烧销毁，尿液上面撒上新鲜的生石灰。

⑤ 使用过的空药物容器和废弃的医疗垃圾应消毒后按有关要求处理，避免污染环境。

附录5 规模化羊场生物安全与卫生防疫措施

一、生物安全

目的是预防病原微生物侵入羊舍。

(1) 防止人员传播疾病

① 羊场所有入口都应加锁并设有“不准入内”与“防疫重地”字样。

② 所有进出场区人员必须遵守消毒规程。

③ 进出车辆要详细记录。

④ 进出每栋羊舍时，所有工作人员必须消毒双手和工作鞋，禁止串舍。

(2) 防止动物传播疾病

① 规模化育肥羊场要实行全进全出制。

② 羊舍的空舍时间最短为半个月。

③ 整理收集场区所有设备、建筑材料和垃圾，以防止啮齿类、野生动物隐匿。

④ 羊舍间的距离至少为15米。

⑤ 实施有效的控制鼠类措施和灭蚊、灭蝇措施。

二、卫生防疫

① 生产管理区、生产区，每栋舍入口处设消毒池（盆），消毒池宽与门同宽，长至少是车轮的1周半。

② 生活区、生产管理区应分别配备消毒设施（喷雾器等）。

③ 每栋羊舍的设备、物品固定使用，羊只不许串舍，出场后不得返回，应入隔离饲养舍。

④ 禁止在生产区内解剖羊，剖检后的羊和病死羊应焚烧处理。羊只出场应出具检疫证明和健康卡、消毒证明。

⑤ 禁用强毒疫苗，制定科学的免疫程序（羔羊免疫程序见附表5-1，成年母羊免疫程序见附表5-2）。

⑥ 粪便、污水、污物作无害化处理，环境卫生质量达到国家NY/T 7388—1999规定的标准。

⑦ 夏季及时灭蚊、灭蝇，经常进行羊舍消毒。

⑧ 场区绿化率（草坪）达到40%以上。

⑨ 场区内的净道、污道，应互不交叉，净道用于进羊及运送饲料、用具、用品，污道用于运送粪便、废弃物、死淘羊。

三、疫病控制与扑灭

生产过程中出现疑似病情，驻场兽医都须通知当地畜牧兽医管理部门和当地检验检疫部门，并接受官方监督。总体原则是：

1. 一类传染病、新病 报告疫情-封锁-扑杀-无害化处理-消毒-经一个消毒潜伏期-解除封锁。

2. 其他传染病 报告疫情-封锁-免疫-治疗-消毒-无害化处理-经一个潜伏期-解除封锁。具体程序如下：

（1）对疑似疫情，要及时上报，采取措施

① 立即采集所有必要的样品，并送至畜牧部门和检疫部门认可的实验室中进行诊断。

② 应记录饲养场内各羊舍内发病和死亡的只数，且记录必须保留以备官方人员的每次检查。

③ 应尽量将羊群隔离于饲养舍内。

④ 不得向饲养场调入或调出羊只。

⑤ 所有出入该饲养场的人员、车辆和物品等须官方兽医和驻场兽医确认后方可流动。

⑥ 必须采用适当的消毒方法对羊舍的入口和羊舍进行消毒。

⑦ 必须按照流行病学的要求调查传染来源和其可能流行的情况。

⑧ 按照⑥的要求必须在官方的监督下对有可能被污染的设施进行调查。

某一羊群一旦经官方确认存在烈性传染病时，除了采取第1点要求的措施外，还应立即进行下列措施：

① 该场中所有的羊只必须立即就地扑杀、焚烧，所有操作过程应尽可能地减少疾病的传播。

② 所有已污染的物质或废料应销毁或经适当的方法处理以杀死其中的病毒。

③ 应追回并销毁在潜伏期内出栏的羊只。

④ 当宰杀和销毁完成后，所有房屋、羊舍都应进行彻底打扫和消毒。

⑤ 消毒后该饲养场至少在1个月内不得饲养羊群。

上述5点制定的措施只限用于有疫情的羊舍，应尽可能采取必要的保证以避免疾病传播至其他未发病的区域。

一旦确认疾病暴发时，与当地政府一起在羊舍周围建立半径至少为3千米的保护区和半径至少10千米的监测区。感染的羊舍经消毒后至少1个月内对这些区域进行监测，并控制羊只的移动。当地畜牧主管部门对羊场经过必要的调查和取样并确认不存在这种疾病后，方可取消这些措施。

四、消毒规程

1. 进出场消毒规程（由门卫具体实施，技术员、场长监督）

① 场内工作人员备有从里到外至少两套工作服装，一套在场内工作时间用，一套场外用。进场时，将场外穿的衣物、鞋袜全部在外更衣室脱掉，放入各自衣柜并锁好，穿上场内服装、着水鞋，经由3%火碱液的消毒池。要求火碱液深15厘米，每天7：00更换一次。

② 工作人员外出羊场，应向场长申请。场长批准后，着水鞋经3%火碱液的消毒池进入更衣间，换上场外服装，经门卫严格检查后，可外出。

③ 车辆物资进出规定

a. 送料车等或经场长批准的特殊车辆可进出场。

b. 由门卫对整车用1∶500好利安或1∶500菌毒杀，进行全方位冲刷喷雾消毒。

c. 经盛3%火碱液的消毒池入场，消毒液每天更换2次（7：00，和13：00），水深15厘米。

d. 驾驶员不得离开驾驶室，若必须离开，则穿上工作服进入，进入后不得脱下工作服。

④ 办公区、生活区每天早上进行一次喷雾消毒。

2. 空羊舍消毒（由技术员具体实施，场长监督）

① 育肥羊运出后先用1∶500菌毒杀对羊舍消毒，再清除羊粪。

② 运输羊粪要密封，彻底清理清扫舍内外羊粪，远离羊舍300米后进行发酵处理。

③ 3%火碱水喷洒舍内地面，1∶500的过氧乙酸或1∶500喷雾灵喷洒墙壁。

④ 打扫完羊舍后，用1∶500过氧乙酸或1∶500好利安交替多次消毒，每次间隔1天。

3. 舍外消毒规程

① 每天7：00对大门口、生活区、办公区用好利安消毒一次。

② 大门口消毒池每天7：00、13：00各换一次3%火碱水。

③ 每周进行一次场区消毒，于天气凉快时进行。如早上或傍晚（冬季除外），用3%火碱液喷洒，以打湿地面为主。注意不要喷到怕腐蚀的器具上。

④ 进场人员、车辆必须消毒。

4. 带羊消毒（由专人负责实施）

① 由于自动喷雾装置易被堵塞，因此消毒剂要选用溶解度好的，消毒后用清水返冲消毒管道。

② 盛消毒药的水桶要密封，进水口及吸水头要用5层以上的细纱布过滤，避免进入杂质。

③ 带鸡消毒选在10：00～12：00进行，次数按规定执行。

五、疾病防制

建立疫病控制体系，定期检测，科学免疫。由于现在疾病种类越来越多，越来越复杂化，向非典型化发展且以混合感染为主。因此，防制疾病过分依赖疫苗、药物是不对的，最好加强消毒隔离与兽医卫生管理，加强生物安全措施，育肥羊全进全出，提供良好的饲养环境。加强消毒隔离，尽最大可能减少接触传染的机会。因接触传染是疾病发生的主要原因，空气传播只在舍内间发生的可能性大，在舍与舍间发生率低。做好疾病防制工作必须给羊提供良好的生长、生存条件，科学免疫，但免疫程序不等同于防疫程序，应是综合防制，包括消毒、隔离、用药、疫苗等，必须建立所有与生产有关的各项操作规程及其相对应制度，科学实施通风。

免疫操作应注意以下事项：

① 免疫时间在上午进行。

② 羊只发病时不宜注射疫苗。

③ 有些疫苗在首次免疫之后2～3周需要第二次免疫接种（加强免疫）。

两次免疫之后动物将获得坚强的免疫力。如在预防肠毒血症、口蹄疫、气肿疽及肉毒中毒时，需要加强免疫。随后按常规免疫方法进行免疫，不需要再加强。

④ 产羔前6～8周和2～4周给母羊进行两次破伤风类毒素、羊梭菌三联四防灭活苗及大肠杆菌灭活苗注射。这样羔羊便可从母羊初乳中获得充分的被动免疫，而不容易患破伤风、肠毒血症、大肠杆菌和羔羊痢疾。在易患羔羊痢疾的羊场还应给初生羔羊皮下注射0.1%亚硒酸钠、维生素E注射液1毫升，效果会更好。要特别注意要让羔羊吃到足够的初乳。免疫接种过的母羊所生的羔羊，因为从母羊初乳获得了保护性抗体，这种抗体可维持10周时间，因此10周龄以前不宜接种相应的疫苗，否则由于抗原抗体反应使羔羊得不到免疫。

⑤ 疫病暴发时，给动物接种疫苗不能防止疫病传播，因为动物获得免疫力需要2～3周。这是临床遇到的实际问题，如注射疫苗，担心激发更多的

羊只发病；不注射疫苗，又担心有更多的羊只发病，甚至死亡。遇到此类问题，可根据实际情况处理。可用药物治疗，可对全群先用药物进行治疗性预防，1周后进行全群免疫接种。或者立即进行全群免疫接种，对发病者进行治疗。这样做可大大缩短疫病的流行时间，减少损失。如无有效治疗药物，可立即进行免疫接种，对发病者进行对症治疗，加强护理，缩短病程，减少损失。

⑥ 避免在怀孕初期的1个月内母羊注射弱毒疫苗，否则有可能引起流产和胎儿畸形。

⑦ 免疫失败的主要原因是：没有按疫苗使用说明书保存和使用疫苗，或羊只体质太差不能产生足够的免疫力。

六、加强饲养管理

把羊养好，是防制疾病的基础，否则其他疾病防制措施也不能充分发挥作用，因此要根据羊的营养要求确定饲养标准和饲喂方法。冬季应适当补饲，注意供给怀孕后期母羊更多的营养需要，这样才能生出健康羔羊。

(1) 内寄生虫 寄生虫对养羊业的危害较大，必须重视羊群寄生虫病的防治。对临床发病的羊群要进行治疗性驱虫，并根据当地寄生虫病流行规律，对带虫的羊群进行全群预防性驱虫。可供选择的驱虫药很多，无论选用何种药物，进行大群驱虫时，应先对少数羊只驱虫，确证安全有效后再全面开展。预防性驱虫的时间，通常在春季放牧前和秋季转入舍饲以后进行，但原则上应选在羊群已经感染，但还没有大批发病的时候。由于感染寄生虫的时间不完全一样，驱虫药物发生作用又有一定限度，因此间隔适当时间应重复进行。驱虫应在羊舍或指定场所进行。驱虫后5天内排出的粪便及虫体应集中堆集起来进行生物热发酵，以消灭虫卵。

(2) 外寄生虫 药浴或药淋浴是防治羊外寄生虫病，特别螨病的有效措施，一般可选择在剪毛或抓绒后7～10天内进行。常用的药物有螨净、巴胺磷、溴氢菊酯等，将其配制成药液后在药浴池或淋浴场进行。

(3) 避免应激，减少疾病发生 应激在疾病的发生中起重要作用，应激强度大时羊只容易患病。任何对动物的有害影响都是应激原，这些影响包括：被其他羊欺侮、长途运输、气候过热或过冷、拥挤、去角、去势、断尾、打耳标、饲喂不足、追捕、分群、转群、称重、胚胎移植等。这些应激原对动物的共同生理学作用是引起肾上腺髓质释放肾上腺激素和肾上腺皮质释放皮质类固醇激素，大量激素进入血液导致羊的防御机能降低，使羊对传染病更加敏感。

附表 5-1　羔羊免疫程序

接种时间	疫　　苗	接种方式	免疫期
7 日龄	羊传染性脓疱皮炎灭活苗	口唇黏膜注射	1 年
15 日龄	山羊传染性胸膜肺炎灭活苗	皮下注射	1 年
2 月龄	山羊痘灭活苗	尾根皮内注射	1 年
2.5 月龄	牛 O 型口蹄疫灭活苗	肌内注射	6 个月
3 月龄	羊梭菌病三联四防灭活苗	皮下或肌内注射（第一次）	6 个月
	气肿疽灭活苗	皮下注射（第一次）	7 个月
3.5 月龄	羊梭菌病三联四防灭活苗 Ⅱ号炭疽芽孢菌	皮下或肌内注射（第二次）皮下注射	6 个月山羊 6 个月绵羊
	气肿疽灭活苗	皮下注射（第二次）	7 个月
产羊前 6～8 周（母羊、未免疫）	羊梭菌病三联四防灭活苗破伤风类毒素	皮下注射（第一次）肌内或皮下注射（第一次）	6 个月、12 个月
产羔前 2～4 周（母羊）	羊梭菌病三联四防灭活苗破伤风类毒素	皮下注射（第二次）皮下注射（第二次）	6 个月、12 个月
4 月龄	羊链球菌灭活苗	皮下注射	6 个月
5 月龄	布鲁氏菌病活苗（猪 2 号）	肌内注射或口服	3 年
7 月龄	牛 O 型口蹄疫灭活苗	肌内注射	6 个月

附表 5-2　成年母羊免疫程序

接种时间	疫　　苗	接种方法	免疫期
配种前 2 周	牛 O 型口蹄疫灭活苗	肌内注射	6 个月
	羊梭菌病三联四防灭活苗	皮下或肌内注射	6 个月
配种前 1 周	羊链球菌灭活苗	皮下注射	6 个月
	Ⅱ号炭疽芽孢苗	皮下注射	山羊 6 个月、绵羊 12 个月
产后 1 个月	牛 O 型口蹄疫灭活苗	肌内注射	6 个月
	羊梭菌病三联四防灭活苗	皮下或肌内注射	6 个月

（续）

接种时间	疫　　苗	接种方法	免疫期
产后 1.5 个月	Ⅱ号炭疽芽孢菌	皮下注射	山羊 6 个月、绵羊 12 个月
	羊链球菌灭活苗	皮下注射	6 个月
	山羊传染性脑膜肺炎灭活苗	皮下注射	1 年
	布鲁氏菌病灭活苗（猪 2 号）	肌内注射或口服	3 年
	山羊痘灭活苗	尾根皮内注射	1 年

注：公羊可参照母羊免疫注射时间进行免疫。

附录 6　肉羊标准化养殖场建设规范

本规范适用于农区存栏能繁母羊 250 只以上，或年出栏肉羊 500 只以上的养殖场；牧区存栏能繁母羊 400 只以上，或年出栏肉羊 1 000 只以上的养殖场的新建、改造及扩建绵羊场或山羊场（含奶山羊场）。也可作为肉羊场建设质量评估、审批的主要依据。

一、规范性引用文件

下列文件对本标准的应用是必不可少的。凡是注日期的引用文件，仅注日期的版本适用于本规范。凡是不注日期的引用文件，其最新版本（包括所有的修改单）适用于本规范。

《工业与民用供电系统设计规范》（GBJ 52）

《病害动物和病害动物产品生物安全处理规程》（GB 16548）

《建筑设计防火规范》（GB 50016）

《畜禽养殖业污染防治技术规范》（HJ/T 81）

《无公害食品 畜禽饮用水水质标准》（NY 5027）

《畜禽粪便无害化处理技术规范》（NY/T 1168）

《鲜、冻胴体羊肉》（GB/T 9961—2008）

二、术语和定义

下列术语和定义适用于本规范。

(1) **羊肉**　活羊来自非疫病区，按照 GB/T 9 961 技术要求屠宰，并经检验检疫获得的符合卫生技术要求的羊胴体羊肉。

(2) **大羊肉**　屠宰 12 月龄以上并已换 1 对以上乳齿的羊获得的羊肉。

(3) **羔羊肉**　屠宰 12 月龄以内、完全是乳齿的羊获得的羊肉。

(4) **肥羔肉**　屠宰 4～6 月龄、经快速育肥的羊获得的羊肉。

(5) **种公羊**　符合品种标准，具有繁殖育种价值并参加配种的公羊。

(6) **种母羊**　符合品种标准，体重已达成年母羊 70%左右的参加配种的母羊。

(7) **后备种羊**　符合品种标准，被选留种后尚未参加配种的公羊或母羊。

(8) **舍饲散养模式**　舍内采食及饮水，可自由出入羊舍和运动场的饲养模式。

三、选址与布局

(1) 选址

① 场址选择应符合国家相关法律法规、当地土地利用规划和村镇建设规划。

② 距离生活饮用水源地、居民区和主要交通干线、其他畜禽养殖场及畜禽屠宰加工、交易场所 2 500 米以上。

③ 羊舍朝向一般为南北向方位、南北向偏东或偏西不超过 30°。

④ 场址选择应符合动物防疫条件，地势高燥、排水良好、通风干燥、向阳透光，未发生过畜禽传染病。

⑤ 场址选择应满足建设工程需要的水文地质和工程地质条件。

⑥ 场址位置应选在最近居民点常年主导风向的下风向处或侧风向处。

⑦ 场址应水源充足、排水畅通、水源稳定、水质良好，并且要有贮存、净化水的设施。

⑧ 场址应电力供应充足。

⑨ 交通便利，机动车可通达。

(2) 场区布区

① 肉羊场应合理分区：总体布局至少分为管理区、生产区和粪污处理区；农区场区与外界要隔离，牧区要求牧场边界清晰，有隔离设施。

② 农区场区内生活区、生产区及粪污处理区要分开；牧区生活建筑、草料贮存场所、圈舍和粪污堆积区按照顺风向布置，并有固定设施分离。

③ 管理区一般应位于场区全年主导风向的上风向或侧风向处。依次为生产区，生产区与其他区之间应用围墙或绿化隔离带分开。粪污处理区应处于场区全年主导风向的下风向处和场区地势最低处，用围墙或林带与生产区隔离。

④ 农区生产区种公羊舍、母羊舍、羔羊舍、育成舍、育肥舍分开，有与各个羊舍相应的运动场。牧区母羊舍、接羔舍、羔羊舍分开，且布局合理。

⑤ 种公羊舍应布置在生产区的上风向；种母羊舍应靠近人工授精室布置；羊舍南侧设运动场，运动场地面应用三合土或砖硬化，四周设排水沟。

⑥ 农区肉羊场净道、污道要严格分开；牧区要有放牧专用牧道，粪污处理区与生产区通过污道连接；场区绿化应选择适合当地生长、对人畜无害的花草树木和草坪，绿化覆盖率应大于 15%。

四、羊舍设计要求注意事项

① 肉羊场的各类建筑应根据建设地区的气候条件、场址的形状、地形地貌、小气候、建筑物的用途及建筑场地条件进行规划和设计，既经济合理又安全适用，坚持就地取材、方便施工、结实牢固、造价低廉的原则。

② 尽量满足羊对各种环境卫生条件的要求，包括温度、湿度、空气质量、光照、地面硬度及导热性等。既利于夏季防暑，又利于冬季防寒，还利于保持地面干燥，同时还要保证地面柔软和保暖。

③ 设计时符合生产流程要求，包括羊群的组织、调整和周转，草料的运输、分发和给饲，饮水的供应及其卫生的保持，粪便的清理，以及称重、防疫、试情、配种、接羔与分娩母羊和新生羔羊的护理，等等。

④ 符合卫生防疫要求，要有利于预防疾病的传入和减少疾病的发生与传播。

⑤ 北方地区羊舍建筑形式可采用半开敞式或有窗式；南方地区可采用开敞式或楼式羊舍。羊舍内要有足够的光线，窗面积占地面面积的 1/5，窗距地面高度 1.4～1.6 米。

⑥ 羊舍内净高应为 2.2～2.5 米，舍内地面标高应高于舍外 0.2～0.3 米，羊舍地面应为缓坡形、硬化、防滑、耐腐蚀、便于清扫，坡度控制在 2%～5%。北方地区舍内地面应采用土、砖或者石块铺垫；南方地区可采用漏缝地面。

⑦ 羊舍墙体采用土、砖和石墙，要求保温隔热，内墙面应平整光滑，便于清洗消毒。

⑧ 羊舍屋面可为拱形、单坡或双坡屋面。根据种羊场所在区域气候特点，羊舍屋面应相应采取保温、隔热措施。拱形和双坡式屋面用于大中型肉羊场的双列式羊栏；单坡式屋面一般用于小型肉羊场的单列式羊栏。

⑨ 羊舍内种公羊的饲养栏要高于其他栏，种公羊围栏高度 1.4～1.6 米，其他羊围栏高度 1.0～1.2 米。

⑩ 运动场设在羊舍的南面，低于羊舍 0.6 米以下，沙质土壤，夏季炎热地区有遮阴设施，四周设围栏或砌墙，高 2.0～2.5 米。

⑪各类羊只所需面积应符合附表 6－1 的规定。

⑫羊舍结构应利用砖、石、水泥、木材、钢筋等修成坚固耐用的永久性羊舍。

附表 6-1 各类羊只所需面积

（单位：米²/只）

类别		羊舍面积	运动场面积
种公羊	单栏	4.0～6.0	运动场面积为羊舍面积的 2～2.5 倍
	群饲	2.0～2.5	
一般公羊		1.8～2.2	
种母羊（含分娩羊）		1.5～2.0	
后备公羊		0.7～1.0	
后备母羊		0.7～0.8	
断奶羔羊		0.2～0.3	
育成（肥）羊		0.6～0.8	

五、建设规模

肉羊场的建设规模以出栏肉羊数和能繁母羊数表示，肉羊场的羊群结构应参考附表 6-2 的规定。

附表 6-2 肉羊场建设规模

（单位：只）

类型	数量			
出栏肉羊数	500	1000	2000	3000
能繁母羊	250	500	1 000	1 500
种公羊（自然交配）	5～8	10～20	20～40	30～50
种公羊（人工授精）	2～3	3～4	4～5	5～6
后备母羊	50	100	200	400
后备公羊	15～20	30～35	60～70	90～100

六、设施与设备

肉羊场的羊舍应该根据本地的具体情况建成密闭式、半开放式、开放式羊舍。肉羊场建设包括设施和设备两部分：设施是指公用配套及管理设施、生产设施、防疫设施和无害化处理以及一些辅助设施；建设内容应参考附表 6-3，具体工程可根据工艺设计、饲养规模及实际需要建设。

附表 6-3 肉羊场建设项目构成

内容	生产	公用配套及管理	防疫	无害化处理
肉羊场设施	育肥舍、怀孕母羊舍、带仔母羊舍、产房、种公羊舍、种母羊舍、后备羊舍、断奶羔羊舍、育成羊舍、运动场、装卸台、人工授精室、剪毛间、饲料加工间、干草棚、青贮和氨化窖、挤奶间	运动场、牧草地、围墙、大门、门卫、宿舍、办公室、食堂及餐厅、锅炉房、变配电室、消防水池、水泵房、水井、地磅房、场区工程、保温及通风降温设施、围栏设施	淋浴消毒间、消毒池、兽医室、药品及疫苗贮存室、药浴池、隔离羊舍	发酵间、污水处理池、安全填埋井
肉羊场设备	卡车，拖拉机（小四轮）、打贮草机、收割机、青贮切碎机、草粉加工机、颗粒饲料加工机、人工授精器械、生产性能测定用具、临床化验仪器、自动喷务消毒机、装载机、饲槽和饲料架、自动饮水器、固定式全混饲料搅拌机、栅栏、称重小型磅秤	电冰箱、通风降温及采暖设备、铲车、打耳标全套器械、取势器材、断尾用的橡胶圈和刀、保定架	冰箱、冰柜、药品柜、显微镜、人工授精器械、打疫苗用具。防蝇除毛仪器，药浴用具	厌氧发酵罐、储气罐

肉羊场的其他设施和设备参照国家相关标准执行。

七、饲养工艺

① 要采用羔羊饲养实用技术，羔羊打耳标、断尾、去势，以及疫苗注射、安全的饲料和饮水加补饲、羊毛的修剪和防蝇去毛、寄生虫控制、蝇蛆侵袭等是羔羊快速出栏的关键技术。

② 羊场应通过个体表型值（主要为胴体重和生长性状）和系谱信息估计育种值来选择优秀的种公羊。

③ 应有完整的生产性能测定记录和药品使用记录系统（断奶重、出生重、用超声波检测胴体、出生脂肪厚度、眼肌面积、排泄物虫卵数，等），肉羊出售时有完整的可查询资料。

④ 增加单位面积的饲养密度，群养规模 4～6 月龄为 80～100 只，6～10 月龄为 60～80 只。

⑤ 肉羊场应采用人工授精技术、全混日粮饲喂技术和阶段饲养、分群饲养工艺。

⑥ 肉羊场应采用人工授精技术，减少种公羊的饲养量。

⑦ 肉羊场应使用固定式饲料搅拌车，制作全混日粮，增加饲料转化率。

⑧ 种公羊应采用单栏饲养或小群饲养工艺，每群饲养量应不大于30只。

八、配套工程

(1) 水源和排水

① 种羊场用水水质应符合 NY 5027—2008 的规定。

② 水量要充足，要考虑直接用水、间接用水、生活用水。

③ 牧区要有贮存、净化水的设施。

④ 加强水源管理，对各种不同的水源做好保护工作。

⑤ 排水应采用雨污分流制，污水应采用暗管排入污水处理设施。

(2) 舍内环境

① 羊舍应因地制应设置夏季降温和冬季供暖设施，温度、相对湿度、通风量、噪声等环境参数要求应符合附表 6-4 的规定。

附表 6-4 羊舍环境参数表

项目类别	单位	种公（母）羊舍	育成羊舍	断奶羔羊舍	分娩哺乳区
温 度	℃	0～30	0～30	8～30	10～30
相对湿度	%	40～70	40～70	40～70	40～70
风速	米/秒	0.5～1.0	0.5～0.7	0.2～0.3	0.1～0.2
光照	小时	8～10	6—8	75～100	16～18
噪 声	分贝	≤70	≤70	≤60	≤50

② 羔羊舍、分娩哺乳区应有采暖设施。

③ 羊舍应采用自然通风，辅以机械通风。

④ 羊舍应采用自然光照，辅以人工光照。

(3) 供电

① 电力供应充足，牧区要有发电设施。

② 种母羊存栏 1 000 只头以上的种羊场可设变配电室，也可根据当地供电情况设置自备电源。

③ 羊舍以自然光照为主、人工照明为辅，光源应采用节能灯。供电系统设计应符合 GBJ 52 的规定。

④ 羊舍建筑、公用配套及管理建筑不低于三级耐火等级；生产建筑与周边建筑的防火间距可参考 GB 50016—2014 中的相关规范。

(4) 道路

① 种羊场与外界应有专用道路相连，场区内道路应分净道和污道，两者应避免交叉与混用。

② 种羊场主要干道宽度应为 3.0～4.0 米，一般道路宽度应为 2.5～3.0 米，路面应硬化。

九、环境保护

(1) 粪污无害化处理

① 肉羊场要有固定的羊粪储存、堆放设施和场所，储存场所要有防雨、防溢流措施。

② 肉羊场的粪污处理设施应与生产设施同步设计、同时施工、同时投产使用，其处理能力和处理效率应与生产规模相匹配。

③ 肉羊场应采用堆积发酵或其他方式对粪污进行无害化处理，处理结果应符合 NY/T 1168—2006 的要求；也可以作为有机肥利用或销往有机肥厂，牧区采用农牧结合良性循环措施。

(2) 病死羊处理

① 肉羊场应配备焚尸炉、化尸池等病死羊无害化处理设施，病死羊采取焚烧、深埋等方式处理，非传染性病死羊尸体、胎盘、死胎等的处理与处置应符合 HJ/T 81—2001 的规定。传染性病死羊尸体及器官组织等处理按 GB 16548—2006 的规定执行。

② 每次病死羊的处理都要有完整的记录。

(3) 环境卫生 要求垃圾集中堆放，位置合理，整体环境良好。

十、管理及防疫设施

(1) 管理

① 肉羊场要有生产管理、投入品使用等管理制度，并张贴上墙。

② 肉羊场要有科学的配种方案，有明确的畜禽周转计划，有合理的分阶段饲养、集中育肥饲养工艺方案。

③ 农区有粗饲料地或当地农户购销秸秆的合同协议；牧区要实行划区轮牧制度或季节性休牧制度，或要有专门的饲草料基地。

④ 肉羊场要有引羊时的动物检疫合格证明，并记录品种、来源、数量、月龄等情况。

(2) 防疫设施

① 种羊场应健全防疫体系，配套防疫消毒设备，规范消毒制度，严控免

疫程序。

② 羊场四周应建围墙，并有绿化隔离带。场区大门入口处设消毒池，生产区入口处设消毒池、人员淋浴消毒间及饲料接收间，场外饲料车严禁驶入生产区。

③ 肉羊场院各区间设置隔离沟。

十一、生产技术水平和主要技术经济指标

① 农区肉羊场繁殖成活力要求100%或羔羊成活力98%以上，牧区肉羊场繁殖成活力要求95%或羔羊成活力93%以上。

② 农区商品育肥羊出栏率180%以上，牧区商品育肥羊年出栏率150%以上。

③ 种羊场劳动定员应符合附表6-5的规定，条件较好，管理水平较高的地区，应尽量减少劳动定额。生产人员应进行上岗培训。

附表6-5 肉羊场劳动定额

项目名称	肉羊出栏量（只）			
	300～500	500～1 000	1 000～2 000	2 000～3 000
劳动定员（人）	2～3	5～6	10～12	15～17

附录 7 细毛羊饲养管理规范

养羊生产规范化饲养管理，是现代化集约养羊生产的基本要求，是提高养羊业总体生产水平的必要手段。通过饲养管理规范的实施，向科学技术进步要效益，向科学的饲养管理要效益，促进养羊生产向高产、优质、高效方向发展。

本规范主要针对具有一定规模的细毛羊和肉用型细毛羊生产制定的，零星饲养的细毛羊或肉用型细毛羊也可参照使用。

一、生产组织

1. 生产方式 以规模化、集约化、工厂化生产为主，牧区要以草定畜，农区贯彻“农牧林”相结合的方针，实行全年舍饲为主、放牧为辅的办法，充分合理利用自然资源，积极发展细毛羊和肉用细毛羊生产。

2. 饲养规模 按品种、性别、年龄、等级合理组群。农区生产母羊每群200～250只，牧区生产母羊每群300～350只，育肥羊每群400～500只，种公羊每群30只左右，集中培育后备母羊，每群250～300只。

3. 羊群结构 年终存栏羊中，生产母羊占60%以上，后备母羊占20%，其他羊占20%左右。

4. 管理定额 生产母羊100～120只，后备母羊120～150只，育肥羊400～500只。

5. 饲草饲料

（1）建立稳产高产的饲草饲料基地 每只羊配给100～133米^{2}分饲料地，牧区每只羊有667～1 333米^{2}的围栏割草地或人工草地。农牧区都应积极种植苜蓿和玉米青贮，使之苜蓿占粗饲料1/3左右。

（2）草料储备标准 见附表7-1。

附表 7-1 草料储备标准

畜别	饲养时间	粗饲料（千克/只）	其中（风干物，千克/只）			混合精饲料（千克/只）
			青（黄）贮	微贮	其他	
生产母羊	12个月	600	150	200	250	50～75
母羔	10月龄	250	50	100	100	54
公羔	8月龄	150	30	80	40	42
公羊	12个月	600	100	250	250	100

6. 生产指标

(1) 繁育指标

① 受胎率（按参加配种母羊计算） 初配母羊（1.5 岁体重 45 千克以上）受胎率 90%以上，经产母羊达 98%以上。

② 繁育率（以年初母羊数计算） 初产母羊 100%，经产母羊 120%。

③ 羔羊断奶体重 3 月龄断奶，初产羔 20 千克以上，经产羔 24 千克以上。

(2) 羊毛单产指标（净毛） 生产母羊 2.5～2.8 千克，周岁羊 2.0～2.6 千克，试情公羊 3.2 千克以上。

(3) 羊肉单产指标 肉用型细毛羔 6～8 月龄屠宰，胴体重 20 千克以上，屠宰率 50%；普通细毛羔 6～8 月龄屠宰，胴体重 18 千克以上，屠宰率 48%。

(4) 死亡率指标 生产母羊不超过 3%，断奶前羔羊不超过 3%，育成羊（断奶后至 1.5 岁）不超过 5%。

二、生产设施

1. 圈舍

(1) 基本要求 羊舍要建在地势高燥避风，便于放牧运动和垫圈积肥。总体布局上，羊舍要坐北朝南、阳光充足、冬暖夏凉、离居民点及交通要道有一定距离，但又便于通水、通电、通路。

(2) 各类型细毛羊所需房舍及运动场面积 见附表 7-2。

附表 7-2 各类型细毛羊所需房舍及运动场面积

羊 别	房舍（$米^2$/只）	运动场（$米^2$/只）
生产母羊	2.0～2.4	4～5
母羔（后备母羊）	0.6～0.8	2～2.5
公羔（育肥羔）	0.6～0.8	1～1.5
公羊	1.5～2.0	5～6

(3) 羊舍设备 羊舍内的基本设备是“三槽一池”，即饲槽、盐槽、水槽和消毒池。冬、春季节采用塑料暖棚养羊，铺设塑料薄膜的角度为 50～55°，采光面积为 1∶3。在夏季农区羊圈运动场上应搭设凉棚。

饲槽的设置因羊而异，饲槽上沿离地高 20～30 厘米，饲槽深 10～15 厘米，饲槽内净宽 25～30 厘米，每羊占有饲槽长度 25～40 厘米。饲槽的一边或上方设置栏杆防羊进槽践踏。

生产母羊要备产房和母仔栏（育羔栏）。单羔母仔栏规格为 1 米×1.2 米，双羔母仔栏规格为 1.5 米×1.2 米。母仔栏数量为母羊数的 10%～15%，双羔栏约占母仔栏总数的 20%。

2. “三贮一化”窖 青贮、黄贮、微贮和氨化窖均以长方形地窖为宜，每羊按 0.5～1 $米^3$ 修建“三贮一化”窖。

3. 附属房屋 每群羊或羊场应配备牧工住房、值班室、草料库房和饲料调制间。每个羊群建有 200～300 $米^2$ 饲草堆放场。

4. 共用设施 共用设施指由若干个羊群组成的规模化大型羊场或若干相邻羊群可共用的设施，有：①剪毛场；②配种站；③药浴池；④饲料收贮加工机械。每万只羊配备割草机 2 台，大型粉碎机 2 台，搂草机 2 台，压捆机 1 台或堆垛机 1 台，轮式拖拉机 2 台和青贮机 1～2 台，饲料颗粒机 1～2 台。

三、饲养技术

1. 饲养方式

（1）舍饲圈养 农区和牧区冷季要舍饲圈养，时间不少于 6 个月。舍饲圈养要配备宽敞的圈舍、足够的饲养用具和充足的饲草饲料。做好粗饲料加工调制工作，推广“三贮一化”饲料和配合饲料喂羊，湿拌饲喂，自由饮水，杜绝长草长喂。饲喂次数每天不能少于三次，保证羊只摄入足够的能量、蛋白质、钙磷及微量元素。严禁饲喂发霉变质的饲草饲料。

有放牧条件的单位和羊群，暖季应充分利用自然资源和农作物茬地放牧，以节约饲养成本和锻炼羊的体质。

（2）放牧饲养 牧区和半农半牧区要充分利用草场资源进行放牧饲养。

放牧人员一定要认真负责，吃苦耐劳，做到人不离群，出牧归牧清点羊数，防止混群、兽害、丢失及其他意外事故的发生。放牧时应注意防止有害牧草中毒。早霜、晨露和雨后天气不宜放牧豆科牧草。春季防止羊群“跑青”。

放牧时间，夏季不少于 10 小时，冬季不少于 8 小时。当放牧饲养不能满足羊只营养需要时，应及时进行补饲，特别是冬、春季节及配种与产羔季节。

2. 饮水与补盐

（1）饮水 水源必须清洁、无害。舍饲圈养要保证全天供水。放牧羊每天饮水不少于两次，天气炎热时应增加饮水次数，冬季避免以雪代水，每天至少饮水一次。

（2）补盐 补饲的湿拌草料中应按标准加入食盐，除此之外，还应在圈舍内设置盐槽，供羊自由摄取。

3. 饲养标准 此处饲养标准适用于细毛羊和肉毛兼用细毛羊，为科学合理配制日粮提供依据（附表 7－3 至附表 7－8）。细毛羊的营养需要不应低于表中下限水平，肉毛兼用羊可达上限水平。

附表 7－3　怀孕母羊营养需要

阶段	体重（千克）	每日每只						
		风干饲料（千克）	DE（兆卡）	DCP（克）	Ca（克）	P（克）	食盐（克）	胡萝卜素（毫克）
前期（1～3个月）	40	1.6	3.0～3.8	70～80	3.0～4.0	2.0～2.5	10	8
	50	1.8	3.6～4.2	75～90	3.2～4.5	2.5～3.0	10	8
	60	2.0	3.8～4.4	80～95	4.0～5.0	3.0～4.0	10	8
	70	2.2	4.0～4.6	85～100	4.5～5.5	3.8～4.5	10	8
后期（4～5个月）	40	1.8	3.6～4.5	80～110	6.0～7.0	3.5～4.0	12	10
	50	2.0	4.4～5.1	90～120	7.0～8.0	4.0～4.5	12	10
	60	2.2	4.8～5.2	95～130	8.0～9.0	4.0～5.0	12	10
	70	2.4	5.2～5.6	100～140	8.5～9.5	4.0～5.0	12	10

注：当母羊低于中等膘时，在需要量的基础上，前期增加 20%～30%，后期增加 30%～40%。

附表 7－4　哺乳母羊营养需要

区分	体重（千克）	每日每只						
		风干饲料（千克）	DE（兆卡）	DCP（克）	Ca（克）	P（克）	食盐（克）	胡萝卜素（毫克）
单羔母羊	40	2.0	4.3～5.6	100～180	7.0～8.0	4.0～5.0	12	10
前期	50	2.2	4.6～5.9	110～190	7.5～8.5	4.5～5.5	12	10
（1～3个月）	60	2.4	5.0～6.2	120～200	8.0～9.0	4.6～5.6	13	12
	70	2.6	5.2～6.5	130～210	8.5～9.5	4.8～5.8	13	12
双羔母羊	40	2.8	5.2～6.8	150～200	8.0～10.0	5.5～6.0	14	12
	50	3.0	5.6～7.1	180～220	9.0～11.0	6.0～6.5	14	12
	60	3.0	5.9～7.4	190～230	9.5～11.5	6.0～7.0	16	14
	70	3.2	6.2～8.0	200～290	10.0～12.0	6.2～7.5	16	14

附表 7－5　哺乳羔羊（出生至 90 日龄）的营养需要

体重（千克）	日增重（千克）	风干饲料（千克）	DE（兆卡）	DCP（克）	Ca（克）	P（克）	食盐（克）	胡萝卜素（毫克）
4	0.2～0.3	0.12	0.67～0.88	60～86	0.9	0.5	0.6	0.5
6	0.2～0.3	0.13	0.82～1.00	65～90	1.0	0.5	0.6	0.75
8	0.2～0.3	0.16	0.97～1.20	70～95	1.3	0.7	0.7	1.0
10	0.2～0.3	0.24	1.20～1.50	75～100	1.4	0.75	1.1	1.3
12	0.2～0.3	0.32	1.30～1.70	80～110	1.5	0.8	1.3	1.5
14	0.2～0.3	0.40	1.50～1.80	85～120	1.8	1.2	1.7	1.8
16	0.2～0.3	0.48	1.70～2.00	90～120	2.2	1.5	2.0	2.0
18	0.2～0.3	0.56	1.90～2.10	90～120	2.5	1.7	2.3	2.3
20	0.2～0.3	0.64	2.00～2.30	90～120	3.0	2.0	2.6	2.5

表 7－6　育成公母羊的营养需要

月龄	体重（千克）	每日每只						
		风干饲料（千克）	DE（兆卡）	DCP（克）	Ca（克）	P（克）	食盐（克）	胡萝卜素（毫克）
				育成母羊				
4～5	25～30	1.1	2.2～2.8	68～90	4.0	2.0	4.0	3.8
6～7	30～35	1.3	2.6～3.2	75～97	4.5	2.3	5.0	4.4
8～9	35～38	1.4	3.0～3.6	78～105	4.5	2.3	5.8	5.0
10～11	39～43	1.5	3.2～3.8	85～110	5.0	2.5	6.2	5.6
12～18	43～50	1.6	3.6～4.2	75～95	5.0	2.5	6.6	6.3
				育成公羊				
4～5	25～32	1.2	2.4～3.2	80～100	4.5	3.0	6	5～10
6～7	32～40	1.4	2.8～3.6	90～110	5.0	3.0	7	5～10
8～9	40～48	1.6	3.4～4.0	95～115	5.5	3.5	8	5～10
10～11	48～53	1.8	3.6～4.2	100～120	6.0	4.0	9	5～10
12～18	53～70	2.0	3.8～4.6	105～130	6.5	4.5	10	5～10

附表 7-7 幼龄羊肥育的营养需要

月龄	每日每只							
	体重（千克）	增重（克）	风干饲料（千克）	DE（兆卡）	DCP（克）	Ca（克）	P（克）	食盐（克）
4	22～28	200	1.2	2.5～3.4	80～100	2.0	1.0	4
5	28～34	200	1.4	3.4～4.0	90～150	2.5	1.5	6
6	34～40	200	1.6	4.0～4.4	90～140	3.0	2.0	8
7	40～45	200	1.8	4.4～5.0	90～130	4.5	3.5	10

附表 7-8 种公羊的营养需要

体重（千克）	每日每只						
	风干饲料（千克）	DE（兆卡）	DCP（克）	Ca（克）	P（克）	食盐（克）	胡萝卜素（毫克）
非配种期							
70	1.8～2.1	4.0～4.9	110～140	5～6	2.5～3.0	10～15	15～20
80	1.9～2.2	4.3～5.2	120～150	6～7	3.0～4.0	10～15	15～20
90	2.0～2.4	4.6～5.5	130～160	7～8	4.0～5.0	10～15	15～20
100	2.1～2.5	4.9～6.0	140～170	8～9	5.0～6.0	10～15	15～20
配种期							
70	2.2～2.6	4.5～6.5	190～240	9～10	7.0～7.5	15～20	20～30
80	2.3～2.7	5.8～7.0	200～250	9～11	7.5～8.0	15～20	20～30
90	2.4～2.8	6.2～7.4	210～260	10～12	8.0～9.0	15～20	20～30
100	2.5～3.0	6.4～7.6	220～270	11～13	8.5～9.5	15～20	20～30

4. 日粮配合原则

① 根据羊在不同饲养阶段按营养需要量进行日粮配制，并可酌情调整。配制日粮时可参照附表 7-3 至附表 7-9。

② 实行日粮优化设计，选择多种原料搭配，采取多种营养调控措施，提高日粮适口性和消化利用率。

③ 选用来源广、营养丰富、价格低廉的饲料配制日粮。

附表7-9 绵羊常用饲料营养价值及成分表

饲料名称	风干物质（千克/千克）	消化能（兆卡/千克）	粗蛋白质（%）	可消化蛋白质（克/千克）	钙（克/千克）	磷（克/千克）
黄玉米粒	0.86	3.77	7.8	58	0.3	2.4
大麦粒	0.88	3.39	11.5	86	0.4	3.5
小麦粒	0.88	3.58	13.5	109	0.5	4.1
小麦麸	0.87	2.97	14.8	115	2.2	10.1
黄豆粕	0.90	3.63	45.0	375	2.5	6.0
棉仁粕	0.90	3.47	41.0	295	1.6	10.0
葵花粕	0.91	2.92	28.0	227	3.0	8.8
菜籽饼	0.89	3.55	36.0	320	5.8	9.1
麦草微贮（风干）	0.90	1.37	4.2	14	6.6	0.5
玉米青贮（风干）	0.88	2.13	7.4	33	3.6	1.2
玉米黄贮（风干）	0.88	1.87	5.1	24	3.0	1.0
氨化麦草（风干）	0.88	1.60	4.3	18	6.6	0.5
玉米秸秆	0.89	1.81	4.3	21	2.1	0.9
禾本科干草	0.88	2.14	6.4	39	6.5	2.3
混播（合）干草	0.87	2.36	8.9	56	8.7	2.1
苜蓿干草	0.90	2.54	15.0	1101	4.0	2.6
酒糟	0.87	3.54	10.4	73	21	4.6
甜菜颗粒粕	0.88	2.03	9.6	43	6.0	1.0
胡萝卜（鲜湿）	0.14	0.49	1.1	7.8	5.3	0.6
棉籽壳	0.91	1.73	5.3	42	3.2	1.2

四、管理要求

1. 母羊管理

（1）基本要求 母羊应按等级、年龄组群，常年给予良好的饲养管理，使之保持良好体况。

（2）配种期 配种前1～1.5个月尤应加强放牧和补饲，实行短期优饲，保证满膘配种，每天每只补饲混合精饲料0.3千克以上。

（3）怀孕期 管理上重点突出保胎工作，饲养上保持较高的营养水平。怀孕期母羊增重标准是：单羔母羊至少增重15～18千克，双羔母羊至少增重18～22千克。母羊怀孕后期的45天，日增重平均在0.3千克以上。实行全舍饲的怀孕母羊，每天定时赶出运动 2～3 小时。

(4) 产羔期 产前半个月做好接羔准备，做好产房的消毒卫生及产前的室内升温工作，产房温度保持 5～15℃，母仔栏温度不低于 2～5℃。临产母羊要进入产房，剪去乳房羊毛，做好助产、消毒和哺乳工作。母羊分娩后，逐渐增加精饲料喂量，防止出现乳房炎。乳汁不足的母羊，可适当增喂多汁饲料或豆浆。多胎羔羊可找保姆羊代养。

2. 羔羊培育 羔羊培育要坚持做好“六早”工作，具体是：

(1) 早哺乳 羔羊生后 1 小时内及时吃上初乳。弱羔、双羔和母羊不认的羔羊要人工喂奶，加强护理。

(2) 早补饲 羔羊出生后 7 天开始训练采食，采取先草（最好是苜蓿干草）后料、少给勤添、母仔分养、定时哺乳的方法。

(3) 早断尾 使用胶圈结扎的方法，在羔羊出生后 1～2 周内断尾。

(4) 早去势 凡不留作种用或试情用公羔，用胶圈结扎方法于其出生后 1 周内去势。10 月龄前育肥出栏的公羔可不去势。

(5) 早分群 从补饲开始时按大小、强弱、单双羔分小群管理，对弱羔和多胎羔实行特别护理，对断奶羔羊喂以代乳粉或代乳料。

(6) 早断奶 提倡早期断奶，断奶期不超过 3 个月龄。有条件的羊群（场），羔羊出生 1 个月开始放牧调教，加强运动，为断奶整群创造条件。

3. 育成羊的管理 断奶至第一次配种为羊的育成阶段，是羊只生长发育的关键时期，培育的好坏关系一生的生产性能。要强化饲养管理，在放牧草场不能吃饱的情况下，要补草补料，舍饲期间要按标准饲喂。经常检查，逐月称重，及时调整日粮，保证正常生长发育，稳步增膘，1 岁半配种时体重不低于 45 千克。创造条件养好母羔，体重达到 38 千克以上的当年母羔可参加当年配种。

4. 种公羊的管理

(1) 基本要求 单独组群，小群饲养，保持良好膘度和健壮的体魄。指派责任心强、技术素质好的饲养员专门管理。圈舍及放牧地应远离其他羊群。

(2) 非配种期 放牧加补饲，根据种公羊膘度每天补给一定量的豆科干草及混合精饲料。如果圈养，每天必须保证 4 小时左右的运动。

(3) 配种期 包括预备期、配种期和恢复期。

① 预备期 为配种前的 1～1.5 个月，每天放牧运动不少于 6 小时，逐渐增喂混合精饲料，到配种开始前 1 周达到配种期的日粮标准，并每天饲喂鸡蛋 1～2 个或鲜奶 0.5～1 千克。配种前 10～15 天开始，隔日采陈精一次。陈精亦要逐次检查，不合要求的公羊予以淘汰或进行必要的处理。

② 配种期　每天放牧运动保持 6 小时，分早上和下午两次进行。每天饲喂精饲料 1.0～1.2 千克、鲜奶 0.5～1.5 千克或鸡蛋 2～4 个、胡萝卜 1.0～2.0 千克、食盐 15～20 克，自由采食优质干草。每天配种采精 2～3 次为宜，最多不能超过 4 次，且持续时间不能超过 3 天。初配公羊要适当减少采精次数。

③恢复期　逐渐降低饲养标准，增加放牧时间，待完全恢复后转入非配种期。

(4) 其他管理要求　包括：①用于人工授精的配种公羊不得用作补配公羊；②种公羊要定期体检、修蹄；③圈舍要定期积肥与消毒。

五、配种保胎

1. 采用先进的母羊配种措施　包括：①坚持人工授精制度，并注射双羔素；②坚持冻精配种制度；③创造条件积极采用胚胎移植等先进技术；④严格选种选配措施。

2. 对各类羊的配种要求

(1) 种公羊　品质优异，符合选配要求，体质健壮，性欲旺盛，精液品质优良。

(2) 生产母羊　身体健康，无生理缺陷和繁殖疾病，具有正常的繁殖力。体重要求：初配母羊（1.5 岁）45 千克以上，经产母羊 50～55 千克以上，当年母羔 38 千克以上。

(3) 试情公羊

① 生产性能、羊毛品质要达到中国美利奴羊二级以上标准。

② 用于补配的试情公羊，其生产性能和羊毛品质要高于母羊。

③ 体质健壮、性欲旺盛、活泼善动、能主动爬跨。

④ 试情公羊与母羊的比例为 1∶30，有条件的单位可对试情公羊实行输精管结扎或阴茎移位术。

3. 搞好保胎，防止死胎和流产，做到“五防五要”

(1) 五防　即防惊吓；防进出圈门拥挤；防猛追猛赶；防空腹饮用冷水不饮冰茬水；防吃霉变冰冻饲料。

(2) 五要　要加强饲养适时补饲，尽量让母羊吃饱喝足；要尽量保持羊群安静；要处处慢赶慢行；要保持圈舍温暖干燥；要时刻观察羊群，预防疾病。

六、疫病防制

①认真贯彻“预防为主，防重于治”的方针，严格执行我国《家畜家禽防

疫条例》、《家畜家禽防疫条例实施细则》和新疆生产建设兵团制定的《畜禽疫病防制规范》。

②依法接受兽医部门的卫生监督，并积极配合做好羊只疫病的防、检、驱工作。调进的种羊和其他羊只，应在畜牧部门指定的隔离场所单独饲养，并按规定实施检疫、免疫相关工作，复检后确认健康方可混群饲养。

③加强兽医卫生管理，对羊舍、产房、活动场所、剪毛场和配种站等实施定期消毒制度。羊只组群后严禁混入未经检疫和批准的羊群。疫病高发季节，禁止参观和各群间走动。

④发现《家畜家禽防疫条例》规定的一、二类病中的烈性传染病及新发病时，必须迅速报告当地畜牧兽医部门和上级主管部门，并及时隔离病羊，对病羊尸体应焚烧或深埋处理，同时对畜舍、用具实施严格消毒。

图书在版编目（CIP）数据

新编绵羊实用养殖技术知识问答 / 石国庆主编 .—
北京：中国农业出版社，2018.3（2018.5 重印）
ISBN 978-7-109-23727-8

Ⅰ.①新… Ⅱ.①石… Ⅲ.①绵羊-饲养管理-问题解答 Ⅳ.①S826-44

中国版本图书馆 CIP 数据核字（2017）第 322721 号

中国农业出版社出版
（北京市朝阳区麦子店街 18 号楼）
（邮政编码 100125）
责任编辑　周晓艳

北京万友印刷有限公司印刷　新华书店北京发行所发行
2018 年 3 月第 1 版　2018 年 5 月北京第 2 次印刷

开本：720mm×960mm　1/16　印张：17　插页：1
字数：321 千字
定价：42.00 元

彩图 1　澳洲美利奴羊

彩图 2　澳洲美利奴羊鉴定（一）

彩图 3　澳洲美利奴羊鉴定（二）

彩图 4　细毛羊鉴定

彩图 5　细毛羊剪毛分级

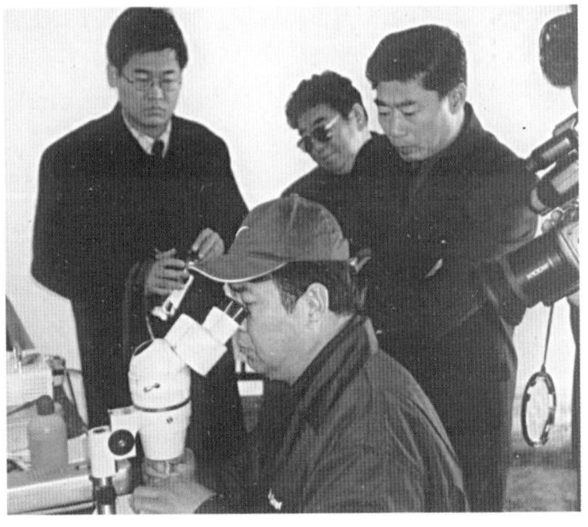

彩图 6　胚胎移植（一）

彩图 7　胚胎移植（二）

彩图 8　澳大利亚专家参观并指导胚胎生产

彩图 9　笔者参观并指导胚胎生产

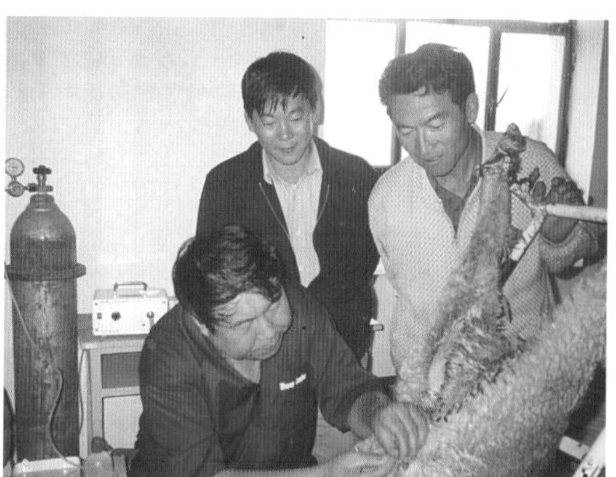

彩图 10　子宫角输精（一）

彩图 11　子宫角输精（二）

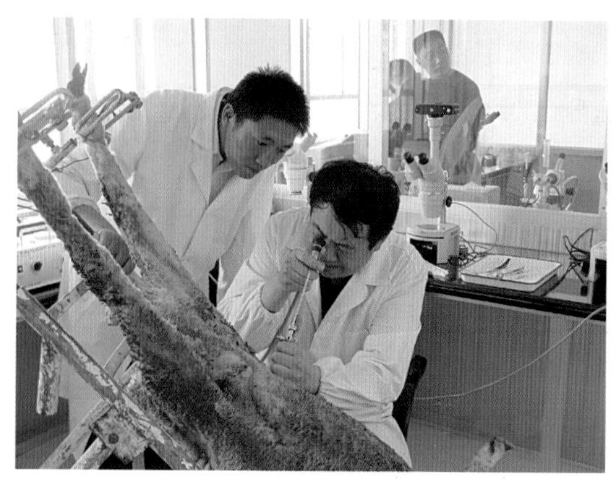

彩图 12　笔者教学